变电站设备监控与智慧巡检技术丛书

U0161202

电力行业数字孪生技术

主　编　徐　波　孙　杨

副主编　王　宾　赵文彬　李怀东

中国电力出版社

CHINA ELECTRIC POWER PRESS

内 容 提 要

本书对数字孪生技术及其在电力行业的研究和应用进行阐述,旨在为理解数字孪生并实现其落地应用提供帮助,为提高后续电力行业人工智能技术发展及应用引领新方向。

本书共分 6 章,分别是概述、电力数字孪生研究理论与方法、电力行业数字孪生关键技术研究路线、电力行业数字孪生典型应用场景与创新、电力行业数字孪生技术典型应用实施方案、电力行业数字孪生技术的展望。

本书可供从事电力技术、数字化技术、运行维护等相关专业人员阅读,也可以为数字孪生研究和应用的人员提供参考。

图书在版编目(CIP)数据

电力行业数字孪生技术 / 徐波,孙杨主编. —北京:中国电力出版社,2023.9
(变电站设备监控与智慧巡检技术丛书)
ISBN 978-7-5198-7929-7

Ⅰ. ①电… Ⅱ. ①徐…②孙… Ⅲ. ①电力工程–数字技术 Ⅳ. ①TM7-39

中国国家版本馆 CIP 数据核字(2023)第 112107 号

出版发行:中国电力出版社
地 址:北京市东城区北京站西街 19 号(邮政编码 100005)
网 址:http://www.cepp.sgcc.com.cn
责任编辑:罗 艳 马雪倩
责任校对:黄 蓓 郝军燕
装帧设计:张俊霞
责任印制:石 雷
印 刷:三河市万龙印装有限公司
版 次:2023 年 9 月第一版
印 次:2023 年 9 月北京第一次印刷
开 本:710 毫米×1000 毫米 16 开本
印 张:20.75
字 数:368 千字
印 数:0001—2000 册
定 价:99.00 元

编写人员名单

主　　编　　徐　波　孙　杨

副 主 编　　王　宾　赵文彬　李怀东

参编人员　　杨国锋　龙理晴　支妍力　宋爱国　李　浩　吴　琼

　　　　　　董　明　刘　佳　李　帆　王　谦　刘　熊　涂其臣

　　　　　　余大成　郝艳军　陶可京　司文荣　郭丽娟　宋　兵

　　　　　　谈元鹏　路光辉　沈华林　姜　帆　王振刚　张正文

　　　　　　计　昊　白　璐　朱　瑞　王道累　昂　莉　高方玉

　　　　　　贺晓宇　白晓静　王风林　李宜芳　臧春艳　姜　帅

　　　　　　许勇刚　孔文萱　李　琦　祖振阳　张　祎　魏　南

　　　　　　张学友　李永熙　陈明霞　郭　伟　张倩倩　岳国良

　　　　　　王献春　曾四鸣　刘海峰　雷　俊　张　瑞　陈宏刚

　　　　　　张涛允　王文龙　赵　勇　郭跃男　兰　森　李文希

　　　　　　相里子鹏　贾萌萌　李洪全　马云飞　牛　征　王　帅

参编单位　国网江西省电力有限公司超高压分公司

国网江西省电力有限公司

国网湖南省电力有限公司超高压变电公司

国网山东省电力公司超高压公司

国网重庆市电力公司电力科学研究院

国网辽宁省电力有限公司超高压分公司

东南大学

中国电力科学研究院有限公司

国网河北省电力有限公司雄安新区供电公司

国网江西省电力有限公司上饶供电分公司

国网浙江省电力有限公司超高压分公司

清华大学

国网江苏省电力有限公司常州供电分公司

国网河北省电力有限公司

国网黑龙江省电力有限公司

北京天成易合科技有限公司

上海电力大学

西安创奕信息科技有限公司

北京国网富达科技发展有限责任公司

华北电力大学

广西电网有限责任公司电力科学研究院

西安交通大学

华中科技大学

许继集团有限公司

国网思极网安科技（北京）有限公司

国网安徽省电力有限公司超高压分公司

国网重庆市电力公司超高压分公司

南京南瑞继保电气有限公司

华东电力试验研究院有限公司

国网甘肃省电力公司电力科学研究院

国网陕西省电力有限公司物资公司

国网湖北省电力有限公司宜昌供电公司

中国大唐集团科学技术研究院有限公司中南电力试验研究院

山东电工电气集团新能科技有限公司

前 言 Foreword

目前，国内变电站智能技术发展相对滞后，主要体现在数据穿透能力不足、感知能力有待进一步提升、人为干预和重复劳动工作量较大等方面，此类问题的解决需要进一步发展变电站智能技术。

围绕国家新型电力系统战略，依托电网公司数字化转型建设，将数字化基础建设与传统电网业务融合，重点推进设备侧电力物联网建设，深化数字孪生等新技术应用，实现设备管理精益化、数字化、智能化。所谓数字转型即通过数字技术改造传统电网业务的生产及管理模式，提高全要素生产率，释放数字技术对业务的放大、叠加和倍增作用，打造数字电网支撑的新型电力系统，引领模式创新和机制创新，创造新的效益增长点，助力"双碳"目标实现。

基于此，IEEE PES 变电站技术委员会（中国）（IEEE PES Substations Committee）秘书处深知电网技术发展的战略目标，了解变电站亟待解决的问题，特组织国内电力行业数字孪生技术权威专家、骨干成员，以科学且务实的态度，共同编制变电站数字孪生技术培训系列教材，通过系统化地论述数字孪生的基础理论、关键技术、应用场景、发展趋势及挑战，填补电力能源领域数字孪生技术理论空白。

编制本书旨在分析国内电网公司变电站领域"人工智能＋物联网技术＋数字孪生"综合应用情况，为电力领域创新提升方向给予指引，为数字化技术融合创新给予启示和指导。

该书从技术研究和工程实践出发，通过数字孪生技术应用为智能电网、智慧电厂赋能，提供更加实时、高效、智能的服务价值，有效地促进能源企业数字化转型，推动新型能源系统建设。

本书阐述当前变电站领域"人工智能+物联网+数字孪生"的技术发展水平，对数字孪生关键技术及发展进行剖析，对应用场景的推广现状和未来趋势进行梳理，打通数字孪生技术应用落地最后 1km，达到技术实用化、规模化应用的效果。

最后，对于本书引用的公开发表国内外有关研究成果的作者及各制造厂家公开发表的科技成果的作者，编者表示由衷的感谢！

编 者

2023 年 5 月

目　录 Contents

第 1 章

概　　述

▶ 1.1　数字孪生技术发展史简述 ◀

1.1.1　技术发展简史

1. 思想起源阶段

数字孪生是一种数字化理念和技术手段，其核心组成部分包括物理实体及其对应的虚拟模型、数据、连接和服务。数字孪生通过多维虚拟模型和融合数据双驱动，以及物理对象和虚拟模型的交互来描述物理对象的多维属性，刻画物理对象的实际行为和实时状态，分析物理对象的未来发展趋势，从而实现对物理对象的监控、仿真、预测、优化等实际功能服务和应用需求，甚至在一定程度达到物理对象与虚拟模型的共生。

作为一种"实践先行、概念后成"的新兴技术理念，数字孪生的"孪生"思想起源于对模型概念的应用和延伸。中国历史上借助制造"模型"进行的实践应用最早可以追溯到青铜器时期，例如我国在商周时代铸造青铜器采用的"块范法"和"失蜡法"即是以模型为基础的。"块范法"和"失蜡法"首先选用陶、木、竹、骨、石、蜡等材料制成青铜器的"实物模型"，然后再在该模型的基础上做成铸型，通过向型腔内浇铸铜液，凝固冷却后得到青铜铸器，古人这种借助"模型"进行劳动生产的朴素思想就是对孪生概念雏形的最早应用实践；"实物模型"除了能辅助生产制造外，还能替代其原型的部分功能。例如，著名的秦始皇陵兵马俑就是代替了活人为秦始皇陪葬，为真实再现秦军士兵精神面貌，这些兵俑被工匠们用高超技艺表现得十分逼真，脸型、眼睛、表情、年龄等各不相同又活灵活现；实物模型的另外一种典型的应用就是沙盘，根据地形图、航空相片或实地地形，按一定的比例关系，用泥沙、兵棋和其他材料制作而成，

1

根据《后汉书·马援列传》记载，汉建武八年（公元 32 年），光武帝征伐天水、武都一带，大将马援"聚米为山谷，指画形势"，这就是世界军事史上最早的沙盘。

随着实际物理对象的"实物模型"在人类历史发展中的应用演化，其展现形式越接近现代的"孪生"概念。例如中国清朝时期负责皇室建筑（如宫殿、皇陵、园林等）的样式雷家族会在动工前利用建筑的"烫样"（即"实物模型"）将宫殿的设计方案制作成立体的微缩景观呈阅给皇帝。这些在实际建筑动工之前按 1/100 或 1/200 比例预先制作的"烫样"不仅在外观上展示了建筑的样貌，还体现了建筑的台基、瓦顶、柱枋、门窗等详细内部结构，不但可以让人提前了解建筑落成后的效果，而且可以指导实际建造，发现设计中的漏洞和缺陷并及时弥补。

随着时间的推移，人们在生产生活中对"实物模型"可实现的功能有了进一步的要求。随着计算机、信息、网络通信等技术的成熟和普及使用，人们可以利用数字化技术突破实物模型无法模拟本体随时间进行的变化特性，建立物理对象的"数字化模型"，从而逐步接近现代数字孪生技术的概念。如已经利用计算机图形学技术、虚拟现实及增强现实技术实现了在虚拟世界中创建数字化圆明园（即圆明园的数字化模型），从而再现了圆明园的历史原貌；另外，采用全息影像技术，复活已故歌手在舞台上的演唱表演，观众不仅可以看到和歌手外貌一样的数字化虚拟歌手，还可以听到和歌手一模一样的歌声，实现了对已故人物的虚拟复活。此阶段的"模型"虽然已具备数字时空特征，但是其缺乏与模拟对象的动态交互，因此还不能称作为真正意义上的"数字孪生"。

2. 概念雏形阶段

随着新一代信息技术在全球的发展和应用，人类工业生产和生活实际需求的逐步提升，"实物模型方法"已不能满足现代社会生产生活的需要，数字孪生技术在此背景下应运而生，并引起了深刻的产业变革。

数字孪生最早在 1969 年被美国国家航空航天局（National Aeronautics and Space Administration，NASA）应用于阿波罗计划中，用于构建航天飞行器的孪生体，反映航天器在轨工作状态，辅助紧急事件的处置。2003 年前后，关于数字孪生（digital twin）的设想首次出现于 Michael Grieves 教授在美国密歇根大学的产品全生命周期管理课程上。但是，当时"digital twin"一词还没有被正式提出，Michael Grieves 将这一设想称为"产品全寿命周期管理（conceptual ideal for PLM）"，尽管如此，在该设想中数字孪生的基本思想已经有所体现，即在虚拟空间构建的数字模型与物理实体交互映射，忠实地描述物理实体全生命周期的运行轨迹。

直到 2010 年，"digital twin"一词在 NASA 的技术报告中被正式提出，并被定义为"集成了多物理量、多尺度、多概率的系统或飞行器仿真过程"。2011年，美国空军探索了数字孪生在飞行器健康管理中的应用，并详细探讨了实施数字孪生的技术挑战。2012 年，美国国家航空航天局与美国空军联合发表了关于数字孪生的论文，指出数字孪生是驱动未来飞行器发展的关键技术之一。

2016 年，中国专家带领的数字孪生研究组在国际上首次提出了数字孪生车间（digital twin shop-floor）的概念。2018 年在日本东京召开的国际生产工程学会（CIRP）年会上，中国学者提出数字孪生物理实体、虚拟实体、服务、孪生数据、连接的五维模型。2019 年中国联合法国、瑞典、澳大利亚等 5 国共同建立了数字孪生技术与工具体系；同年国内 18 家标准研制和应用单位专家共同建立了一套数字孪生标准体系框架，目前已支持两项国际标准、多项国家标准和团体标准研制和立项。2020 年中华人民共和国工业和信息化部下属中国电子技术标准化研究院发布《数字孪生应用白皮书》，提出数字孪生技术将广泛应用于航空航天、电力、城市管理、建筑、健康医疗、环境保护等领域，同年，国务院将数字孪生写入《"十四五"现代能源体系规划》，提出加快数字化发展，建设数字中国，探索建设数字孪生城市。

3. 技术体系形成阶段

数字孪生技术通过构建物理对象的数字化镜像，描述物理对象在现实世界中的变化，模拟物理对象在现实环境中行为和影响，以实现状态监测、故障诊断、趋势预测和综合优化。为了构建数字化镜像并实现上述目标，需要物联网（internet of things，IOT）、建模、仿真等基础支撑技术通过平台化的架构进行融合，搭建从物理世界到孪生空间的信息交互闭环。

一个完整的数字孪生系统应包含以下四个层级：一是数据层，涵盖档案类的数据和量测类的数据，包括数据的感知、控制、标识等技术，承担孪生体与物理对象间上行感知数据的采集和下行控制指令的执行，并将数据提供给模型层；二是模型层，由一系列的机理模型及数据驱动模型构成，依托通用支撑技术，实现模型构建与融合、数据集成、仿真分析、系统扩展等功能，并将数据分析结果提供给功能层；三是功能层，包含监测、诊断、预测、优化等功能应用，负责为展示层提供功能支撑；四是展示层，以可视化技术和虚拟现实技术为主，主要负责将需要展示的数据以三维模型、拓扑图、地理接线图等方式直观地展示给工作人员，承担人机交互的职能。数字孪生系统架构如图 1-1 所示。

图1−1　数字孪生系统架构

4. 应用阶段

随着物联网、大数据、云计算、人工智能等新一代信息技术的发展，数字孪生被广泛应用于航空航天领域，电力、船舶、城市管理、农业、建筑、制造、石油天然气、健康医疗、环境保护等行业。近年来，电力行业引入了数字孪生技术，逐步形成了较为广泛的数字孪生应用场景。数字孪生作为一项推动电网数字化建设的关键技术，同时也是电网数字化转型的重要举措，电网企业已经在新能源消纳、微电网规划、变电站运维等场景展开数字孪生相关项目探索，通过实时采集传感器数据，监测系统运行状态，推演设备系统运行态势，为反馈控制提供辅助决策方案。

2020年4月，中华人民共和国国家发展和改革委员会和中共中央网络安全和信息化委员会办公室在《关于推进"上云用数赋智行动"培育新经济发展实施方案》中提出了包含数字孪生在内的新一代数字技术，同时提出了"数字孪生创新计划"，以推动数字化转型的关键核心技术发展，也是我国首次提出关于数字孪生技术发展的战略。2021年4月，中华人民共和国工业和信息化部提出的《"十四五"智能制造发展规划》中提出要建设数字孪生体制造业创新中心，推动数字孪生技术创新应用，以及基础共性标准研制，体现了我国对未来数字产业发展的战略判断和提前布局。

目前，我国已经明确在"十四五"期间优化调整产业结构和能源结构，构建新型电力系统，加强数字中国建设整体布局，加快发展工业互联网、人工智能等数字产业，提升关键软硬件技术创新和供给能力。数字孪生作为一种新型的信息集成和控制技术，能够健全电网感知能力、增强能源控制能力、提升电力供给效率和效益、推进行业技术发展，助力赋能经济发展、丰富人民生活。

我国经济已由高速发展阶段转入高质量转型阶段。电力行业数字化转型是经济高质量发展的重要基础和支撑，肩负推进能源生产和消费革命，构建清洁、低碳、安全、高效的能源体系重任，但从当前电力行业发展改革现状看，仍面临着较为严峻的形势和挑战。

1.1.2　电力行业应用发展史

随着业务规模的扩大和新型电力系统的需求，电力行业面临诸多挑战，如电网数据日趋增多、网络结构复杂、生产运行数据抽象、各系统关联关系复杂、系统之间交互推演能力弱、现场运维检修效率低、"人 – 机 – 物"协同交互能力不足、用户用能信息响应时间长等，需引入包括数字孪生在内的多种数字化技术。

1. 电网调度仿真

通过"物理电网"和"虚拟电网"融合，用数字化技术感知、理解和优化现实世界电网，将基础设施和数字化建设紧密结合，在云端实现电网三维全息场景的全景监视、调度业务系统数据融合和空间视野赋能交互的完整闭环，在后台构建一个实时的仿真数字电网，实现电网仿真调度。但从一些国内电力运维公司"数字孪生"软件界面看出，目前仅实现了电力数据的可视化，数字具体价值尚未发掘，用户变电站的此类问题更加明显。

2. 电网三维建模

电网三维数据中心已在国家电网有限公司等国内电力企业部署应用。数字化设计成果集成和三维数据管理相关成果能够实现数字化设计成果在运维检修业务上的支撑应用，实现三维数据的共享和挖掘，提高设备状态管控力和运维检修管理穿透力，实现检修公司对运维检修业务信息的全面掌控，大幅提高输电架空线路、变电站、电缆设备的精益化管理水平。

国家电网有限公司已利用三维电网数据一体化管理系统软件，实现对各类三维数据的完整转换和场景服务发布，确保满足三维数据管理的标准，实现跨系统在线查阅、轻量化浏览、专业应用等需求。其余电力公司已在陆续跟进中。

3. 变电站数字孪生综合应用

数字孪生对电网历史数据资产分析、生产作业模式改变、设备运维成本控制、系统运行效率提升等领域具有显著的助力。

运用大、云、物、移、智、孪等手段，构建起数字孪生体系，提升电网运维管控力和穿透力；利用电网数字孪生系统实现输变电设备的智能运维，进行输变电设备故障的智能诊断和精准预测，将电网运维模式由"后知后觉"转变为"先知先觉"，提升运维检修质量和效率，保障电网安全稳定运行。

　　能源互联网是源、网、荷、储多要素互联的平台性网络，量测感知、分析计算和反馈控制等海量的多维异构业务数据需要数字孪生技术实现高效协同与优化匹配。能源转换、电网平衡等大量业务需要数字孪生技术实现实时处理和精准控制；数字孪生是未来能源互联网的核心驱动和关键支撑。

» 1.2　数字孪生的定义 «

1.2.1　Michael Grieves 定义

　　Michael Grieves 教授认为 2003 年提出的 PLM 的概念模型已具有了数字孪生的所有元素，即真实空间、虚拟空间、从真实空间到虚拟空间的数据流链接，从虚拟空间到真实空间和虚拟子空间的信息流链接。由此 Michael Grieves 教授将数字孪生定义为："数字孪生（digital twins，DT）是一组虚拟信息结构，可从微观原子级别到宏观几何级别全面描述潜在的或实际的物理制成品。在最佳状态下，可以通过数字孪生获得任何物理制成品的信息。"同时 Michael Grieves 教授将数字孪生可以解决的问题分成了两类：一是可预测的行为（predicted behavior）；二是不可预测的行为（unpredicted behavior）。

1.2.2　NASA 定义

　　2010 年 NASA 给出了数字孪生的概念描述：数字孪生是指充分利用物理模型、传感器、运行历史等数据，集成多物理量、多尺度、多概率的系统或飞行器仿真过程，作为虚拟空间中对实体产品的镜像，反映了相对应物理实体产品的全生命周期过程。

1.2.3　国内学者定义

　　2015 年之后，北京理工大学、北京航空航天大学、同济大学等国内学者为了便于数字孪生的理解，从产品角度相继提出了数字孪生体等概念，数字孪生体是对产品实体的精细化数字描述，基于数字孪生体的仿真实验能真实地反映出物理产品的特征、行为、形成过程和性能等；数字孪生体能对产品全生命周期的相关数据进行管理，通过虚实交互能力将实时采集的数据关联映射至数字孪生体，从而实现对产品识别、跟踪和监控；通过数字孪生体可以对模拟对象行为进行预测及分析、故障诊断及预警、问题定位及记录，实现优化控制。数字孪生是技术、过程、方法，数字孪生体是对象、模型和数据。数字孪生体在国内应用最深入的是工程建设领域，在国内关注度最高、研究最热的是智能制造领域。

1.2.4　制造企业的定义

数字孪生是资产和流程的软件形式的代表，可用于理解、预测和优化性能，其目的是提高资产和流程的性能。

进入 21 世纪，美国和德国均提出了信息物理系统（cyber physical system，CPS），作为先进制造业的核心支撑技术。CPS 的目标就是实现物理世界和信息世界的交互融合，通过大数据分析、人工智能等新一代信息技术在虚拟世界的仿真分析和预测，以最优的结果驱动物理世界的运行。数字孪生的本质就是在信息世界对物理世界的等价映射和实时交互，与 CPS 目标高度一致，是支撑CPS 的最佳技术。

1.2.5　国际标准化组织的定义

国际标准化组织将数字孪生定义为"数字孪生是'制造系统'可观测制造系统元素满足要求的数字表示，它能够使元素和其数字表示之间以合适的速率实现同步"。数字孪生当前状态下的同步可以在三个方面看到：模拟和预测、生产状态、使用情况。

1.2.6　电力行业数字孪生的定义

本书中电力行业数字孪生定义为：通过先进的高性能量测与传感终端、监测系统以及机器人、北斗高精度定位和激光雷达扫描建模等辅助装备，实现电力系统中发电-输电-变电-配电-用电、源-网-荷-储电气量、物理量、环境量、状态量、空间量的全息感知，并基于电力专用通信网络、5G 等先进通信移动互联和物联网技术，实现全覆盖、广连接、低时延及高可靠的数据传输，从而将电力系统的物理世界实时完整地映射到数据、模型和算法定义的具有全生命周期数据的虚拟世界。

基于先进计算和存储技术的支撑，电力行业数字孪生在虚拟世界利用大数据、人工智能和区块链等数字技术，进行电力系统的建模、仿真、演绎和操控，以虚控实，促进物理世界中电力系统资源要素优化配置，保障其实现安全可控、灵活高效、智能友好和清洁低碳运行，从而建立一个实现业务和管理信息化、自动化、智能化的技术、装备及平台的由物理世界和虚拟世界组成的虚实结合有机体，该虚实结合有机体具有自我及环境感知、主动预测预警、辅助诊断决策及集约管控功能。与此同时，虚实结合有机体不断进行互动，彼此交换状态信息，并进行电力系统的建模、仿真、演绎和操控的自主策略修正，最终实现电力系统虚拟世界与物理世界的实时交互、平行运转与智慧应用。

» 1.3　电力行业数字孪生本质和价值 «

1.3.1　数字孪生的本质

数字孪生以数字化的方式建立物理实体的多维、多时空尺度、多学科、多物理量的动态虚拟模型来仿真和刻画物理实体在真实环境中的属性、行为、规则等。以数据从物理实体到数字孪生体的数据流先后顺序，可将数字孪生系统构建问题分为数据智能感知、多源异构数据集成、数据高效传输、数字孪生体构建、转换应用、增强式交互等基本过程，如图 1-2 所示。

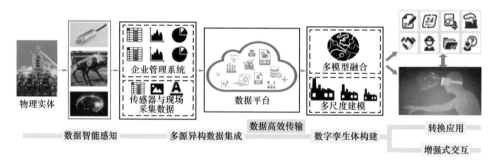

图 1-2　数字孪生关键技术

数字孪生主要技术包括信息建模、信息同步、信息强化、信息分析、智能决策、信息访问界面、信息安全等七个方面，这些技术的发展共同推动数字孪生技术及相关系统的快速发展，随着新一代信息技术、先进制造技术、新材料技术等系列新兴技术的共同发展，上述要素还将持续得到优化，数字孪生技术发展将一边探索和尝试、一边优化和完善。

当前主流的数字孪生技术架构包括物理层、数据层、模型层、功能层和应用层。其中，物理层对应物理实体；数据层包括数据采集、处理和传输；模型层包括机理模型以及数据驱动模型；功能层包括描述、诊断、预测、决策等功能；应用层则对应具体模型功能的具体应用情况。

数字孪生技术是区别于用软件方式来模拟物理世界确定性规律和完整机理

的仿真技术，其具有实时性、闭环性的特点，而仿真技术仅能离线进行；数字孪生技术也区别于构建物理空间与虚拟空间的全要素映射、交互、协同的关系的信息物理系统技术（cyber-physical systems，CPS），更侧重于模型的构建技术；另外，数字孪生技术同样也区别于涵盖产品全寿命各个环节的数字主线技术以及致力于企业内资产互联互通互操作的资产管理技术，其具有可扩展性以及保真性等特征。基于上述数字孪生技术完善的架构以及具有的互操作性、可扩展性、保真性、实时性、闭环性等特点，数字孪生技术被应用于多个领域，且取得了较好的应用效果。

在电力行业，数字孪生本质是利用建模仿真、虚拟现实、机器学习和网络安全等技术，建成与发电 – 输电 – 变电 – 配电 – 用电（储）物理实体相匹配的数字孪生体，实现"状态精准感知、数据实时分析、模型科学决策、智能精准控制"，有效破解电力系统运行风险激增、智能化亟须提升等困境，用最经济适宜的电力系统增强来有效保证电力系统经济、优质、安全运行，服务于国家经济社会发展和人民美好生活用电需求，助推电力行业实现"碳达峰，碳中和"目标。

电力行业数字孪生遵循着数字孪生本有的以下几个典型特点：

（1）互操作性。互操作性指数字孪生中的物理对象和数字空间能够双向映射、动态交互和实时链接，因此数字孪生具备以多样的数字模型映射物理实体的能力，具有能够在不同数字模型之间转换、合并和建立"表达"的等同性。

（2）可扩展性。可扩展性指数字孪生技术具备集成、添加和替换数字模型的能力，能够针对多尺度、多物理特性、多层级的模型内容进行扩展。

（3）实时性。实时性指数字孪生技术要求数字化，即以一种计算机可识别和处理的方式管理数据以对随时间轴变化的物理实体进行表征。表征的对象包括外观、状态、属性、内在机理，形成物理实体实时状态的数字虚体映射。

（4）保真性。保真性指描述数字虚体模型和物理实体的接近性，要求虚体和实体不仅要保持几何结构的高度仿真，在状态、相态和时态上也要仿真。值得一提的是在不同的数字孪生场景下，同一数字虚体的仿真程度可能不同，例如工况场景中可能只要求描述虚体的物理性质，并不需要关注化学结构细节。

（5）闭环性。闭环性指数字孪生中的数字虚体，用于描述物理实体的可视化模型和内在机理，以便于对物理实体的状态数据进行监视、分析推理，进一步优化工艺参数和运行参数，实现决策功能，即赋予数字虚体和物理实体一个大脑。

但随着具有更复杂的仿真和建模能力、更好的互操作性和 IoT 传感器以及电力系统可视化的数字化仿真平台和工具的广泛使用，使电网企业逐渐意识到创建更精细、更具时效性的数字化仿真模型成为可能。目前，越来越多的企业，特别是从产品销售向"产品＋服务"转变的企业，正在广泛应用数字孪生技术。数字孪生的大规模应用场景还比较有限，涉及的行业也有待继续拓展，仍然面临行业内、企业内数据采集能力参差不齐，底层关键数据无法得到有效感知等问题。此外，对于已采集的数据闲置度高，缺乏数据关联和挖掘相关的深度集成应用，难以发挥数据潜藏价值。从长远来看，要释放数字孪生技术的全部潜力，有赖于从底层向上层数据的有效贯通，并需要整合整个生态系统中的所有系统与数据。

1.3.2　数字孪生的价值

从国家层面看，随着我国工业互联网创新发展工程的深入实施，我国涌现了大量数字化网络化创新应用，但在智能化探索方面实践较少，如何推动我国工业互联网应用由数字化网络化迈向智能化成为当前亟须解决的重大课题，而数字孪生为我国工业互联网智能化探索提供了基础方法，成为支撑我国制造业高质量发展的关键抓手。

从产业层面看，数字孪生有望带动我国工业软件产业快速发展，加快缩短与国外工业软件差距。由于我国工业历程发展时间短，工业软件核心模型和算法一直与国外存在差距，成为国家关键"卡脖子"短板。数字孪生能够充分发挥我国工业门类齐全、场景众多的优势，释放我国工业数据红利，将人工智能技术与工业软件结合，通过数据科学优化机理模型性能，实现工业软件弯道超车。

从企业层面看，数字孪生在工业研发、生产、运维全链条均发挥重要作用。在研发阶段，数字孪生能够通过虚拟调试加快推动产品研发低成本试错。在生产阶段，数字孪生能够构建实时联动的三维可视化工厂，提升工厂一体化管控水平。在运维阶段，数字孪生可以将仿真技术与大数据技术结合，不但能够知道工厂或设备"什么时候发生故障"，还能够了解"哪里发生了故障"，极大提升了运维的安全可靠性。

数字孪生能实时反应物理系统的详细情况，并实现辅助决策等功能，提升物理系统在全寿命周期内的性能表现。在电力系统中，数字孪生应用具有如下价值。

1. 保证电力行业安全运行

数字孪生技术能从电网和设备两个层面提升安全运行水平。

（1）电网层。电网层利用数字孪生技术构建一个与物理实体电网匹配对应的数字电网，通过物联感知和信息传输，实现由实入虚，再通过科学决策和智能控制由虚入实，实现电网实时状态监测、电网异常诊断分析、电网发展趋势预测、电网运营策略优化等功能，提高对大电网安全运行的驾驭能力；优化后的物理电网和数字电网不断进行虚实迭代，持续优化，逐步形成深度学习自我优化的内生发展模式，实现电网运行的自主管理。

（2）设备层。设备层指传统模式下，通常是在设备发生故障后，才能发现设备异常，而数字孪生是将传统的设备异常被动处理，转变为主动预警发现。数字孪生技术打通了实体－感知－建模－应用的全链路流程，基于新型传感技术实现对发电－输电－变电－配电设备状态的全面感知，根据设备的运行特征实现传感装置评估、数据深度治理，依靠大数据分析、数据挖掘等构建设备数字孪生体，实现设备的状态差异化评价、故障精准诊断和状态准确预测，如图1－3所示。数字孪生技术与状态评估技术的深度融合将推动发电－输电－变电－配电设备的运维管理迈向智慧化。

图1－3　变电站设备缺陷管理

2. 提升电力行业经营效益

数字孪生技术在基础设备管理、电网运行管理、日常业务管理、企业运营管理等方面提升效率效益。

（1）基础设备管理方面。基础设备管理方面能实现设备运维和质量智能化管理，具体体现在如下几点：

1）设备现场及远程友好互动。保证物理实体设备与数字孪生模型及数据一一对应，并远程实时获得设备的运行数据、评估设备运行状态、查询设备全生命周期数据和信息。此外，应用虚拟现实技术和三维可视化展示组件，实现现场及远程关键设备的快速互动管理。

2）设备自主缺陷诊断与故障预警。实现电力设备在运维阶段的实时监测，并将设备全要素感知监测数据汇集，进行仿真计算与数据分析；模型数据不断迭代优化，自主驱动物理实体设备进行缺陷诊断和故障预警，进而制定合理运维策略。

3）设备全生命周期管理。对输入的海量数据进行切片、分层、梳理，实现设备多维度数据实时记录，对设备未来状态进行滚动预测，对设备及备品、备件进行全生命周期智能管理。

4）设备集群化管理与决策。通过同类型、同地区、同场景下电网个体设备精细化数字孪生模型的横向比较，结合该片区（子系统）设备的运行数据，推演出非典型设备信息，并指导各类设备相应决策，实现设备诊断决策从个体化到集群化的演变。

（2）电网运行管理方面。电网运行管理方面能实现电网调度和事件智能化管理，具体体现在如下几点：

1）电网运行风险评估个性化支持。分析数字孪生模型中的历史数据和未来预测数据，实现电网设备自主风险评估，进而自主确定检修时间、检修频率和检修任务分配等，为调度规划部门提供电网计划管理方面支持。

2）考虑设备运行状态的电网自动化调度及预测性调度。嵌套由电网各子系统数字孪生模型搭建的电网数字孪生模型，自主预测电网在未来的运行状态，指导调度部门更精确地把握电网真实运行状态，避免决策失误。

3）电网全生命周期管理。将数字电网与物理电网的整个生命周期联系在一起，可对维修策略、备品备件的管理策略以及电网运行管理策略进行整体优化，指导电网规划决策。

4）电网在线分析与决策。根据电网设备数字孪生模型的全生命周期数据，提前预知电网设备运行风险、对检修计划进行安排，提升调度运行的监控效率及检修计划安排的合理性。

（3）日常业务管理方面。日常业务管理方面能实现管理性业务智能化，具体体现在如下几点：

1）配电台区批量业务处理。规划部门可依照现有台区数字孪生模型开展配电台区评估和规划；基建部门可在现有台区数字孪生模型基础上增加元素；设备管理部门通过访问台区设备数字孪生模型实现设备实时监控和自主管理；安监部门通过访问台区数字孪生模型实现设备全生命周期安全管控和故障处置；调度部门通过访问台区数字孪生模型能够对台区内分布式能源进行自主调控。

2）运维检修业务支撑。结合设备自主缺陷诊断与故障预警、设备现场及远程友好互动两项应用，可以实现设备故障主动预警和远程运维。此外，应用 VR 技术和三维可视化展示组件，可及时通过远程进行预警，保障现场作业安全。

（4）企业运营管理方面。企业运营管理方面能辅助开展各类运营风险提示和决策建议，具体体现在以下几点：

1）运营风险管理。将设备、电网风险实时上送，形成风险自主诊断及预警模式，指导企业针对不同设备、系统提出个性化管理建议；在降低企业经营风险方面，基于构建的电网数字孪生模型进行电网在线分析及预测性调度，能够实时评估及预测电网运行效益，形成经营风险自主预警模式，指导企业进行经营决策。

2）服务企业投资决策。根据设备在全生命周期的状态，提出有针对性的投资建议，为输电－变电－配电设备的采购、改造、建设、运维管理等方面的精准投资规划提供参考；根据电网的历史、当前运行状态以及未来运行状态，预测、指导电网建设投资规划建议的制定。

3）电网全价值链协同。跨专业数据实现互通，打破专业数据壁垒，在企业规划、物资采购管理、工程管理、电网运行管理、电网运维检修、电力营销管理等各业务环节应用数字孪生技术，各项业务数据实时采集，并在模型中分析预测；通过企业内外部信息和数据的共享和融合分析，能够提高企业的经济效益和市场竞争力，促进企业全价值链协同。

3. 助推"双碳"目标落地

分布式能源等新概念在"碳达峰、碳中和"目标下，对中国能源电力生态产生重大影响，电力行业数字孪生可以进一步重塑能源价值链，支持能源体系的规划、建设和运营，强化清洁能源、绿色能源应用，促进新能源工具普及推广，引领能源电力市场进入良性循环阶段，助推电力行业实现"碳达峰、碳中和"目标，具体可在设备层和电网层两个层面发挥相关作用。

（1）设备层。随着"双碳"目标的大背景与数字化革命相融并进，电力电子装置、大规模储能设备、环保型设备等新兴电力设备迅速增长，其运行维护技术尚未成熟，如何保障相关设备的安全、可靠运行亟待研究。电力装备数字孪生技术可广泛应用于装备的设计、生产制造、运行维护和报废回收等全生命周期所有环节，实现对装备的全生命周期信息的闭环管理，给电力设备制造和运行的全行业产业链的数字化转型提供了升级手段。此外，数字孪生技术还可应用于提高现有设备利用率的动态增容技术、老旧电力设备高效利用和延寿技术、电网设备运行中的节能降耗技术等，以减少电网运行的碳排放，实现电力设备的高效优化运行。

（2）电网层。"双碳"以建设安全可靠、清洁高效、智慧开放的能源节约型社会为目标，以高渗透率的可再生能源、高比例的电力电子设备为主要特征的新一代电力系统正在形成，其有明显的随机性、波动性和间歇性的特征，在"源 – 网 – 荷 – 储"四个方面可分别表现为新能源发电技术、能源互联网技术、V2G 技术、分布式储能技术等技术；而数字孪生具有在线、闭环、实时反馈的特点，可实现物理实体与数字孪生体之间的双向映射、动态交互和实时连接。通过数字孪生电网体系的构建，使电网运行、管理和服务由实入虚，并通过在虚拟空间的建模、仿真、演绎和操控，以虚控实，加强了电网自我感知、自我决策和自我进化的能力，在数字孪生架构下可统筹各项新技术，助力以"双碳"为目标的新一代电力系统的数字化和智能化转型。

第2章

电力数字孪生研究理论与方法

▶ 2.1 国内外数字孪生技术研究水平综述 ◀

2.1.1 数字孪生技术内涵及应用概览

数字孪生是一组可以全面描述物理对象的虚拟信息结构，在最理想的状态下数字孪生模型可以体现物理实体所包含的全部信息。数字孪生模型是物理实体全空间尺度、全生命周期在虚拟信息空间的映射，两者完全相同且同步运行于物理与虚拟数字世界。基于数字孪生体可以全寿命跟踪物理实体的实时状态、模拟及预测物理实体在特定环境下的状态；通过对物理实体的数字孪生模型的各维度分析能够进一步加强对物理实体的理解与认知，完整的数字孪生应具有对物理实体的定义能力、展示能力、交互能力、服务能力、伴随物理实体进化能力。

目前在世界范围内，数字孪生在各工商业领域的应用取得了斐然成果，按装备/部件级的性能分析、产线/流程级的生产方案验证及生产过程可视化、工厂/城市级的三维场景可视化与沉浸式体验这三类举例见表2-1。

表2-1 数字孪生应用情况举例

应用层级	应用领域	孪生对象	机构/平台	应用效果
装备/部件级	航空航天能源电力船舶航运医疗健康	猎鹰九号汽轮机叶片舰船心脏、大脑	3DEXPERIENCE ANSYS DNV GL 3DEXPERIENCE	基于孪生模型开展了大量静力、动力、强度、疲劳等虚拟测试；基于实时仿真得到难以直接测量到的数据，服务于状态评估算法；结合传感数据与数字孪生，有效提高船体状态预测精度；基于孪生模型开展心脏手术预演，寻找大脑施加信号的位置及强度

续表

应用层级	应用领域	孪生对象	机构/平台	应用效果
产品级/流程级	智能制造油气开采环境保护	产线及动态机器石油开采系统污水处理单元	贝加莱 ANSYS GE Predix	结合输送系统 ACOPOStrak 和数字孪生实现产线设计虚拟验证与可视化,利用采油系统数字孪生模型,辅助其采油策略的制定,构建涵盖微生物、化学等属性的孪生模型,实现可视化及污水处理预测
工厂/城市级	汽车行业建筑建设城市管理	汽车试验场地京雄高铁	IDIADA 自研平台 3DEXPERIENCE	构建涵盖微生物、化学等属性的孪生模型,实现可视化及污水处理预测,为自研平台植入建筑信息模型(BIM)技术,并完成铁路的数字化场景设计与交付,构建了城市的动态三维实景模型,辅助新加坡城市的规划与决策

北京航空航天大学提出的数字孪生的五维模型(物理实体、虚拟实体、连接、数据、服务)得到了广泛认可,被应用于很多场景中。

2.1.2　数字孪生技术在国外发展研究应用

数字孪生技术充分利用物理模型、传感器采集、数据仓库等数据资料,集成多学科、多物理量、多尺度、多概率的仿真过程,在虚拟空间中完成对于现实实体对象的完全映射,从而反映相对应实体的全生命周期过程。数字孪生是具有普适性的理论技术体系,应用广泛。目前,世界各国都在包括产品设计、产品制造、医学分析、工程建设、城市管理等领域积极融入数字孪生技术。数字孪生技术的融合采用,也将对社会各个生产生活环节带来影响。下面从国外实例出发,介绍数字孪生技术在国外的发展研究应用现状。

美国安斯科技公司(ANSYS)建立了一个工程泵的数字孪生模型,首先将加速度计、压力传感器、流量计等传感器放置在一个物理泵上,通过控制系统获取的信息,支持工程泵的数字孪生模型的建立;该系统的数字孪生模型能够帮助员工更好地了解和优化产品的性能,并为用户提供个性化的维护指导。

微软公司的 Azure Digital Twins 是一种能够赋予环境领域数字化模式的 IoT 平台,其对象包括建筑物、工厂、能源网络,乃至整个城市。该平台实现了产品生产的优化、操作流程的优化、成本控制和用户体验的优化。Azure Digital Twins 的许多功能,能够实现数据获取、数字孪生模型、数字孪生体的实时显示,以及孪生数据的存储和分析。

美国通用电气公司(general electric company,GE)搜集了诸如飞机引擎等资产的大量数据,并利用数据挖掘技术对可能出现的故障和时间进行了预测,但是不能准确地判断出故障的具体原因。为了解决这个问题,GE 最近几年特别注重数字孪生技术的应用和探索,推出了 Predix 平台,专门用于工业数据的分析与开发。Predix 平台能够将工业设备与设备进行链接，获取设备的整个生命周期数据，并将数据应用于设备的机械建模和数据分析，为用户提供实时的服务。

美国 Bentley 软件公司将数字孪生技术引入公司开发的软件工具和解决方案中，软件提供的基础设施工程数字孪生模型支持对基础设施资产进行全生命周期可视化、跟踪变更，并执行分析，从而优化资产性能。Bentley 基础设施数字孪生模型可将工程数据、实景数据和物联网数据相结合，构建基础设施的地上和地下整体模型，并开展设施状态变化趋势预测。

德国在 2013 年发布的《工业 4.0 未来项目实施建议》报告中，明确提出以信息物理系统（CPS）为工业 4.0 的基础技术，打造智能化和网络化的未来世界。但受困于信息物理系统投入不足，德国难以独立推进该概念体系的发展，加之德国联邦经济和能源部加大了对工业 4.0 平台的管控力度，德国电气和电子制造商协会（ZVEI）和德国机械设备制造业联合会（VDMA）等行业协会深受掣肘，故于 2020 年 9 月底设立了工业数字孪生体协会。德国思爱普公司（SAP）的数字孪生技术基于其 Leonardo 平台，通过打造完整的数字化产品，来实现实时工程研发；西门子公司通过数字孪生将现实世界和虚拟世界无缝融合，对产品进行数字化设计、仿真和验证，并且将电器和电子系统一体化集成。

法国达索公司致力于将数字孪生技术运用于数码显示与体验之中，通过搭建 3D 体验平台，对数字孪生进行数字化建模与人机互动，为复杂系统的数字化支撑，让设计者在产品出现前或生产时，透过数字孪生技术与产品进行"亲密接触"，让设计者对产品的性能有更深刻的理解。达索公司同时也在推动"生命心脏"计划，利用生物技术的感应幕布和扫描技术，为人体心脏构建一个人体心脏的数字化数字孪生模型，并制造出一个具有电气和肌肉特征的人体心脏模型。法国空中客车公司开发了应用数字孪生技术的大型配件装配系统，对装配过程进行自动控制以提高自动化程度并缩短交货时间。

俄罗斯计划在 2024 年完成将数字孪生技术引入航空发动机的研究工作。据俄罗斯联合发动机公司创新开发部门专家透露，俄罗斯的数十家企业将一起解决这个问题，这项研究将加速俄罗斯航空发动机新产品的开发流程，减少其测试、认证和投入生产的时间。

日本电报电话公司（NTT）在 2019 年提出了"数字孪生体计算计划"。2021 年 2 月，日本电报电话公司在东京公开了"东京都 3D 视觉化实证项目"，该项目利用数字孪生技术制作了西新宿区域、涩谷·六本木区域的 3D 都市模型，如图 2-1 所示，利用这些模型进行模拟实验，验证基础设施建设在人口流动和防灾减灾等方面的效果,从而解决日益复杂的社会问题,提高都市人口的生活质量。

图 2-1 数字孪生 3D 城市模型示例

目前,国外数字孪生相关理论、技术、产品不断完善,应用领域不断拓展,落地日渐深入。截至 2020 年 12 月 31 日,在世界知识产权组织(WIPO)官方开发与管理的 PATENTSCOPE 数据库中共检索到与数字孪生紧密相关的专利 673 项。根据检索到数字孪生相关专利数量的分年度统计可知,2015~2020 年数字孪生相关的专利数量呈现明显增长趋势,说明数字孪生研究与创新已经进入快速发展阶段。

2.1.3 数字孪生技术在国内发展研究应用

数字孪生技术发展得到我国政策的大力支持。"新基建"在 2020 年第一次被写入政府工作报告中,在关于"新基建"的意见征求中许多代表都提到了数字孪生。2020 年 4 月,中华人民共和国国家发展和改革委员会印发《关于推进"上云用数赋智"行动培育新经济发展实施方案》,方案提出要围绕解决企业数字化转型所面临的数字基础设施、通用软件和应用场景等难题,支持数字孪生等数字化转型共性技术、关键技术研发应用,引导各方参与提出数字孪生的解决方案。数字孪生技术受关注程度和云计算、人工智能(artificial intelligence,AI)、5G 等一样,上升到国家高度。2020 年 9 月 11 日,中华人民共和国工业和信息化部强调,要前瞻部署一批 5G、人工智能、数字孪生等新技术应用标准。

随着数字孪生技术的日益成熟,国家和地方政府纷纷将其纳入智慧城市顶层设计框架,并协调解决各种建模技术之间的兼容性以及数据标准统一等问题。在国家层面,中华人民共和国国家发展和改革委员会、中华人民共和国科学技术部、中华人民共和国工业和信息化部、中华人民共和国自然资源部、中华人民共和国住房和城乡建设部等部委密集出台政策文件，有力地推动了城市信息模型相关技术与应用的发展与落地。

根据预测，从 2021～2027 年，为数字孪生建模的实物资产和流程的数量将从 5%增加到 50%，从而实现运营绩效的优化，不仅可以降低运营成本，而且可以加速实现转型与创新。到 2025 年，30%的城市将通过物联网、人工智能和数字孪生技术，将物理和数字相结合，并改善关键基础设施和数字服务的远程管理。数字孪生是 5G 赋能产业链上的重要一环，作为 5G 衍生应用，可以加速物联网成型和物联网设备数字化，与 5G 三大场景之一的万物互联需求强耦合。在未来的 5G 时代，随着新一代信息技术与实体经济的加速融合，工业数字化、网络化、智能化演进趋势日益明显，将催生一批制造业数字化转型新模式、新业态，数字孪生日趋成为产业各界研究热点，未来发展前景广阔。

早期我国将数字孪生技术应用到生产车间的模型中。国内专家提出数字孪生车间模型，该模型的核心部分主要包括车间的虚拟化、真实车间、车间运行系统以及车间中的孪生信息 4 个部分，通过车间内各种真实设备与孪生数据的交互，全面提升智能化车间的管理和生产水平。国内专家通过将数字孪生实现虚拟映射，同时运用大数据结合深度学习技术提出了一种车间设备智能化管理方法，有效解决了传统设备管理与设备运行中数据"孤岛"问题。随着数字孪生技术不断发展，应用也拓展至工业制造领域和城市治理领域。

在工业制造领域，数字孪生技术正在扮演着不可替代的角色。数字孪生创立之初重点是用来解决飞机的运行维护和故障预测，构建高同步、高仿真的虚拟模型，通过航空产品传感器不断进行物体实体与虚拟空间信息数据交换，并基于数据修正虚拟模型，实现对航空设备故障、运行实时数据的更新，以此指导运维决策，实现飞机设计的全生命周期管理。后续数字孪生技术推广应用到其他行业的大型设备上。在此前，由于大型设备整体结构复杂，内部各部分关联紧密，且设计过程的实时数据难以获取，因此对大型设备的故障预测是一项十分复杂的工作，基于数字孪生技术将设备故障模式及原因通过数据孪生化后，构建出设备运行维护全过程的仿真模型，能够快速分析预测故障和准确定位故障原因。

在城市治理领域，数字孪生技术也正逐渐发挥更大的作用。运用数字孪生技术构建知识图谱，赋能城市供水工程调度，针对不同来水、调度措施、调度目标下的调度预演以及多方案比选等功能，提前规避风险，支持精准化决策，提升水旱灾害防御、水资源集约、安全利用，以水利工程管理"软实力"助推硬件设施功效发挥，为城市水资源智慧调度奠定基础。在智慧城市建设中，构建大场景的数字孪生模型完成现实世界向虚拟世界的实体映射；通过 5G 及物联网技术完成现实世界向虚拟世界的物联感知映射；通过数字化的城市业务规则完成实体世界向虚拟世界的规律映射，以此构建数字孪生城市；进一步通过虚拟世界的规划设计、模拟仿真、数据分析，实现虚拟世界向现实世界的信息反馈等目标架构。

目前国内积极推动数字孪生与新一代信息技术融合，逐渐提升解决实际问题的能力。随着传统建模仿真技术与云计算、物联网、大数据、人工智能、虚拟现实等技术进一步融合，推动数字孪生技术不断成熟，模拟、监控和优化实体的能力不断增强，将为传统业务向数字化转型提供更有力的技术支撑。

数字孪生技术作为一项新技术，需要加快技术人才的培养，产教融合是高质量数字孪生技术人才的培养方式：一方面，产教融合帮助高校聚焦学生关键能力的培养，让学生在校时就将理论与产业实践深度融合，培养实践能力；另一方面，产教融合可以让企业直接依照产业需求的人才培养标准精准施策。

在深挖数字孪生技术的同时，扩展数字孪生应用领域，使之覆盖制造业全产业链和更多行业。数字孪生提出初期主要面向军工制造业需求，且主要应用于运行维护领域，近年来向研发设计和生产制造领域延伸，覆盖产品全生命周期、全产业链，逐步向电力、汽车、医疗等民用领域拓展，并开始向建筑、交通、城市等更复杂的行业推进。

2.1.4　在电力装备中的数字孪生关键技术

在电力装备中，数字孪生技术架构由基础支撑层、数据互动层、建模仿真层、功能应用层四层组成，如图 2-2 所示。

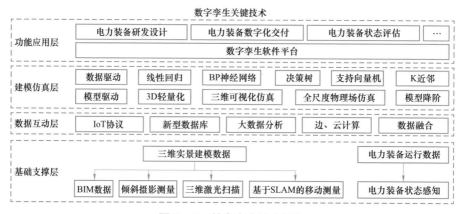

图 2-2　数字孪生技术架构

基础支撑层需要对电力装备的三维实景建模与状态数据进行全面获取与感知。三维开展实景建模需要获取 BIM 数据及三维实景数据，而获取实景数据的测绘方法包括倾斜摄影测量技术、三维激光扫描技术、基于即时定位与地图构建（simultaneous localization and mapping，SLAM）的移动测量技术等。各项实景数据获取技术在现实使用场景中也在融合升级，交替使用。

数据互动层涉及数据传输、数据存储、数据处理、数据融合等各项关键技术。数据传输方面，电力装备数字孪生需要更大的带宽和更低的时延，而 5G 凭借其低延时、大带宽、低功耗等特点，很好地满足数字孪生对数据传输的需求。数据存储方面，由于数字孪生产生的数据量和异构性不断增加，传统的关系型数据库技术不再可行，非关系型数据库的研究应用力度正在逐渐增加。数据处理方面，将云、边缘计算引入效用模型来远程供给可拓展和测量的资源，实现数据清洗、数据集成、数据规约、数据变换、数据离散化等处理要求。数据融合方面，利用贝叶斯公式及卡曼滤波器、证据理论、模糊集理论、神经网络等方法将孪生数据进行优化组合以获取更为有用的信息。

建模仿真层一般是由模型驱动和数据驱动两种方式搭建，模型驱动建模方法可从物理机理和过程上反映物理实体，数据驱动可以绕过复杂的物理建模过程并利用输入、输出数据很好地描述物理过程，随着输入的数据或经验越来越多，模型会不断自我改进与完善。

数字孪生的功能应用层以 IoT 平台作为载体开展，该平台包括边缘层、基础设施即服务层（infrastructure as a service，IaaS）、平台即服务层（platform as a service，PaaS）、软件即服务服务层（software as a service，SaaS）。前三层分别对应上述三层（基础支撑层、数据互动层、建模仿真层），软件即服务层将诸多研究成果以软件的形式进行封装与固化。国际 IoT 平台，如 GE、SIEMENS 等是其发展的有力推动者且拥有成熟的一体化解决方案，这些方案包括 GE-Predix、SIEMENS-Mindsphere、PTC-Thingworx、Microsoft-Azure 等国产的 IoT 平台包括华为云、阿里云、浪潮－M81、东方国信－Cloudiip、树根互联、海尔－COSMOPlat 等，都能为数字孪生平台开发提供支撑。

2.1.5　在变电设备运行维护中的数字孪生技术

1. 变电设备运维现状

随着我国能源互联网建设的加速推进，为紧跟全国经济腾飞步伐，应对日益增加的电能需求，全国各地电网设备的规模与种类也在逐年递增，设备的增多对电网的安全稳定运行也提出更高要求。作为电网安全运行的基础，变电设备可靠运行的重要性毋庸置疑，但是目前变电运维人员缺口逐年扩大，运维人员难以对在运设备的运行状态实施有力管控，因未及时发现设备异常状态和缺陷导致的设备事故时有发生；而且运维人员的传统生产作业模式已经难以满足电力设备海量化、差异化、精细化的运维需求，这可能导致设备存在"过修"或"欠修"的状态，从而造成巨大的人力、物力资源浪费；与此同时，电网设备在运维检修过程中积累了大量的历史数据，并且其中大部分数据仍处于"沉睡状态"，未能有效挖掘其价值，且难以利用其指导生产作业开展。

基于上述变电设备运维时存在的种种问题，数字孪生技术能够很好地利用分析历史数据做到精细化、标准化管理。

2. 变电设备数字孪生的特征与实现

不同行业对象的数字孪生模型具有不同的特征和侧重点，比如基础建设的数字孪生模型侧重于实景建模和可视化，采用建筑信息模型等技术工具，来优化设计、施工阶段的规划布局及资源配置，并指导后期管理运营；变电设备数字孪生更关注数据的采集和分析，通过数据驱动算法给出相应运维检修策略，构建感知、分析、决策闭环的闭环管理流程，并且可以自主学习更新升级。变电设备的数字孪生模型期望是一个涵盖数据采集、数据处理、模型构建、现场应用等的完善体系，从而能广泛应用于设备故障诊断、设备状态评级、设备状态预测等多个方面，以支撑变电设备全生命周期内各项活动的决策，所以变电设备数字孪生具有闭环性、实时性等特征。

电力行业一贯秉持着"预测性维护"宗旨，以设备状态全面感知、运行策略自主思考、人机对话便捷交互为目标，实现运维管理更高效、生产作业更精准、成本配置更精益，数字孪生技术拥有广阔的应用空间。变电站数字孪生系统框架如图 2-3 所示。

变电站数字孪生系统框架能够根据数据流向分为设备层、数据采集层、应用层和终端用户层。

设备层包括承受高电压大电流的变压器、消弧线圈、断路器等一次设备，也包括肩负监控测量保护任务的继电保护、直/交流屏监控装置、通信类屏柜等二次设备。设备层是属于变电设备数字孪生模型汇中物理实体的那一方。

数据采集层通过规约转换装置将数据采集系统的通信协议转换为 http 协议，经网络传输至变电站端服务器数据库进行缓存；由数据采集层采集到的数据将进行后续数据存储及数据加工处理。数据采集层是数字孪生中沟通虚实交互的重要纽带。

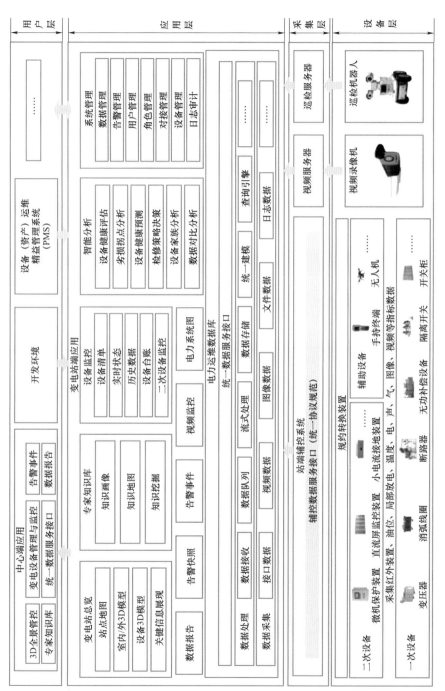

图 2-3　变电站数字孪生系统框架

应用层通过建立变电设备运维数据库，实现电力设备数据应用服务，包括设备状态监测、设备缺陷初步诊断等基础应用功能。在应用层中，可以根据需要实现的功能目标采用不同的算法训练，例如实现对变电设备劣化故障拐点的预测分析等功能，可以借助长短期记忆网络（LSTM）算法或者随机森林算法。

在用户层可以实现变电设备管理与监控、告警事件管理等功能应用，同时与现有系统实现数据交互。

数字孪生框架系统的搭建需要用相关技术进行支撑。

对于数量庞大、参数复杂、差异明显的变电设备网络，选择实时的适配传感器，搭建适配前端感知网络尤为重要。

为达到设备状态预测评估的目的，数字孪生可以利用传感器的实时数据，通过人工智能方法不断优化迭代设备状态分类评估模型、设备状态预测模型，并结合设备缺陷记录开展统计分析，提炼出各型设备及其部件在不同运行年限、运行工况、运行环境下的劣化规律，利用实时数据和历史数据对未来一段时间的设备运行状态进行预测，当预测指标超过了设定阈值，可实现故障提前预警，从而辅助工作人员进行现场运维或制定停电检修计划。

缺陷诊断辅助决策功能开发，采用了"重要设备数据驱动＋全部设备知识驱动"的方式，利用历史运行数据和专家经验资源，形成数字孪生知识库；利用知识图谱实现缺陷记录检索，确定缺陷类型，并根据缺陷类型推出潜在缺陷原因及发生概率帮助合理应对变电设备现有或将有的故障。

2.1.6　在输变电设备状态评估中的数字孪生技术

1. 当前输变电设备状态评估体系存在的问题

首先目前表征输变电设备运行状态的特征量众多，对于某些常见的状态量，如温度、振动等，需要考虑输变电设备特殊的运行环境情况进行实时改进；而对于一些特殊的状态量，如局部放电、油中溶解气体、电场等，则需要研制专用的传感装置，但是当前用于获取输变电设备运行状态量数据的高可靠性、高稳定性传感装置较少。

其次由于传感装置稳定性差、现场运行环境恶劣、电磁环境复杂等原因，输变电设备状态量数据质量较差，反映设备运行情况的状态量数据中存在大量的异常数据以及噪声数据，直接影响设备状态评估模型的准确性。

再次输变电设备状态评估模型准确性较差。不单是因为状态量数据参差不齐，输变电设备状态评估模型通常依赖于专家经验或通用算法，缺乏对输变电设备个性化特征的考虑；在构建模型的过程中，受限于状态量种类的限制，模型表达能力较弱、泛化能力差；此外，在对设备的状态进行预测时，传统预测方法无法很好表征输变电设备在时序上的特征，从而导致预测准确度低。

电力设备数字孪生技术能为实现精准的输变电设备状态评估提供"驱动力"和"加速器"。

2. 输变电设备状态评估中的数字孪生技术应用

目前，中国电子信息产业发展研究院（赛迪研究院）给出的最新数字孪生技术架构包含了物理层、数据层、模型层、功能层和应用层五层结构。由于数字孪生模型结构大同小异，因此做以下简要说明，其框图如图2-4所示。

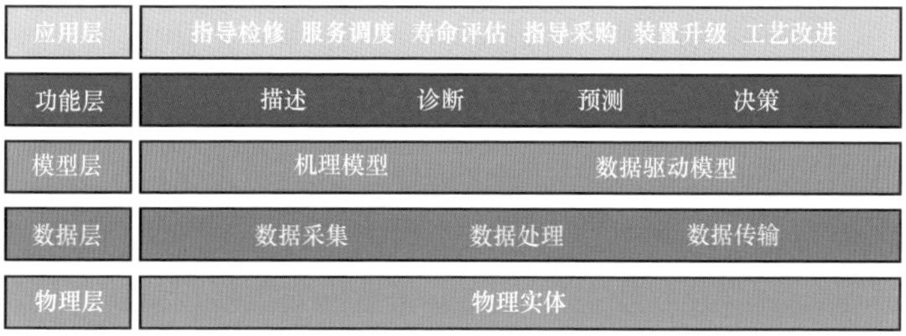

图2-4　数字孪生在输变电设备状态评估中的应用

在图2-4中，物理层对应物理实体；数据层包括数据采集、处理和传输，模型层包括机理模型和数据驱动模型；功能层包括描述、诊断、预测、决策；应用层则包括智能工厂、车联网、智慧城市等。基于该技术架构，考虑输变电设备所具有的自身属性以及运行环境特点，对输变电设备状态评估过程中的技术架构进行分析。

对于输变电设备的状态评估数字孪生模型，感知层采用全面感知技术，利用各种高密度信息流实时传感器，实现对输变电设备运行状态的实时监控和精准评估；在输变电设备各类传感装置获取到设备的实时运行数据之后，结合运行环境数据、设备工艺制造数据、设备的离线试验以及运维检修数据、故障案例数据等，并基于多源数据融合技术实现对输变电设备状态进行多维度、全过程、全景式、全链路的深度感知，为输变电设备状态评估中的数字孪生技术提供了数据保障。

在获得反映输变电设备运行的多维数据之后，在数据层利用各状态数据治理技术对采集到的大量数据进行深度清洗，排除异常数据的干扰，保证数据质量，为输变电设备状态评估中的数字孪生技术提供了质量保证。

基于全面感知以及数据治理技术获得的多维度、全景式数据可以构建输变电设备状态评估的数字孪生模型，实现对设备现在或将来状态的准确评估以及

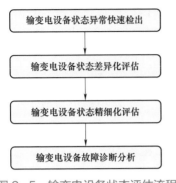

图 2-5　输变电设备状态评估流程

预测功能。输变电设备状态评估流程如图 2-5 所示。

对设备未来的运行状态进行预测预警也是输变电设备状态评估分析的重要内容，基于设备的全景式数据建立输变电设备状态预测数字孪生模型可以提前掌握设备未来一段时间的运行状态，可以辅助现场运维及调度人员制定停电检修计划，从而保证输变电设备以及电力系统安全稳定运行。数字孪生技术中数据挖掘、深度学习等方法可以弥补传统拟合评估模型的缺陷，通过对输变电设备的关键状态量在时间维度上的变化规律进行学习，获取全局关键状态量在时间维度上的变化规律，达到对未来时刻设备各状态量进行预测的目的；再基于诊断方法实现未来时刻状态量与未来时刻设备运行状态之间的映射，从而构建设备状态预测数字孪生模型实现设备状态的预测预警。

≫ 2.2　电力行业数字孪生研究目标体系 ≪

2.2.1　电力行业数字孪生的总体架构

数字孪生电网总体架构布局由基础设施、运行中枢和应用服务三大横向层以及一个跨域纵向层构成，数字孪生电网总体框架如图 2-6 所示。与监控运维系统相比，数字孪生电网强化了信息可视化、数据维度以及数据整合能力，使数据呈现可故障反馈更加直观，通过进一步对信息的整合，能够深入挖掘数据间的内在联系，提高了运维效率。与仿真系统相比，数字孪生电网系统与真实设备同步运行，提高实时反映真实设备的动态变化，当真实设备发生变化时、数字孪生系统也有同步的表征，并向真实设备下达运维检修策略，提供指挥决策支撑；当数字孪生系统发现问题时，真实设备也可能存在异常，实现提前预警。

跨域纵向层主要用来保证横向层的信息交换、数据保证，安全保障。基础设施层包括智能设备、感知设施、网络连接设施和智能计算设施，实现数据采集与交互。运行中枢层是数字孪生电网的核心，对收集到的数据进行分析处理。应用服务提供以数字孪生为内核的各种应用。

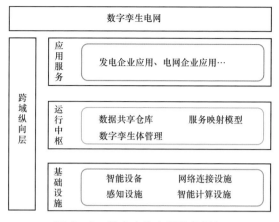

图 2-6　数字孪生电网总体框架

2.2.2　电力行业数字孪生的内涵

数字孪生电网是一个由物理电网实体及其孪生的数字化电网构成，且物理电网与孪生的数字化电网间能进行实时交互映射的系统，通过数据全域标识、状态精准感知、数据实时分析、模型科学决策、智能精准执行，实现对物理电网的模拟、监控、诊断、预测和控制，解决电网规划、设计、建设、管理、服务闭环过程中复杂性和不确定性问题。

数字孪生电网基于数字化标识、自动化感知、网络化连接、普惠化计算、智能化控制、平台化服务的信息技术体系和电网信息模型，在数字空间再造一个与物理电网匹配对应的数字电网，全息模拟、动态监控、实时诊断、精准预测电网物理实体在现实环境中的状态，推动电网全要素数字化和虚拟化、全状态实时化和可视化、电网运行管理协同化智能化，实现物理电网与数字电网协同交互、平行运转。

2.2.3　电力行业数字孪生电网的特征

数字孪生电网具有以下五个特征：

（1）自主性。数字孪生电网中的数字孪生体是实物设备的全寿命周期数据中心。数字孪生体的"形"与"态"与实物设备进行自主同步，实现了描述实物设备的单一数据源和阶段间信息贯通。

（2）交互性。在数字孪生电网中，除了依托于实物编码的设备档案信息外，还可通过加入设备的使用/维护等各种附加功能，通过物联手段，实现实物之间进行交互式连接。

（3）演绎性。通过数字孪生电网中独立进行的仿真、在"虚拟"使用环境中可以对设备的真实使用情况进行反演、前推和预测全周期内的运行情况等，是一种全价值链的协同演绎。

（4）共享性。数字孪生电网提倡使用单一源的数据结构与形态，通过统一的标准化的数据，可达到各部门间、系统上下游之间的数据共享，从而可实现无缝协同仿真与分析。

（5）社会性。数字孪生电网是具有深度学习能力的类"Alpha GO"模型。社会性指依托于人工智能、物联网、区块链、大数据分析、云计算等技术的发展，具有了"社会性"思考能力，可以自发从海量实物连接数据中提取知识，自主演化和升级，并反过来指导实际系统的操作与运行，真正实现从"经验驱动"到"数据驱动"。

2.2.4　电力行业数字孪生电网的目标体系

1. 强化设备的综合管理能力

数字孪生技术可广泛应用于输变电设备数字孪生全生命周期的各个环节，包括设计、制造、交付、运维、报废和回收阶段。

在输变电设备设计阶段，基于设计工具、仿真软件等可将输变电设备实体映射到虚拟空间，并形成可拆解、可修改、可复制、可删除的输变电设备数字孪生体，从而增强设计人员对输变电设备物理实体的了解；同时通过对所构建的设备数字孪生体性能的模拟测试、数据分析，可掌握设备物理实体在多物理场作用下的各属性参数值，并针对属性薄弱点进行优化和改进，进而缩短设备的设计时间，优化设备的设计流程，提高输变电设备设计的个性化水平。

在输变电设备制造阶段，基于仿真建模技术可对输变电设备制造流程、工艺、车间等建模，从而构建设备虚拟制造生产线，实现对设备制造生产线的优化；同时基于采集的生产过程数据，可对设备生产的全过程进行有效监控，并利用人工智能算法对设备制造参数、指标进行预测，对所生产的不满足要求的设备进行有效的处理和调整；最后在该阶段可对所制造的设备采取物理与虚拟相结合的方式进行出厂检测，保证设备的出厂质量，提高设备的交付速度，实现输变电设备的智能优化制造。

在输变电设备交付阶段，改变原有的单一物理交付，将输变电设备的设计、采购、制造等阶段产生的数据、文档、模型及所对应的标准化格式随物理实体一起提交给用户，实现物理与数字设备的双交付，满足用户对于设备透明数据的需求，从而提高输变电设备的运行可靠性。

在输变电设备智能运维阶段，通过对输变电设备运行参量的全面感知，可实现对设备的远程监控，并基于机理驱动的仿真计算对输变电设备的运行情况展开模拟分析，掌握输变电设备的当前运行情况；进一步采用人工智能算法对感知数据及仿真数据进行深度挖掘，结合专家处理的经验，对输变电设备未来的运行趋势、服役寿命等方面进行预测，从而准确掌握设备的运行状况，降低设备故障的风险，提高对输变电设备运行的管理水平；同时基于预测结果，借助知识图谱技术，可为运行人员提供设备相似缺陷案例报告，辅助其制定检修决策，减少不必要的检修带来的运维成本及停电损失，促进设备检修模式的智能化发展。

在输变电设备报废与回收阶段，根据输变电设备的运维状况，结合现场需求，可准确地决定其报废时间，避免设备过早报废浪费资源或过度使用造成安全隐患；对于已报废的设备，可拆解其零部件，对可回收的资源及可能会污染的物质进行有效处理，同时完善回收工艺及流程，提高资源的利用率，降低设备回收的成本。

2. 巩固电网的安全运行水平

通过数字孪生电网可以实现发电领域、输电领域、变电领域、配电领域、用电领域各类异常的溯因分析，准确研判出导致异常的原因，以便工作人员制定相应的改进措施，巩固电网的安全运行水平。

在发电领域，当前，分散式的新能源场站电能输出的随机性较强，增大了电力系统维持供需平衡的难度，而以仿真技术为基础的数字孪生技术能够为电网电能管理提供无缝协助和优化。在输电领域，输电线路是电力系统重要的基础设施，数字孪生技术实现输电线路运行状态的全面感知与智能分析，进一步提高输电线路运维检修的时效性与智能化程度，可以助力电网企业在输电领域的数字化转型。在变电领域，变电站内变电设备的稳定运行关系到整个电网主干网及配电网的安全，通过对变电设备建立数字孪生模型，可以对变电设备进行精准的状态检修，为电网供配电系统的运维提供更加安全、可信的服务。在配电和用电领域，随着新能源大规模并网、电动汽车保有量增加，新型用能设施大量接入，配电网承担了主要的承接与管理工作。数字孪生将进一步解决配电网感知能力、传输能力、数据处理能力、协同互动能力上的一系列问题，在配电线路运维检修、配电设备状态监测、故障定位、故障预测等方面开展业务应用。在用电领域，在新型电力系统建设背景下，分布式新能源的发展让终端用户增加了能量产销者的身份，配电网侧消纳及分布式新能源并网服务压力日趋增大，基于区块链的微电网自平衡的需求愈发迫切。数字孪生技术能在用电及分布式新能源侧建立统一的数据资源服务，增强微电网的灵活性。

3. 助力企业转型提升进程

近年来，企业对于模型精细化、数据可视化、交互便捷性的要求不断提升，数字孪生电网数据驱动、闭环反馈、实时交互的特性可以给企业提供更优的解决方案。数字孪生技术不仅能对电力系统技术领域带来革新，更可以为企业订单流、人员流、资金流、设备流、物料流、信息流等的管理提供新型解决方案，数字孪生技术将实现全面的数据整合（如图 2-7 所示），进而对企业生态链带来颠覆性的影响。

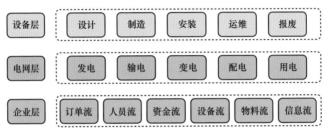

图 2-7 数字孪生电网目标体系

≫ 2.3 电力行业数字孪生涉及的相关技术 ≪

2.3.1 先进物联传感技术

先进物联传感技术作为电力行业数字孪生的数据来源，旨在基于可靠传感器、分布式传感网络实现物理设备数据的实时、准确感知和获取。先进物联传感技术包括高精度传感数据采集、多源异构的数据库构建。数据采集是构建数字孪生的基础，作为物理电网的数字镜像，数据越全面、准确，数字电网越能高保真地还原物理网络。采集到的数据经过清洗、分类等初步处理后存储在数据库中，当进行数据建模时，数据根据需要从数据库中高效获取，数据库的结构、对数据的清洗和优化情况影响着数据获取的效率。

1. 高精度传感数据采集

数据采集包括采集对象、采集数据类型和采集协议三个部分。

采集对象：物理网络包括物理网元、虚拟网元，并不是所有的网元都需要在数字孪生网络上呈现，采集对象的选择取决于数字孪生网络的应用。

采集数据类型：采集数据类型包括网元属性信息、运行状态信息和网络流量信息；对于不同的数据类型使用不同的采集方法，例如采集频率的设定、采集点的选择、采集时间的选择等，要根据不同的应用需求，确定不同的采集方法，例如网元属性数据，因为变化频率很低，宜采用低频采集方式，而对于网络流量信息，只有高频采集才能不遗漏一些瞬时变化。

采集协议：例如技术成熟、应用广泛的简单网络管理协议（SNMP）、网络配置协议（NetConf），可采集原始码流的网络监测技术 Netflow 技术、Sflow 技术，支持数据源端推送模式的网络遥测（network telemetry）等；不同的数据采集方案具备不同的特点，适用于不同的应用场景。结合数字孪生网络对数据采集全面、高效的要求，优先选择网络遥测技术作为数据采集协议。

2. 多元异构数据库构建

数据采集后统一存储在数据仓库，数据共享仓库是数字孪生网络的单一事实源，存储海量的网络历史数据和实时数据，并将各种数据集成到统一的环境中，为数据建模提供统一的数据接口和服务。针对网络数据规模大、种类多、速度快等特点，可综合应用多元存储和服务技术构建数字孪生网络的数据共享仓库。

数据库首先将网络采集的源数据进行抽取、转换和加载（extract-transform-load，ETL），完成对数据的清洗和优化，以尽可能小的代价将数据导入数据仓库；然后根据不同类型网络数据的应用场景、数据格式和实时性要求等特性的不同，选用多种数据存储技术构建多源异构数据库，分别存储结构化、非结构化的网络数据。机构化的数据可基于大规模并行处理（massive parallel processing，MPP）数据库构建即时延容忍网络（delay tolerant networks）的主数据仓库，采用 Hadoop 云平台存储和处理技术管理非/半结构化数据，采用分布式文件系统（hadoop distributed file system）存储文件，使用分布式并行计算模型 Map Reduce 并行执行计算操作，半结构化或者非结构化数据使用 NoSQL 数据库，NoSQL 数据库中的图形数据库和列存储数据库适用于网络特定场景下的数据处理，并支持的海量存储、高扩展性、高可用及并发要求。

2.3.2　精细建模仿真技术

精细建模仿真技术作为电力行业数字孪生的业务基础，旨在从几何、功能和性能等方面对物理电网进行精细化建模与跨媒体耦合仿真，进而连接不同时间尺度的物理过程构建模型，实现物理电网的状态、行为和性能等信息的精确表达。目前，精细化建模与仿真技术的研究主要包括精细化几何建模、逻辑建模、有限元建模、多物理场建模、多学科耦合建模与仿真实验等方面，通过这些技术的实现对物理实体的高保真模拟和实时预测。

通常而言，可认为精细建模仿真涉及基础模型和功能模型两方面。其中，基础模型是指基于网元基本配置、环境信息、运行状态、链路拓扑等信息建立的对应于物理电网的网元模型和拓扑模型，实现对物理网络的实时精确描述；功能模型是指针对特定的电力业务应用场景，基于数据仓库中的网络数据，建立的网络感知、分析、仿真、推理、决策等模型。以下对基础模型和功能模型的建模技术展开详细描述。

1. 基础模型

基础模型的构建主要包括三个步骤：孪生网络本体模型构建、统一表征融合网络孪生体数据库的构建以及网元模型和拓扑模型按需组合的构建。孪生网络本体模型是实现大规模网络数据一致性表征的基础，可基于本体理论实现实体的表征，首先定义本体的组成要素，例如类、属性、关系、规则和实例等多元组元素，继而通过本体模型对大规模网络数据进行一致性表征。统一表征融合网络孪生体数据库的构建是基于孪生网络本体模型构建，通过语义反求工程、语义映射过程和多源异构数据一致性融合表征实例化操作，形成具有统一格式的数据，完成从多源异构数据到统一表征数据的映射。网元模型和拓扑模型的构建是根据不同网元模型的功能或拓扑模型的结构，可基于统一表征的数据库，按需组合构建网络基础模型，从而实现孪生网络和物理网络的虚实映射。

2. 功能模型

功能模型面向实际网络功能需求，通过全生命周期的多种功能模块，实现动态演进的网络推理决策。功能模型可以根据各种网络应用的需求，通过网络规划和建设、网络维护、网络优化、网络运营四个维度构建和扩展。

（1）网络规划和建设的建模：基于数据仓库中的网络及业务相关的数据，利用深度学习、随机森林、梯度提升决策树（gradient boosting decision Tree，GBDT）等人工智能算法对业务预测、网络性能预测、覆盖优化、容量规划及站址规划等场景进行建模，通过数据仓库不断补充、更新训练数据到模型中，进行模型更新迭代，形成一种基于 AI 模型的自适应机制，以实现更加精确的模型推理。

（2）网络维护的建模：网络维护是一项庞大而复杂的工程，面对网络维护中存在的各种故障定位及定界问题，当前已有的抽象出来的数学算法还不具备对现存问题全面准确的表达能力。面向网络维护的建模，基于经验知识的推理规则通常更加有效，需要引入知识图谱将人类的经验知识通过知识图谱固化下来，将专家自身的经验转换为推理规则集成于知识图谱，可实现对故障诊断及定位等网络维护场景的精准推理，同时知识图谱的规模随着不同的场景域相关经验知识的沉淀而不断扩大，所累积的知识也不断增加。

（3）网络优化的建模：网络优化包括诸如资源调配、流量工程、内容分发网络调度等多种场景。对于网络优化模型的建模，由于其问题的非凸性、非平稳性、随机性等困难，可采用遗传算法、差分进化算法、免疫算法等进化类算法，或者采用蚁群算法、粒子群算法等群智能算法。另外，对于复杂的动态调度优化场景，可引入基于强化学习的智能调度方法，与传统调度方法相比，无需建立精确的问题模型，适合解决基于动态调度的网络优化问题。

（4）网络运营的建模：网络运营包括基于网络所提供的多种服务，如话音、数据流量等基础业务以及多媒体社交和娱乐等富媒体业务。建模过程中需要有针对性地采集相关网络与业务数据，借助深度学习、集成算法等进行模型训练，为了节省计算资源，对于不同领域之间或者相似领域内的不同场景的建模，可借助迁移学习，针对不同情况利用基于实例的迁移、特征的迁移及共享参数的迁移等方法进行快速精准建模。以视频用户体验评估（quality of experience）为例，采集网络侧关键性能指标数据和用户侧视频体验数据（如初缓时延、卡顿等）进行关联，利用深度学习算法构建视频用户体验的评估模型，实现运营商对用户体验的智能感知评估，同时评估模型可以复用。

2.3.3　人机交互协同技术

人机交互协同技术作为电力行业数字孪生的窗口能力，旨在利用虚拟现实（virtual reality，VR）、增强现实（augmented reality，AR）、混合现实（mixed reality，MR）等沉浸式体验人机交互技术，实现数字孪生体与物理实体的交互与协同。目前，人机交互协同分析技术主要用于作为视觉、声觉等呈现的接口针对物理实体进行智能监测、评估，从而实现指导和优化复杂装备的生产、试验及运维。

数字孪生网络可视化技术满足实时载入大规模真实地理坐标系下的地形、植被、BIM 模型等多源异构的地理空间数据，运用数字孪生技术构建网络数字孪生体模型，构建不同级别的可视化能力，同时能够按照一定规则形成网络网元的拓扑结构，并满足通信网络数字孪生体与现实物理通信网络设备之间的动态交互、关联性交互和沉浸式模拟。

网络数字孪生可视化需要具备不同精度模型构建能力和不同级别的可视化能力，以此构建对应环境的拟真能力。通过该技术能高度拟真还原现实网络，从小微场景到规模化的城市级场景，所有场景均可实现网络全生命周期管理可视化。在此基础上利用数字线程驱动场景、修改可视化内容，达到场景动态可视，最终构建一个宏观到微观、室内到室外、单体到群体的数字孪生网络的平行世界。

利用网络可视化技术，一方面可以辅助用户认识网络的内部结构，另一方面有助于挖掘隐藏在网络内部的有价值信息。数字孪生网络的可视化面临孪生网络规模大、虚实映射实时性要求高的挑战。网络孪生体可视化呈现分为网络拓扑可视化、模型运行可视化和动态交互可视化三个维度：

（1）网络拓扑可视化：作为数字孪生网络可视化的基础，网络拓扑可视化将网络节点和链路以点和线构成图形进行呈现，清晰直观地反映网络运行状况，辅助人们对网络进行评估和分析。可视化布局算法是网络拓扑可视化的核心。

（2）模型运行可视化：将相关的可视化技术运用到数字孪生网络的流量建模、故障诊断、质量保障、安全建模等功能模型中，基于网络孪生体完成功能验证的同时实现可视化呈现，模型运行可视化可进一步直观体现数据模型。

（3）动态交互可视化：数字孪生网络的网络拓扑和数据模型需要尽可能提供动态交互功能，让用户更好地参与对网络数据和模型的理解和分析，帮助用户探索数据、提高视觉认知。常用的人机交互方法有直接交互、焦点和上下文交互、关联性交互和沉浸式模拟等。

2.3.4 数据管理与安全互联技术

数据管理与安全互联技术作为电力行业数字孪生的后台保证，旨在以平台架构为基础，形成集成产品信息的框架，使所有与产品相关的数据高度集成、协调、共享，并对数字孪生模型和数据的完整性、有效性和保密性进行安全防护、防篡改。目前，数据管理技术研究包括与应用软件集成的面向对象的嵌入与连接技术，支持产品生命周期数据建模与管理的对象建模技术，实现数据集成和决策的数据仓储管理技术和成组技术等；安全互联技术研究包括对于数字孪生模型和数据管理系统可能遭受的攻击进行预测并获得最优防御策略，基于区块链技术组织和确保孪生数据不可篡改、可追踪、可追溯等。

1. 数据管理

电力领域数字孪生中的数据管理需要通过构建数字线程将电力业务每一步的所有信息和数据都输入构建的模型中，进行优化、预测和指导，然后对实施的结果进行分析是否达到预期，并将出现的问题进行反馈构成闭环，通过迭代修改模型直至相关偏离数值处于允差范围之内。

在数字孪生系统的生命周期中，数字线程将物理对象的全生命周期涉及的各数字孪生体之间的数据资产进行传递和追溯，从而可以提供访问、整合以及将不同数据转换为可操作信息的能力，无缝加速企业数据、信息和知识之间的相互作用，提供当前状态实时评估和未来决策的能力。

电力领域数字孪生中的场景多种多样，涉及多个业务域的交互且不同场景业务逻辑策略各不相同。在孪生体的管理流程中，不同的业务场景将对应构建不同的数字线程，依赖相应业务规则将流程涉及的不同数字孪生体进行连接，同时完成进行孪生体之间的交互调度/设置；随后，不同数字线程将配置对应的动态逻辑，精准管理数字孪生体的全生命周期闭环流程。全域数字孪生体管理主要包括场景设置、场景隔离和全域生命周期追溯三种能力。

（1）场景设置：根据业务规则或预设的自然规则（重力、材质碰撞、地形淹没等），在场景中驱动数字孪生体交互，实现孪生域中各业务实践。数字线程技术在数字孪生网络中可驱动多个数字孪生体实例在多样化场景中进行网络性能验证。

（2）场景隔离：对不同的场景生成不同的驱动线程实例，每个线程实例驱动一个场景运行，多场景同步运行时，场景中的孪生体实例互相不影响；同时还对场景、孪生体等实现鉴权服务，控制访问安全性。

（3）全域生命周期追溯：可对场景中的每个孪生体运行动作记录日志进行管理，后续可进行追溯与回放，结合当前网络运行情况及历史日志，进行后续不同孪生体业务能力开发，例如分析、预测、预验证等。

2. 安全互联

电力领域数字孪生中的安全互联需要面对构建大规模数字孪生网络的兼容性和扩展性需求，并且能将新应用、新功能快速引入和集成，需要在孪生网络接口设计时考虑采用统一、扩展性强、易用的标准化接口和协议体系。基于数字孪生网络（delay tolerant networks）架构，接口主要分为孪生南向接口、孪生北向接口和孪生内部接口三种接口。

（1）孪生南向接口：包括孪生网络层和物理网络层之间的数据采集接口和控制下发接口。数据采集接口负责完成孪生网络层数据共享仓库的数据采集；控制下发接口负责将服务映射模型仿真验证后的控制指令下发至物理网络层的网元。

孪生南向接口由于需要频繁、高速的数据采集，可以考虑使用远程直接数据访问（remote direct memory access，RDMA）协议。RDMA 是一种远端内存直接访问技术，数据收发时通过网络把数据直接写入内存，可以大大节约节点间数据搬移时对 CPU 算力的消耗，并显著降低业务的传输时延，提高传输效率。

（2）孪生北向接口：包括网络应用层和孪生网络层之间的意图翻译接口和

能力调用接口。网络应用层可以通过意图翻译接口，将应用层意图传递给孪生网络层，为功能模型提供抽象化的需求输入。孪生网络层可以通过能力调用接口，把其内部的数据和算法模型能力，提供给上层的各式各样的应用调用，满足网络应用对数字孪生体的数据和模型的调用，简易实现对实体状态的监控、诊断和预测等功能。

　　孪生北向接口可以考虑使用轻量级的、易扩展的 RESTful 接口。表现层状态转移（representational state transfer，RESTful）以资源为核心，将资源的增加－读取－更新－删除（create-read-update-delete，CRUD）的基本操作映射为 HTTP 的 GET、PUT、POST、DELETE 等方法。由于 REST 式的 Web 服务提供了统一的接口和资源定位，简化了服务接口的设计和实现，降低了服务调用的复杂度。孪生北向接口也可以考虑使用基于 QUIC（quick UDP internet connections）的 HTTP/3.0 协议，采用 QUIC 作为传输层，解决了很多之前采用 TCP 作为传输层存在的问题。QUIC 是一种新的多路复用和安全传输 UDP 协议，具有连接快、延迟低、前向纠错、自适应拥塞控制等特点。

　　（3）孪生内部接口：包括孪生网络层内部数据仓库和功能模型之间的接口、功能模型和数字孪生体管理之间的接口、功能模型之间的接口等一系列接口。孪生层内部基于功能模型对网络应用进行闭环控制和持续验证，内部数据的交互数量和频率将非常高，因此内部接口通过标准化定义保证扩展性的同时，需要使用高效的协议保证数据传输的效率。

2.3.5　高效并行计算技术

　　高效并行计算技术作为电力行业数字孪生的后台支撑，旨在通过优化数据结构、算法结构等提升数字孪生系统搭载的计算平台的计算性能、传输网络实时性、数字计算能力等。目前，基于云计算技术的平台通过按需使用与分布式共享的计算模式，能为数字孪生系统提供满足数字孪生计算、存储和运行需求的云计算资源和大数据中心。

　　传统的云计算具有强大的资源服务能力的优点和远距离传输的缺点，而新兴的边缘计算具有低传输时延的优点和资源受限的缺点。边云协同在很大程度上结合了云计算与边缘计算的优点。在数据密集型与计算密集型应用中，云计算优秀的计算能力以及通信资源与边缘计算短时传输的响应特性相结合能更好地实现并完成相应的应用请求。

　　资源协同：资源指的是各种基础设施资源，具体包括计算、存储、网络资源等边缘节点提供的资源，用以增值网络业务；协同的对象包含边缘节点设备本身，也有各类基础设施。

安全策略协同：安全策略由云端和边缘侧共同提供，边缘侧提供接入端防火墙、安全组等，中心云提供流量清洗、分析等，相对更加完备；当边缘侧出现恶意流量，中心云实施阻断防止其扩散到整个边缘云平台。

应用管理协同：在应用管理过程中，云端管理对网络增值应用生命周期如安装、卸载、更新等，边缘侧提供部署与运行环境。

业务管理协同：中心云与边缘侧各自对增值网络业务进行相应的管理。边缘侧提供具体业务实例，云端对其进行编排，根据不同客户的要求提供业务；中心云还可以对业务进行优先级分类与处理。

第3章

电力行业数字孪生关键技术
研究路线

电力行业数字孪生是传统领域的数字化转型道路上的一个关键阶段，既承载着行业变革使命，也是业务、业态跨越式发展的一种必然产物。电力行业是一个完整的工业体系，专业范围涉及能源规划、勘测设计、施工建设，运维检修、技术研发、设备制造、信息通信等诸多领域。从产业链角度看，电力生产的基本流程包括发电、输电、变电、配电、用电五个环节，此外近年来蓬勃发展的抽水蓄能、储能和综合能源工程的容量正在快速增长，也可以纳入电力行业的产业链中。

本章将从专业技术和产业链两个角度对电力行业数字孪生技术的多种发展路线进行阐述和讨论，电力行业数字孪生关键技术如图3-1所示。

根据电力行业的专业分工可知，原始数据的源于规划和设计专业，经过设备制造和电力建设环节形成设备信息，经过发、输、变、配、用、储等各环节形成能量信息，在控制运行、运维检修等专业支持下形成运行信息，这些数据能够用于指导运行，并形成专业互动，构成了电力行业数据的生命循环。

电力行业的数字孪生可以划分为自上而下的八层，分别为业务应用层、可视表现层、算法服务层、模型服务层、数据服务层、信息通信层、物联传感层和实体设备层。每个层次承载着不同的功能，其中，业务应用层就是行业各专业和电力生产各环节的数据应用需求，这些实际需求是海量的，而且随着经济的发展会不断变化；可视表现层是数字孪生的表达方式支持体系，不仅仅包括虚拟现实（VR）、增强现实（AR）和混合现实（MR）等技术支持的精细表述，还包括各种地理和时空映射系统等；算法服务层为数字孪生的物理模拟提供

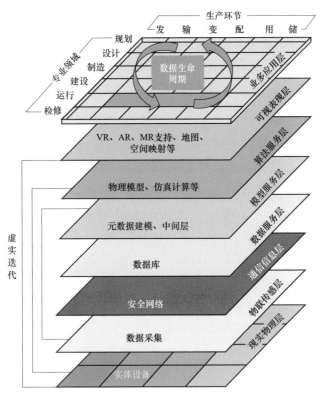

图 3−1　电力行业数字孪生关键技术示意图

支持和服务，包括多物理场仿真、数据挖掘、专家系统、系统辨识、预测估计、风险分析等方法，是数字孪生的智能核心；模型服务层是对真实世界的映射和抽象描述，可以通过 IEC 61970 和 IEC 61850 等电力行业的标准对象数据模型和协议模型形成行业内的虚拟映射，实现高度兼容、完全自描述的即插即用型智能化底层；数据服务层，是数字孪生的底层服务的数据资源池、知识库、经验库，可以考虑应用适应不同应用场景的结构化和非结构化数据存储模式，并能够对实时数据和海量历史数据进行高速、高效操作，同时需要考虑数据分布式存储和唯一性数据源等具体需求；安全网络层是电力行业数字孪生系统建设的必然需求，由于电力行业各生产环节具有能源安全和数据价值等特点，因而对信息通信安全的要求较高，需要安全性与灵活性兼备的网络技术支持；物联传感层是数字孪生的基础，同时也是现实到虚拟的桥梁，现代传感技术和物联技术是数字孪生系统底层结构的关键技术；实体设备层是现实对象，包括发电、输电、变电、配电、用电、储能各环节的一次、二次和自动化等全部类型的设备等。

❯❯ 3.1　国内外电力行业数字孪生体系架构 ❮❮

3.1.1　ISO 的数字孪生典型架构

ISO 制造系统数字孪生方面的国际标准制订归口在 ISO/TC 184 委员会，该技术委员会的秘书处设在美国标准学会（ANSI）。国内对口的技术委员会为 SAC/TC 159 全国自动化系统与集成标准化技术委员会。ISO 的制造系统数字孪生标准体系的名称为：自动化系统与集成制造系统的数字孪生架构（automation systems and integration — digital twin frameworkfor manufacturing），目前由概述和基本原则（ISO 23247 - 1 Part: Overview and general principles）、参考架构（ISO 23247 - 2　Part 2：Reference architecture）、制造系统元素的数字表示（ISO 23247 - 3 Part 3: Digital representation of manufacturing elements）、信息交互（ISO 23247 - 4　Part 4：Informationexchange）4 个标准组成，ISO 自动化系统与集成制造系统的数字孪生架构如图 3 - 2 所示。

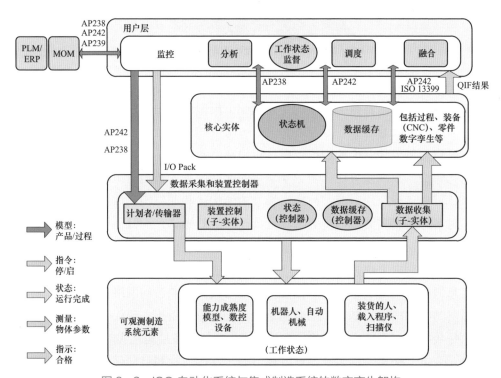

图 3 - 2　ISO 自动化系统与集成制造系统的数字孪生架构

ISO 23247 标准体系采用了矩阵方式构建一个严谨的体系架构。该架构横向涵盖了可观测的制造系统元素，包括人、设备、材料、过程、设施、环境、产品和支持文件。纵向划分为四个层次，分别是用户、制造系统数字孪生、数据采集和装置控制，以及可观测制造系统元素。这样的矩阵结构描述方法已在多个 ISO 标准体系中得到了应用。该架构旨在实现制造系统的实时控制、离线仿真、健康监测和运维预测等目标，为了实现工程回路中的计划制定和验证、生产计划保障，增强对制造系统元素的理解，并实现动态风险控制，该架构提供了一个信息化基础。在这个基础上，规范操作的工业软件、管理软件和人工智能算法可以进行集成，这也解释了为什么数字孪生技术在未来制造中如此重要。在实施和应用层面上，该标准体系提供了自上而下的规划和自下而上的实施的规范途径，以及支持实施的架构。然而，对于中国制造业而言，大多数企业的数字化工作还没有全面展开，信息化仅仅停留在表面层面。因此，数字化转型的主要工作应该从最底层的数字化方面开始，即监测制造系统元素的数字表示方面。只有在这方面取得一定程度的进展，才能开始自上而下的策划和规划，真正实现实质性的数字化转型，并开始进行"数字孪化"工程实践。ISO 的标准体系不仅提供了制造系统数字孪生操作的基本原则和参考体系架构，还涵盖了架构的应用视角，包括功能视角、信息视角和网络视角等。可观测制造系统元素（OME）是制造系统中可观测的物理实体和操作内容。对于实体来说，可观测的制造系统元素包括人、设备、材料、过程、设施、环境、产品和支持文档等。核心问题是如何获取哪些信息、如何进行建模和分析应用，所有这些都考验着对系统本身的理解和对应用的期望。ISO 23247 标准体系中的术语和定义两个部分均引用了 ISO、IEC、ITU、美国 ANSI、美国 ASME 相关标准中的内容。这充分体现了国际标准和行业标准的整体理念，应该关注和扩展学习。更重要的是，这些标准可以为电力行业数字孪生的技术体系提供重要参考。

3.1.2 国外电力行业数字孪生技术体系现状

数字孪生的概念是一个逐步完善的过程，在这个过程中数字孪生的定义和概念不断发展完善，其内涵也在应用探索的过程中被各个专业领域赋予了不同的实用化意义，其本身技术外延则不断拓展，逐渐成为目前工业智能化领域最具活力和代表性的发展方向。

美国、欧洲和亚洲等发达国家在电力能源领域的技术相对成熟，在数字孪生体系方面也较为领先，国际标准化组织 ISO 也颁布了面向制造领域的数字孪生技术路线。世界范围内具备电力全行业覆盖能力的顶尖企业无一例外地推出了自己的数字孪生架构，其中 ABB、SIEMENS、日立等公司都开展相关的应用，一些公司还命名了自己的数字孪生架构品牌。IBM 和 Microsoft 等通用型的软件企业也在数字孪生方面进行了应用探索。以加拿大的 OPAL-RT 公司为代表的电力仿真领域专业公司则推出了数字孪生电网的框架。可以看出，国外生产制造商在电力数字孪生的推广方面表现出了空前的热情，提出的技术框架见表 3-1。

表 3-1　　　　　　　国外生产制造商提出的电力数字孪生技术框架

厂商名称	电力行业数字孪生技术现状	产品构架名称
GE	设备制造	GENIX
SIEMENS	规划、运行、检修	Sensformer®
ABB	资产管理、设备制造	
日立	电力安全	IdentiQ™
三菱	制造	

除生产制造商外，电力系统仿真领域的专业公司和研究机构也提出了数字孪生电力系统构架。

1. GE 公司的数字孪生架构

根据 GE 公司（General Electric Company，是一家跨国综合性企业）的定义，数字孪生是资产和流程的软件形式的代表，可用于理解、预测和优化性能，其目的是提高资产和流程的性能。GE 公司认为，数字孪生体的构建必须将设备机理模型和数据驱动分析结合起来，如图 3-3 所示。

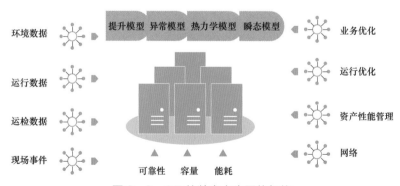

图 3-3　GE 的数字孪生网络架构

2. SIEMENS 的数字孪生技术

SIEMENS 公司提出的数字孪生数据驱动技术框架是一种用于实现数字孪

生的综合方法和体系结构。该框架旨在通过数据驱动的方式实现物理实体（如设备、系统或流程）与其数字化模型之间的实时交互和同步。电力数字孪生数据驱动架构通过建模公用事业公司的数据，提供一个统一的真实数据源，将真实世界和虚拟世界紧密连接起来。该架构通过同步不同系统的数据，并使用基于标准的适配器/接口将其标准化为一个多用户数据库。通用网络模型有利于进行跨领域的网格模拟，与可靠、高效和安全的电气系统规划、运行和维护相关。SIEMENS 的电气数字孪生解决方案技术上由三个部分组成：引擎、适配器/接口和用户界面。引擎核心包括中央多用户数据库、数据管理功能（例如场景、变体、项目等）、案例构建器、数据同步、数据有效性和数据交换与通信。适配器和接口用于连接其他领域和系统，导入或导出数据。适配器可以同时支持基于标准的数据（如 CIM）和专有数据。西门子的解决方案提供了各种预置的数据连接器，支持标准格式和专有格式。用户界面是与电气数字孪生引擎的主要图形交互，提供图形化、数据可视化、维护和用户管理等功能。此外，它还支持多种部署选项，如内部部署和云托管部署。SIEMENS 公司提出的数字孪生数据驱动技术框架如图 3-4 所示。

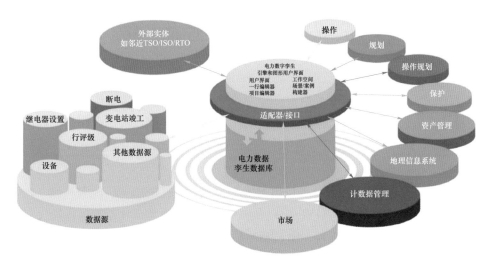

图 3-4　SIEMENS 公司提出的数字孪生数据驱动技术框架

3. ABB 公司提出的数字孪生技术

ABB 公司提出的数字孪生技术是一种基于先进模型和数据分析的创新方法，旨在实现物理实体与其数字化模型之间的实时交互和智能化决策支持，其技术框架如图 3-5 所示。ABB 的数字孪生技术包括以下关键要素：

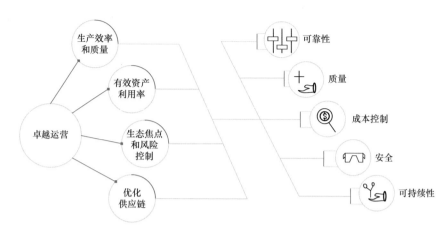

图 3-5　ABB 公司提出的资产管理为核心的数字孪生技术框架

数字化模型：建立物理实体的精确数字化模型，该模型包括物理特性、结构、功能和行为等方面的详细信息。这些模型可以基于物理原理、统计方法、机器学习等技术进行构建。

数据采集和传感器：通过各种传感器和数据采集设备，实时收集物理实体的运行数据和状态信息。这些数据可以包括温度、压力、电流、振动等各种参数。

数据分析和建模：利用采集到的实时数据，应用数据分析和建模技术对物理实体的运行状态进行监测、诊断和预测。这包括数据清洗、特征提取、模式识别、故障检测等方法。

实时监控和控制：通过数字化模型和实时数据，对物理实体进行实时监控和控制。当物理实体偏离预期状态时，系统可以自动发出警报或采取相应的控制措施，以保证其正常运行和性能优化。智能决策支持：基于数字孪生模型和数据分析结果，提供智能化的决策支持。这包括故障诊断和修复建议、性能优化建议、维护计划优化等方面的智能决策。

ABB 的数字孪生技术可以应用于多个领域，包括制造业、能源领域、交通运输、建筑等。通过实时获取和分析物理实体的数据，该技术可以提高设备的可靠性、运行效率和安全性，降低故障风险和维护成本。同时，数字孪生技术还可以支持产品设计改进、生产过程优化和运营决策制定等方面的应用。

4. 日立公司的数字孪生理念和平台

日立公司提出了基于 IdentiQ™ 的数字化解决方案，主要与 Lumada 平台以及配套的 Lumada 资产和工作管理软件集成，应用领域包括资产和工作管理、SCADA 和控制系统、MACH 控制和保护系统、数字化变电站、TXpert 数字化电力变压器、TXpert 数字化干式变压器、eDevices。其中，TXpert 数字化干式变压器集合了成熟的干式变压器设计与数字化技术，配备智能传感器进行数据手机并具备强大的分析能力，从而实现电能质量监测、变压器自查和全生命周期评估等关键功能。Lumada 资产和工作管理软件涵盖的功能如图 3-6 所示。

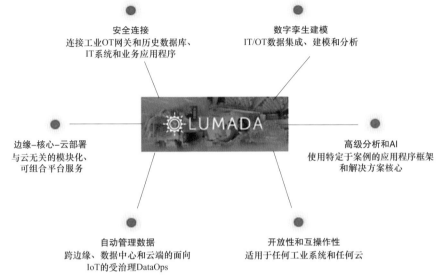

安全连接
连接工业OT网关和历史数据库、IT系统和业务应用程序

数字孪生建模
IT/OT数据集成、建模和分析

边缘–核心–云部署
与云无关的模块化、可组合平台服务

高级分析和AI
使用特定于案例的应用程序框架和解决方案核心

自动管理数据
跨边缘、数据中心和云端的面向IoT的受治理DataOps

开放性和互操作性
适用于任何工业系统和任何云

图 3-6　Lumada 资产和工作管理软件涵盖的功能

5. 三菱公司的数字孪生框架体系

三菱电机的数字孪生技术有着较为成熟的应用，三菱电机利用"三菱多维设施设备管理系统（MDMD）"，在三维虚拟空间中再现公路和铁路沿线的情况，实现虚拟空间与现实物理的交互工作，减少现场工作，支持信息共享，提供设施/设备维护支持服务。

6. OPAL-RT 提出的数字孪生电网

OPAL-RT（OPtimized ALgorithms for Real-Time）公司在电力系统仿真领域处于领先地位。他们提出了基于电力仿真技术的电力系统数字孪生体概念，通过高级分析、动态和稳态数据管理、自动化和系统操作与物理孪生体进行交互。这项关键技术对于确保未来电力系统在整个生命周期内安全可靠地运行非常重要，特别是考虑到可再生能源的渗透率增加和惯量的减少。数字孪生被描述为多个实例，每个实例都有自己的目的、架构和数学模型。实时仿真技术是推动许多应用的关键因素，包括加速预测仿真。数字孪生模型可以采用不同形式，如相量动态模型、电磁瞬变模型、机器学习模型或其他模型，具体取决于其目的和提供的数字孪生服务。OPAL-RT 公司电力系统数字孪生技术框架如图 3-7 所示。

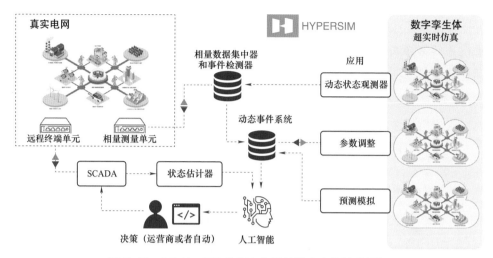

图 3-7　OPAL-RT 公司电力系统数字孪生技术框架

7. 德国机构提出的电力数字孪生架构

德国弗劳恩霍夫综合系统和器件技术研究所（Fraunhofer-Institut für Integrierte Systeme und Bauelementetechnologie）提出了基于 IEC 61850 的电力数字孪生架构。该研究机构致力于电力系统的研究和创新，通过应用数字孪生技术实现电力设备的模拟和监测。基于 IEC 61850 通信标准，他们提出了一种描述和表示电力设备的规范化体系，以实现设备状态的远程监测、诊断和预测。该架构允许实时数据交互，从而提供了全面的设备信息，支持电力系统的优化控制和运维决策。这种基于 IEC 61850 的电力数字孪生架构在德国的电力领域得到广泛应用，为电力系统的可靠性、效率和可持续性提供了重要的技术支持。IEC 61850 标准的服务细化涵盖了多个方面，其中主要的技术特点可以归纳为标准化通信、高效数据传输、开放性和可扩展性三个方面。

（1）标准化通信：IEC 61850 标准通过定义一致的通信接口和数据模型，实现了设备之间的标准化通信。各个服务的规范化和细化确保了设备在不同厂家和系统之间的互操作性，提供了统一的数据交换和信息传递方式。

（2）高效数据传输：IEC 61850 标准采用了先进的通信技术和数据传输机制，实现了快速、可靠的数据传输。例如，快速事件传送和采样值传送服务能够以较高的速率传输设备状态变化和实时测量数据，以满足对电力系统运行状态的实时监测和响应需求。

（3）开放性和可扩展性：IEC 61850 标准采用基于网络的通信架构，支持开放式系统和灵活的配置。它可以与其他通信协议和标准进行集成，如 TCP/IP、Ethernet 等，实现与现有网络基础设施的互联。此外，模型的读取服务允许用户获取设备的详细模型信息，使得系统的配置和管理更加灵活和可扩展。

通过以上的技术特点，IEC 61850 标准提供了一种先进的数字通信和控制架构，为电力系统的监测、控制和管理提供了可靠的基础，促进了电力系统的现代化和智能化发展。

实际上 IEC 61850 协议本身就是对电网的数字化描述，因而基于该协议进行元数据建模是可行的，德国研究机构提出了技术架构如图 3-8 所示。

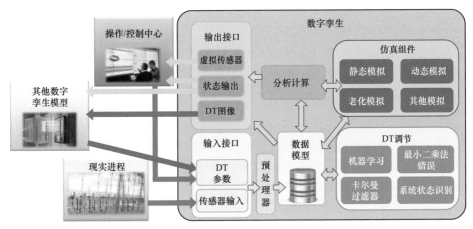

图 3-8　德国研究机构提出的基于 IEC 61850 的电力数字孪生架构

3.1.3　电力行业数字孪生典型架构

1. 电力行业数字孪生内涵及发展

在数字空间再造一个与物理电网匹配对应的数字电网，全息模拟、动态监控、实时诊断、精准预测电网物理实体在现实环境中的状态，并推动电网全要素数字化和虚拟化、全状态实时化和可视化、电网运行管理协同化智能化，实现物理电网与数字电网协同交互、平行运转。

数字孪生技术在各领域的应用迅速发展，而无论国内还是国外，有关数字孪生技术在能源行业的应用大都处于探索验证阶段。法国达索公司致力于电气设备的数字孪生仿真建模研究，搭建了用户和设计师之间的交互平台。上海交通大学研究团队建立了数字孪生电网的潮流模型，验证了数字孪生电网的技术可行性。安世亚太数字孪生体实验室基于 Flownex 设计软件建立了数字孪生热电厂模型，为热电厂的工程设计和维护提供了技术参考。清华大学研究团队利用数字孪生 CloudIEPS 平台，建立了数字孪生综合能源系统模型，预期达到降低能源系统运行成本的目标。

2. 我国电力行业数字孪生架构技术

近年来，国家电网有限公司提出数字孪生在企业数字化转型中的重要作用，中国南方电网有限责任公司也提出探索新型电力系统数字孪生；2022 年，中国电力企业联合会电力科学研究院等研究机构在电力行业数字孪生方面也开展了研究和探索，进行相关行业标准制定。

我国在电力生产的各个环节，都开展了数字孪生的实践，也提出了具体的技术研究方向。

（1）发电环节。电力生产部门在产品生产之前，可以通过虚拟生产的方式来模拟电力设备在不同参数、不同外部条件下的生产过程，实现对产能、效率以及可能出现的生产瓶颈等问题的提前预判，加速新产品导入的过程，有助于数字化模型与实际生产监督进行交互。

借助云端–边缘端协同的数字孪生服务平台，能实现能源生产高效转换。通过建立虚实映射的仿真模型，实时对机组的运行状态和运行环境等进行监控和模拟仿真运行，及时制定各能源生产机组的最优运行策略；同时应用运行数据中提取的特征来优化设备生产设计方案，包括数字孪生风机、多物理场光伏模型和数字化电厂等。

（2）输变电环节。由于能源空间分布失衡，我国部分区域能源资源匮乏，需要依赖能源传输以保障能源安全，数字孪生技术可以提升能源传输过程中的控制和优化能力。应用数字孪生技术，对直流输电网中的柔直模块化多电平换流器进行数字孪生建模，以实现对能源传输的优化和升级；针对用于电能传输的电缆等设备，应用数字孪生技术进行虚实映射的数字化建模，指导电缆设备的全生命周期设计，以提高设备的运行性能和增长设备的使用寿命；数字孪生电网在虚拟实体中可以实现多物理场和多尺度的仿真，使管理人员更真实地了解输电设备的运行状况。

（3）配用电环节。针对能源分配环节存在的大量变电设备，采用数字孪生技术将变电站设备实例化，在智能机器人与智能安全监测设备的辅助下，实现海量数据与物理设备的关联映射，在可视化平台进行实时展现，形成数字孪生变电站，提升能源分配的经济性和安全性。

3. 电力行业数字孪生架构

电力行业数字孪生建设依托以云、网、端为主要构成的技术生态体系，端侧形成电网全域感知，深度刻画电网运行状态。网侧形成高速网络，提供毫秒级双向数据传输，奠定智能交互基础。云端形成普惠智能计算，以大范围、多尺度、长周期、智能化地实现电网的决策和控制。

如图 3−9 所示：数字孪生电网体系架构由设备级数字孪生、单元级数字孪生、系统级数字孪生三个层级构成。

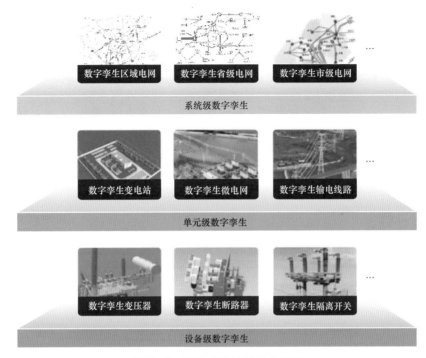

图 3−9 数字孪生电网总体框架

设备级数字孪生指电网中单个设备的数字孪生，如数字孪生变压器、数字孪生断路器、数字孪生隔离开关等。单元级数字孪生是指电网中多个设备组成的功能单元的数字孪生，如数字孪生变电站、数字孪生微电网、数字孪生输电线路等。系统级数字孪生是指电网中由多个功能单元所组成的系统的数字孪生，如数字孪生区域电网、数字孪生省级电网、数字孪生市级电网等。数字孪生电网技术架构如图 3−10 所示。

4. 电力行业数字孪生运行机理

电力行业的数字孪生是通过整合全域感知、历史积累、运行监测等多种异构数据，在各种场景下实现的。它集成了多学科、多尺度的仿真过程，并应用于集成设备管理、电网调度运行、电力服务等领域。通过这种集成，数字孪生与现实电网实现了同生共存、虚实交融的复杂系统，能够全面反映电力系统的现实运行全过程。电力行业数字孪生运行机理如图 3−11 所示：电力行业数字孪生，以全域数字化标识和一体化感知监测为基础，以全域全量的数据资源（数据）、高性能的协同计算（算力）、深度学习的机器智能平台（算法）为电网信息中枢，以数字孪生模型平台为电网运行信息集成展示载体，控制电网管理、服务、发展等各系统协同运转，形成一种自我优化的智能运行模式，实现"全域立体感知、万物可信互联、普惠计算、智能定义一切、数据驱动决策"。

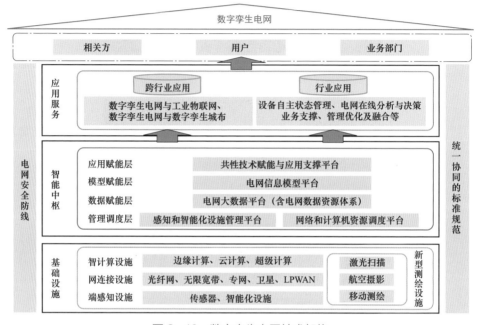

图 3-10　数字孪生电网技术架构

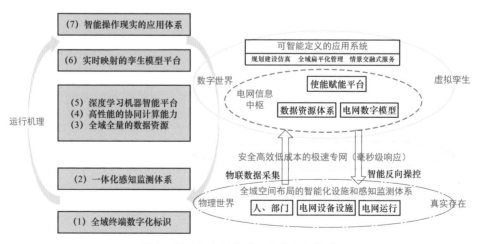

图 3-11　电力行业数字孪生运行机理

（1）全域数字化标识是万物互联的基础，也是数字孪生电网构建的前提条件，是数字空间中用于区分实体身份的基础信息，实现数字信息和实体间的精准匹配、建立连接和管控，数字化标识电网的每一个实体是必然趋势。

（2）一体化感知监测体系是感知、互联和智能的通道、入口和"神经系统"。

（3）全域全量的数据资源是数字孪生电网构建的基础，为深度学习自我优化功能提供"数据"要素（人工智能三要素之一）。通过搭建统一的数据管理平台，来实现数据采集、汇集、清洗、分类、开放、共享，实现数据的一致性、可靠性、快速定位和高效获取，从而构成有效决策的基础性工作。

（4）高性能的协同计算是数字孪生电网构建的效率保证，为深度学习自我优化功能提供"算力"要素（人工智能三要素之一）。高性能的协同计算主要包括强大的数据处理中心和边缘计算中心，根据需求部署云技术中心和边缘计算设施，提供运行决策。

（5）深度学习机器智能平台是数字孪生电网构建的运行决策保障，为深度学习自我优化功能提供"算法"要素（人工智能三要素之一）。

（6）实时映射的孪生模型平台是构建数字孪生电网综合信息载体的平台，利用 BIM 和 CIM 模型构建电网的数字画像，在数字空间模拟仿真组建出虚实映射的数字孪生电网模型。

（7）智能控制现实的应用体系是构建数字孪生电网的"总控开关"和"指挥中心"，原本在实体场景中完成的操作和服务可以在虚拟场景中通过信息的传输开展，实现电网资源配置自动优化、推演、预警和响应。

▶ 3.2　电力行业数字孪生核心技术及发展 ◀

3.2.1　发展阶段

数字孪生在形成物理世界镜像的同时也要接受物理世界实时信息，更要反过来实时驱动物理世界，而且进化为物理世界的先知、先觉甚至具备超越物理世界的能力。这个演变过程称为数字孪生系统成熟度进化，如图 3 – 12 所示，这个进化将经历数化、互动、先知、先觉和共智几个过程。

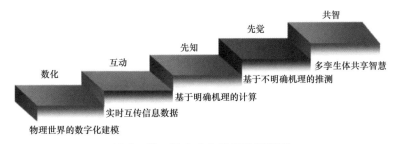

图 3 – 12　数字孪生发展阶段模型

1. 数化

"数化"是对物理世界数字化的过程，这个过程需要将物理对象表达为计算机和网络能识别的数字模型。建模技术是数化过程的核心技术之一，与此同时，需要物联网的支撑，将物理世界本身状态变为可以被计算机和网络所能感知、识别和分析。

2. 互动

"互动"主要是指数字对象间及其与物理对象之间的实时动态互动。数字世界的责任之一是预测和优化，同时根据优化结果干预物理世界，所以需要指令传递到物理世界；物理世界的新状态需要实时传导到数字世界，作为数字世界的新初始值和新边界条件。这种互动包括数字对象之间的互动，依靠互动过程的核心技术——数字线程来实现。

3. 先知

"先知"是指利用仿真技术对物理世界的动态预测。这里需要数字对象不仅仅能够表达物理世界的集合形状，更需要在数字模型中融入物理规律和机理。仿真技术不仅表达物理对象的数字化模型，还要根据当前状态，通过物理数学规律和机理来计算、分析和预测物理对象的未来状态。这种仿真不是对一个阶段或一种现象的仿真，应是全周期和全领域的动态仿真。

4. 先觉

在数字孪生领域，"先知"和"先觉"是两种不同的方法和能力，用于预测未来的情况。"先知"基于已知的物理规律和机理进行准确的预测，依赖于对系统的深入了解和完整的数据。而"先觉"则更加注重利用大数据和机器学习技术，通过分析和挖掘不完整的信息来预感未来的趋势和可能性。

5. 共智

"共智"是通过云计算技术实现不同数字孪生体之间的智慧交换和共享，其隐含的前提是单个数字孪生体内部各构件的智慧首先是共享的。所谓"单个"数字孪生体是人为定义的范围，多个数字孪生单体可以通过"共智"形成更大和更高层次的数字孪生体，这个数量和层次可以是无限的。众多数字孪生体在"共智"过程中必然存在大量的数字资产的交易，区块链则提供了最佳交易机制。而云计算、机器学习、大数据、区块链则是数字孪生体的外围使能技术（见表3-2）。

表 3-2　　　　　　数字孪生发展阶段模型、关键特征和关键技术

级别	名称	关键特征	关键技术
1	数化	对物理世界进行数字化建模	建模/物联网
2	互动	数字间及其与物理之间实时互传信息和数据	物联网/数字线程
3	先知	基于完整信息和明确机理预测未来	仿真/科学计算
4	先觉	基于不完整信息和不明确机理推测未来	大数据/机器学习
5	共智	多个数字孪生体之间共享智慧，共同进化	云计算/区块链

3.2.2　实现前提

1. 规范标识体系和编码设计是基础

规范的全域数字化标识是数字空间中用于区分实体身份的基础信息，实现数字信息和实体间的精准匹配，是实现数字电网与物理电网一一映射的基础。

2. 设备智能化可感知是前提

电力设施设备自身特点为数量多、体量大、设备间关联性强。设备参数数据特点为设备自身参数复杂、静态参数（如产品参数）与动态参数并存（如运行参数）；设备类型清晰、易于归类管理；设备间关联度强。因此，在全域布设传感装置，需要大量资金加上人力的投入，用于购置、安装、管理和维护传感装置。针对存量设备，可筛选代表性设备布设传感装置，再基于建模技术构建同类型设备一体化模型，仿真验证及模型不断迭代后可达到全域布设传感装置同样的效果；针对新增设备，可要求设备制造商按照相应的标准规范及安全防护，集成必要的传感及通信装置，实现设备感知智能化一体化。

3. 设备连接与管理需要物联平台

物联网随着在网设备呈爆炸式增长，对物联网快速接入，数据存储和远程监控等提出了更高的要求，物联网平台正是提供设备连接及后续服务等能力的平台。在电力物联网中，连接适配和管理平台需要适应多语言、多操作系统的不同终端设备的接入和数据通信需求。同时，平台也需要保证通信的安全性、实时性和稳定性，并具备多种开发工具，以便接收任何安装有协议驱动程序的设备发送的数据。该平台应支持适配不同场景下所需的不同协议，并且具备添加新协议的灵活性，以满足不断变化的需求和技术发展。通过支持多种协议和提供灵活的功能，电力物联网连接适配和管理平台能够实现设备间的无缝通信，为电力行业提供高效、可靠的物联网服务。

4. 企业中台构建数字孪生生存空间

数字孪生体系的构建基于数据中台和业务中台的共享服务能力，数据分析基于数据中台构建，模型管理、业务应用等基于业务中台统一管理。数字孪生体系的构建和企业中台的构建是相辅相成的，它们共同推动企业的数字化转型和创新发展。通过整合数据、共享资源、提供技术支持和驱动业务创新，它们为企业构建数字孪生生存空间提供了基础和保障。

5. 云平台和边缘计算提供数字孪生运行空间

一般情况下，数字孪生的运行是在云端实现的，这是因为数字孪生需要处理大规模的数据和复杂的计算任务。云计算提供了强大的计算和存储资源，能够满足数字孪生的高弹性和大规模计算需求。边缘计算将计算和数据处理能力推向网络边缘，靠近数据源和终端设备，可以减少数据传输的延迟和带宽需求。这对于实时性要求较高的数字孪生应用场景尤为重要。

通过边缘与云计算的结合，可以将一部分的数字孪生计算任务在边缘节点上执行，而将更复杂和计算密集的任务在云端进行处理。这种分布式计算的方式可以充分利用边缘节点的计算能力和云端的弹性资源，实现更高效的数字孪生运行。另外，直接面向边缘计算的方式也被探索，即将数字孪生的计算和模型部署在边缘设备或边缘服务器上。这种方式可以在边缘实现更快速的决策和反馈，减少与云端的通信延迟和依赖性。

》 3.3　数字孪生与典型物联网技术路线 《

3.3.1　数字孪生与电力物联网技术的关联

构建能源互联网及其数字孪生系统对电力物联网技术提出了更高要求，也极大拓展了电力物联网的内涵和外延。物联网是前提，数字孪生是一个更高的阶段。本小节从定义、特征和主要的应用领域等角度简要分析数字孪生和物联网技术的关联及差异。

如图 3－13 典型物联网与电网数字孪生的关系所示：物联网（IoT）的各种感知技术是实现数字孪生的必然条件，物联网传感器的大幅增长使得数字孪生变得更加多样化和复杂化，而数字孪生如同一个"执行者"，从设计、模型和数据入手，感知并优化物理实体，同时推动传感器、设计软件、物联网、新技术的更新迭代。物联网正在使数字孪生变得更加多样化和复杂化，因为组成物联网的联网设备和传感器精确地收集了构建数字孪生所需的各种数据。简单来说，物联网侧重于数据的获取、传输和简单处理，是按部就班的；而数字孪生可以根据可变数据来预测不同的结果，可以优化 IoT 部署以提高效率，并协助设计人员在实际部署之前明确该去的地方或操作方式，是对物联网数据的更高级应用，是更加智慧的存在。

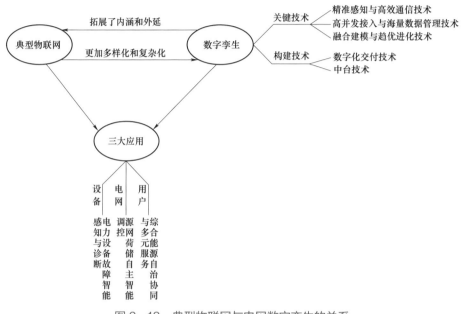

图 3–13　典型物联网与电网数字孪生的关系

3.3.2　与数字孪生关联的典型物联网技术路线

本节通过关键技术和构建技术两大方向进行介绍。在关键技术中，从传感器的全面海量信息获取和实现数据的高效可靠传输，到电力物联网中海量物联设备接入和多源异构数据融合共享，最后电力物联网中数字孪生系统融合建模与资源智能协同，构建了从数据的获取、传输和处理分析的一整套流程；在构建技术中主要对电力系统数字孪生构建的两种关键技术—数字化交付技术和中台技术进行详细介绍，其中，数字化交付技术属于电力系统物理实体互联与共融技术；中台技术属于电力系统孪生数据运行技术。

1. 关键技术

针对当前电力设备状态感知不全面、不充分，连接广泛性与实时性不高等问题，需要重点研究以下基础技术：精准感知技术与多跳自组织网络技术，满足感知层全面海量数据获取需求，实现数据高效可靠传输。

（1）精准感知与高效通信技术。

1）精准感知技术。针对能源物联网"点多面广、业务庞杂"的特点，对能源领域各个环节的实时监测提供有效数据支撑，并从本征层面促进能量流与信息流的深度融合，从精准传感监测与轻量化便捷认知两方面来看，能源互联网的数字化精准感知技术研究需从新型传感机理、微纳器件制备、高效供电方法、边缘计算技术、自主可控人工智能芯片 5 个层面分别开展。

a. 新型传感机理：为满足新型电力系统的高传感能力要求，需要研究基于新型材料的传感机理及其在新型环境中的应用，进一步提升传感器灵敏度，包括针对新型磁性材料、液态金属、光声光谱、分布式光纤等传感技术的研究。

b. 微纳器件制备：随着传感器的探测功能越来越精细化与多样化，传感器的微型化与模块化成为必然趋势，微纳加工工艺的发展为传感器模块化设计提供了可能，其敏感元件尺寸可达微米级，重点需在制备工艺、标准接口、标准片上集成等方面开展研究。

c. 高效供电方法：低功耗设计及电磁场、振动、摩擦、温差、光照等环境自取能技术促进传感器功耗及续航能力达到更优水平，不仅节约了取电成本，还可以提高传感系统的工作寿命，为传感器的规模应用提供有力支撑。

d. 边缘计算技术：边缘计算技术在物联网和能源领域中扮演重要角色，它不仅包括对传感器数据和监测信息的实时处理，还包括对人工智能算法和模型的边缘侧处理和适配，以实现更快速、高效的数据分析和决策。这有助于提高能源物联网系统的响应速度、节约网络带宽，并增强对实时监测和智能化管理的支持能力。基于深度学习架构下的模型及机器学习算法，对人工智能模型及算法在边缘侧进行剪枝、量化、压缩，通过软件定义的轻量化容器技术，实现物理资源的边缘侧应用；通过多参量物联代理实现多种传感接入、业务分发、边缘计算及区域自治，最终实现高性能、低成本、高灵活性的人工智能技术边缘侧下沉。

e. 自主可控人工智能芯片：嵌入式 AI 芯片是边缘智能技术的核心载体，相比于传统 ARM 架构芯片，自主可控 RISC-V 芯片具有开源、稳定、易于硬件实现等优势，研究重点包括指令集扩展、工具链开发、多核异构微架构设计以及软硬件平台移植等。通过硬件加速、模型移植等方法，自主可控人工智能芯片为边缘节点提供面向能源互联网业务需求的技术支持。

2）多跳自组织网络技术。在多跳自组织网络中，节点之间可以直接通信，也可以通过其他节点进行中继传输，从而实现数据的多跳传输。这种网络架构使得移动设备能够在没有固定网络基础设施的环境中进行自组织的通信。面对电力业务传输需求与接入能力不匹配问题，需通过多跳定向自组织传输、快速资源调配与控制、多层次自组网及协议层安全性设计等技术，解决高可靠超多跳安全接入问题难点，实现电力业务高频次、高质量数据采集，以及全场景感知和广泛接入要求，从而提升网络灵活性和效率。

宽带高可靠超多跳自组网技术和窄带多层次大规模自组网技术都属于多跳自组织网络技术的特定应用领域。

a. 宽带高可靠超多跳自组网技术：采用物理层多维双层并行通信机制，并结合网络层环境感知分布计算方法，以及电网场景下超多跳自组网的拓扑结构、传输模式、资源配给实时优化技术，通过协议内部各要素的跨层优化，构建高可靠高效率超多跳无线链路。

b. 窄带多层次大规模自组网技术：采用大规模节点调度和干扰规避技术、分布式网络节点的态势感知与自主计算技术、计及服务质量与资源开销的大规模多层次自组网技术，突破大规模自组网的海量节点与资源开销的限制，实现物理空间虚拟化与网络空间智能化。

（2）高并发接入与海量数据管理技术。针对电力物联网中海量物联设备接入和多源异构数据融合共享等问题，需要重点研究以下基础技术：高并发异构物联终端接入管控技术、海量数据存储共享技术，实现电力物联网海量异构终端高并发接入及智能管控、多模态数据融合与共享。

1）高并发异构物联终端接入管控技术。软件定义终端模型技术。软件定义终端是指利用软件定义技术在物理、逻辑层面上对物联终端组成的分维描述。采用软件定义技术将海量异构物联终端分解成柔性统一的结构模型、信息模型和传感器执行器模型；终端产生的变动通过模型的柔性适配来保持功能的恒定性，在不影响电力物联网正常运行的情况，实现新型异构终端多维物模型的统一构建、维护与扩展。

a. 异构通信网络技术。在物理通信网络旁路构建"工业互联网四层交换＋分布式全异步架构"的异构通信层，以硬件解码的方式实现异构终端多协议适配、消息路由、流量和拥塞控制，通信连接信道基于硬件堆叠方式扩展，与云端主站/物联管理平台建立前置分布式消息队列集群映射连通，实现云端与边缘终端的千万级并发通信能力。

b. 终端代理服务：可提供在云端下发至智能终端的远端微服务，它具备多项管理功能，包括可编程配置化采集、可编程设备管理规约、边缘应用、统一下行语义控制通道和设备影子等。这些功能旨在保持电力物联网云端软件对智能终端的全方位映射与控制，实现对智能终端的运行、功能和应用的数字化编程与定义。

2）海量数据存储共享技术：

分布式数据立方体技术、"物联网一张图"技术和多源数据融合共享技术都是与海量数据存储共享技术密切相关的概念。它们在不同方面都与海量数据的存储和共享有关，但各自具有不同的特点和应用方式。

a. 分布式数据立方体技术：针对电网核心数据，通过基于分布式计算框架逐层算法、逐段算法灵活快速构建面向应用的分布式列存储数据立方体，基于预先实例化的数据预处理、多路数组聚集的完全立方体计算、动态分片的数据在线聚集合并等技术，实现快速解析分布式列式存储立方体数据；采用多源异构参数融合、网络旁路报文解析和数据关联关系自动解析技术，实现多源异构数据资源融合和数据资源目录自动化构建。

b. "物联网一张图"技术：采用基于图谱理论和知识工程理论的知识表示与推理、语义网等技术，结合电力物联网具有的天然网络特征，建立电力全域数据与图数据的结构映射，贯通"云边端＋关联领域"全景数据，可根据业务维度自动划分网格式层次化的子图拓扑；通过提供跨时空数据集成、数据知识融合、高效查询引擎与互动数据接口技术，实现电力物联网数据的高效查询、时序数据流访问和互动可视化。

c. 多源数据融合共享技术：采用全链路多维数据集成框架和数据知识的统一表达机制，建立电力物联网图数据与分布式数据立方体的映射关联；针对电力物联网融合数据，采用基于开放性算法引擎的多模态协同和多计算模式框架协同机制，实现面向电力复杂应用场景的按需数据共享和定制化智能分析服务。

（3）融合建模与趋优进化技术。

1）电网物理数字融合建模技术。针对不同场景下模型的获取难度，物理机理与数据驱动融合建模的方法可分为数据驱动方法对机理模型的改进、机理模型对数据模型的指导及构建、混合建模三大类。

a. 数据驱动方法对机理模型的改进方面：针对由于假设简化导致精度不足的问题，通常可以结合数据驱动方法迭代优化模型参数及修正误差，增强机理模型适应性。此外，数据驱动方法可辅助进行机理模型的筛选，或评估、完善机理模型构成。

b. 机理模型对数据模型的指导及构建：可在机器学习过程的不同阶段引入。例如，在特征构建/筛选阶段，可通过增加一致性损失函数，引导数据模型选择人类可理解的特征作为决策依据；在模型构建/训练阶段，可以加入逻辑规则或公式等作为约束条件嵌入模型，使模型更加符合物理规律；在决策阶段，可基于技术标准、历史故障处置案例等，结合数据模型的判断结果进行协同决策，避免做出不符合常识或不符合业务逻辑的决策。

c. 混合建模方面：针对电力系统稳定分析、紧急控制策略选取等由于不确定因素多、计算复杂度高而难以建立物理模型的情况，可利用知识驱动方法表示易描述的、确定性的部分，通过数据驱动方法表示非线性的、随机性的部分，从而替代部分不精确的机理模型，形成混合模型。

2）电网资源协同趋优技术：指为了解决能源互联网中源网荷储多种资源协同的难题，需要逐步提升智能化水平。面对能源互联网源网荷储多种资源协同难点，需要逐步深化感知、认知到决策层面的智能，实现对设备、电网与用户等资源的智能协调与发展，重点支撑技术包括：

a. 计算机视觉理解感知：电力领域图像中各部分存在逻辑关联，针对二维图像与视频，通过联合嵌入、注意机制、知识库协同等方式关联图像与语义信息、聚焦高价值密度区域、推理分析图像中视觉概念逻辑，实现视觉推理与智能理解；最终结合神经反馈机制划分图像多层次关系，实现海量亿级像素图像的主动视觉。

b. 知识图谱多模认知推理：设计知识引导与数据驱动相结合的算法，从数据、特征、算法等不同层级，挖掘物理信号、图像、音频、视频、文本等多模态数据语义信息，从数据、特征、算法多层次进行跨模态融合分析；研究逻辑推理、自主感知、类脑认知等机制，构建多模知识图谱与图计算应用，进行多模认知推理，实现数据抽象、深度理解、推理决策、动机思考等类人的认知能力。

c. 混合增强智能：针对传统决策严重依赖人工经验、效率低、可解释性差等问题，重点研究以人机知识构建与推理、人工智能可解释性机制、人机双向学习与协同决策为核心的混合增强智能技术，通过知识与数据协同驱动的方式来增强调度决策对外部环境不确定性的适应能力，保证和提升电力人工智能应用的可信性、鲁棒性与安全性。

d. 群体智能：针对可再生能源比例不断上升，优化变量和约束增加，计算时间和收敛难度都会呈现显著加大等问题，重点研究以群体进化机制与多智能体协同控制为核心的群体智能技术。与传统直控类发电机等调控对象可建模直接控制相比，群体智能技术在适应电网对源网荷储等广泛资源的控制时具有更多的优势。这是因为群体智能技术不依赖于强制性控制，而是考虑到广泛资源的多主体意愿等特点。基于自主决策的基础上，引入群体智能技术可以更贴切地满足实际需求，引导系统朝着更优的方向发展。

2. 构建技术

（1）数字化交付技术对于推动数字孪生技术在电力系统中的应用至关重要。传统电力系统单台设备容量大，设备的种类和数量有限，电网调度运行需要用到仿真的业务有限，电力系统的设备模型容易统一和标准化，因此，一家软件公司就能完成系统中所有设备模型的构建。但是，未来新型电力系统的设备种类将大大增加，系统中可能存在各种各样的分布式电源，由于生产厂家不同，其控制和接口各不相同，不可能完全依靠一个公司完全搭建这些千差万别的设备模型；此外，由于涉及商业秘密，生产厂家往往不愿意公开设备的控制结构和控制参数。在这种情况下，数字交付技术便可大显身手。将来，在电力公司采购设备时，可以要求生产厂家在交付该物理设备的同时交付该物理设备的数字孪生体，并通过实验证明物理实体和数字孪生体的一致性；在物理设备接入实际电网时，设备的数字孪生体也要同时和电力系统的数字孪生体融合在一起；在此基础上，进一步结合量测即可对物理设备的运行状况实现在线的监视、模拟和分析。

（2）中台技术也是电力系统数字孪生项目所需的关键技术。比如，在实现基于数字孪生的系统保护在线校核时，往往需要运行方式人员、自动化部门人员和运维人员等多位来自不同专业部门的人员进行协作，分别构建电网一次系统和二次系统的模型，保证量测系统的完好以及与数字空间电力系统模型的同步，此时，中台技术将至关重要。中台一般包括用户中台、应用中台和数据中台。其中，用户中台通过用户管理一方面可以为不同专业部门的人员提供高效的权限管理平台，另一方面可以在从事不同业务的专业人员之间实现资源共享；应用中台可以对支撑不同电力系统业务的多种应用进行管理、组合及合理调度，从而支撑以业务为导向的电力系统数字孪生技术；数据中台则为不同的应用建立数据桥梁，实现不同用户、不同业务之间的数据及算例管理。

3.3.3　基于物联网技术的电力行业数字孪生作用

基于电力物联网的电力业务场景智能应用，本文从设备、电网和用户三方面选取典型应用，分别是电力设备故障智能感知与诊断、综合能源自治协同与多元服务和源网荷储自主智能调控，进行技术应用架构探讨。

1. 电力设备故障智能感知与诊断

随着电力系统中物联传感终端数量的不断增加，电力设备传感监测数据呈现信号多源异构、样本质量不均衡、故障样本较少等特点，为全面刻画设备运行状态，可通过多源数据协同感知与压缩感知、多模态数据融合、知识图谱认知推理等技术，研发电力设备状态评价、故障诊断预警与检修辅助决策等智能应用，确保电力系统安全可靠运行。

电力设备协同感知与压缩感知重构技术方面：针对多源监测信号的差异性与互补性特点，研究声光电化多模态传感参量的融合技术。针对监测精度要求高与传感设备成本高的问题，通过优化传感布局与采样策略、建立稀疏字典与观测矩阵，在保证数据采样精度的同时减小传感监测数据存储传输压力；电力设备多源异构数据融合技术方面：针对设备传感数据类型多、数据间关联性弱等问题，研究面向图像、传感监测、文本等数据信息的特征抽取及语义转换技术，提出不同类型数据间关联性挖掘方法，实现各类监测数据的融合分析；电力设备知识图谱与知识推理技术方面：针对电力设备文本语料数据，构建电力语料基础库。通过实体关系抽取等技术，构建电力设备知识图谱。

针对电力设备文本数据规模大、体系杂的特点，提出基于义项的词和实体联合表示学习模型，实现知识图谱构建与融合更新。进而研究知识图谱的知识检索与路径推理等技术，提出知识图谱信息推荐与故障溯源技术，实现电力设备故障辅助决策与故障推理诊断。电力设备的状态评估与故障诊断方面：针对电网运维检修环节中产生的各种结构化、非结构化数据，根据样本规模提出机器学习与专家经验判断结合与自适应深度学习的设备故障诊断算法，实现适应电力业务特性的设备故障智能诊断应用；针对经过进一步压缩感知及多源融合后的设备感知数据，研究集成智能评估与认知推理技术，提出状态评价、故障诊断、决策建议等模型，实现输电、变电、配电、继保设备状态评估与故障诊断。

电力设备的数字孪生分析方面：针对电力设备动态实时变化的物理实体，构建与之空间范围、时间尺度全面映射的虚拟数字模型，结合电力设备的多源监测数据，使虚拟数字模型能全景模拟动态变化的大规模电力设备、实时趋近电力设备实体的运行状态、预演及预判电力设备在突发情况下的异常状态使设备智能运维的展示交互、风险预测、辅助决策能力得到提升。

2. 综合能源自治协同与多元服务

电力物联网电/气/热多能复杂耦合与强随机性带来的运行难题，可基于多能源感知数据，开展多能流时空特性分析与运行模式推演、多能流分布自治控制、综合能源集群协同优化及综合能源定制化多元服务技术研究，提高综合能源服务精准匹配度与满意度。

基于多能源海量物联感知信息开展多能流时空特性分析，对多能流网络广义电路模型的源荷自适应集成建模。为了实现综合能源系统的动态管理，我们采用基于多能源荷多元互补特性的动态分区方法。同时，我们基于用户服务响应特性构建了数字孪生体系，使系统具备推演能力。在这个数字孪生体系的基础上，我们可以进一步扩展能源协同优化和多元服务等智能应用。在用户服务领域，构建数字孪生系统的优势在于能够更加精准直观地展示当前用户的需求模型和综合能源分布与利用情况。这有助于用户高效获取能源市场的动态资讯，并积极主动参与多元应用服务。

通过采集的综合能源系统环境状态参数构建环境状态空间，以综合能源系统可控制设备策略为动作策略空间，根据系统局部优化目标设计分层奖励措施，构建层次深度强化学习开展训练学习，建立综合能源系统分布自治控制模型；然后基于演化博弈的集群协同优化方法，结合综合能源系统多主体行为模式，利用信息非对称情况下的信息交互方法，探索非理性合作下多主体博弈机制及演化规律，根据分区特性并综合考虑成本、能效等优化目标开展集群协同优化，实现综合能源系统的多能互补与能效提升；利用综合能源系统多维场景划分技术，以及数据挖掘分析的综合能源用户画像和需求挖掘技术，实现针对政府、工业用户等五类主体的定制化需求挖掘，通过研究综合能源多元服务标准与定制化组件开发，形成综合能源系统多元服务模块，提供多种多元服务。

3. 源网荷储自主智能调控

地区电网源网荷储面临利益主体多样、源荷双侧不确定性突出的难点，可通过强化学习、模型/数据交互驱动、群体智能等方法，采用源网荷储广泛感知与预测、多元协同调度、分布式自主控制，提高分布式可再生能源利用率，实现源网荷储泛在资源的自主智能调控。面向多利益主体、海量异构群体、灵活广泛接入，应对可调资源的自主智能调控架构进行分析，基于模型/数据交互驱动理论，研究面向海量异构调控数据的分层分布式深度学习方法，并且根据多主体多目标调控需求，利用面向电网分布式自主控制的群体智能理论，研究分布式控制智能体的自趋优和群智进化策略。

（1）优化前的准备方面：需要掌握源网荷储运行状态的智能感知方法，包含量测设备的优化配置方法、高冗余量测数据的降维方法。针对分布式电源和负荷的出力不确定性与波动性，可通过考虑网络和储能动态特性的源网荷储概率预测方法和源网荷储运行场景集智能生成与约减方法，为调控策略研究提供基础数据。

（2）多元协同调度方面：可基于可行域降维投影的泛在异构资源自主聚合的统一模型和数据模型驱动的电网调度方法，通过海量数据的输入和深度学习形成隐性知识，在大数据基础上通过训练和拟合形成自动化的电网调度决策模型，研究仿真模型/数据驱动模型间的虚实交互方法，使仿真模型中的参数在与实际系统的互动中不断进化，形成了面向源网荷储调控的数字孪生体系。在物理实体提供的全面感知数据基础上，在虚拟世界对抗博弈式生成系统运行状态与调控决策，并通过与仿真环境甚至物理环境的不断交互，自主学习获取最优的策略。与传统基于简化、假设方式所构建的电网仿真决策模型相比，可增强能源互联网的适应性，可更好地提升源荷双侧的匹配度，促进可再生能源消纳。

此外，针对分布式广泛资源节点数量多、信息交互复杂等问题，可根据可控资源合理配置原则，结合自治区域动态划分方法，考虑广泛资源的耦合特性和群体协同特性，研究面向多利益主体区域内的泛在资源超前控制策略；针对多主体多目标控制需求，制定多区域间合作 – 博弈策略与群体进化机制，基于强化学习的泛在资源群智进化模型与算法，通过控制目标的闭环修正方法，实现多元资源的分布式自主控制。

≫ 3.4 数字孪生建模与仿真技术路线 ≪

3.4.1 建模仿真技术在数字孪生构建中的作用

数字孪生被强调为一个"基于仿真的系统工程"（simulation-based systems engineering），但与传统意义的建模与仿真相比，数字孪生最主要的特点是模型通过传感器随时获取物理实体的数据，并随着实体一起演变，一起成熟甚至一起衰老。人们可以利用模型进行分析、预测、诊断或者训练，对物理对象进行优化和决策。数字孪生不是仿真一个断面，而是在环境（参数）真实条件下，可以演进。

3.4.2 数字孪生与传统建模仿真技术的联系和区别

1. 建模仿真在数字孪生构建框架过程中的定位

建模与仿真方面，电力行业的数字孪生涉及建模组件和开发工具的提供，以实现电力设备的数字孪生建模、仿真和可视化。模型驱动方面，涉及电力设备的实景化建模和可视化仿真，以及多物理场建模和实时仿真。数据驱动方面，则基于电力设备全生命周期数据进行建模和分析。

2. 构建和更新的方式及过程

从模型构建和模型更新的方式来看，传统仿真一般基于人们对物理对象的认识，采用离线的方式建立物理对象的数学模型，当发现模型不能准确反映物理对象的运动规律时，往往采用离线的方式对模型的结构和参数进行更新，而数字空间中的数字孪生体则是通过与物理对象的互动实现模型结构和参数的自动更新。

如前所述，数字孪生的一个重要特征是，会根据采集到的系统数据，不断自动演化更新。模型演化指的是模型在应用过程中，结构或参数发生了变化，从而形成不同版本的模型。传统的模型演化一般在模型管理阶段完成，而数字孪生模型演化则是根据来自物理对象的数据实时自动进行的，以保证与物理对象的状态随时保持一致。根据演化程度的不同，数字孪生（digital twin，DT）的演化可以分为3个层次：

（1）最基本的演化是渐进适应的过程，使模型更加精确和可靠。在该过程中，DT 模型的参数、状态和模型功能以迭代和增量的方式不断更新，模型质量会不断提高，但不会产生新的模型。为了实现该过程，需要在真实系统和基于历史数据的 DT 模型之间建立数据动态关联，通过训练关联关系，使模型逐渐接近系统的仿真需求。

（2）当数字孪生模型的参数调整不能满足系统要求时，模型则会根据实际需求进行重新配置，从而生成新版本的模型。这个过程可以采用动态数据驱动的仿真（dynamic data-driven dimulation）方法来实现，动态数据驱动的仿真如图 3-14 所示，此外这个方法在后面会进一步阐述。

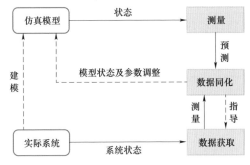

图 3-14　动态数据驱动的仿真

当仿真需求、问题场景发生变化，或是将数字孪生模型作为一个新的复杂系统的组件被重用时，需要重新建立一个数字孪生模型来满足新的要求。新版本的数字孪生可以通过重构或是改造生成，改造的对象除了数字孪生本身，也可以是其中间产品；该数字孪生及中间产品存储在模型库/云池中，包括概念模型、架构规范、设计规范和可执行子模型等。重新配置或重构过程需要融合实际系统的实时状态数据。例如，概念模型的重新配置不仅要考虑问题、形式化问题和需求规范，还要把实际系统的实时信息作为输入，产生新的概念模型。

3. 建模及仿真对象的（时空）范围

从建模对象的时空尺度看，传统电力系统仿真一般仅针对局部电网的时间常数较大的过程进行建模，只涉及电路的仿真（考虑设备外特性），不考虑场或者场路耦合仿真（反映设备内部物理场动态变化特性）；但数字孪生并不受限于某一时空尺度的动态过程，而是根据实际业务的需求，尽可能全面反映建模对象的真实物理过程。

传统意义下的建模将对象系统的变化规律和输入输出关系用数学方程加以描述，而数字孪生技术还可利用基于数据的建模技术，模型的内涵除了基于物理知识构建的微分代数方程，也包含相关性模型（规则模型、神经网络模型）等数据驱动模型，数据驱动模型需要实现历史运行数据或量测数据的充分利用；传统意义上的仿真利用计算机对数学方程进行求解，但数字孪生的仿真不再局限于求解数学方程，而是将能够提供预测、解释功能的模型都纳入仿真范畴。

从模型构建和模型更新的方式来看，传统仿真一般基于人们对物理对象的认识，采用离线的方式建立物理对象的数学模型，当发现模型不能准确反映物理对象的运动规律时，往往采用离线的方式对模型的结构和参数进行更新；而数字空间中的数字孪生体则是通过与物理对象的互动实现模型结构和参数的自动更新，以保证广域空间范围内数字孪生体动态更新的时效性。

3.4.3　数字孪生建模与仿真技术路线

1. 构建电力行业数字孪生模型及仿真

基于上述分析，可以看出数字孪生是一种在线建模动态仿真技术，具备动态混合、高效性等新技术特点。由于电力系统的发电、输电、配电、变电、用电具有连续性和多样性，电力行业数字孪生动态建模与高效仿真技术需要遵循以下基本原则和方法。

（1）基本原则。基本原则包括面向需求建模、模型尽量简单全生命周期统一考虑及全面彻底验证、校核和确认（verification validation and accreditation，VV&A）三部分。

1）面向需求建模。模型只能描述被研究对象某个方面的特性，因此建模之前首先需要了解建模的目的和需求。不同的应用需求对应研究对象的不同特性，决定了建模的方法、模型的结构、所要采集的数据等，因此，面向不同的需求，针对同一个对象可能构建出完全不同的模型。

2）模型尽量简单全生命周期统一考虑。在满足应用需求的条件下，应使模型尽可能简单，从而避免不必要的复杂性。复杂的模型不仅会损耗过多的计算资源，同时也会增加计算过程的不确定性，并且给模型的维护和重用带来麻烦。虽然技术的进步使复杂模型的处理能力有了很大提升，但追求简单仍然是建模需要遵循的基本原则。

站在模型全生命周期的角度考虑建模问题，是模型工程的一个重要理念。特别对数字孪生而言，其生命周期一般较长，而且不同阶段（如模型构建、模型使用和模型演化）相互交错融合、相互影响，因此，在模型构建阶段需要同时考虑后续使用、重用、维护等阶段的要求，从而保证模型在各个阶段都有最优的表现。

3）全面彻底验证、校核和确认。模型在每个阶段、每个环节都需要经过严格的验证、校核和确认（VV&A），这在传统的仿真领域已经成为一条基本原则，对于构建过程复杂、运行周期长、动态性强的数字孪生而言尤其重要。

（2）基本方法。基本方法包括基于模型驱动方法和基于数据驱动方法。

1）基于模型驱动建模方法。模型驱动建模方法可从物理机理和过程上反映物理实体。模型驱动建模方法实现流程是：首先构建装备的三维几何模型结合实景数据实现出实景化的数字孪生模型。模型驱动建模方法涉及的关键技术包括：模型轻量化技术和三维可视化仿真技术。

模型轻量化技术和三维可视化仿真技术：三维模型要在数字孪生系统中流畅运行，需要借助 3D 轻量化技术，该技术能够在保留完整三维模型基本信息且保证精确度的前提下，将原始的三维模型进行最高上百倍的压缩，实现模型的流畅操作。软件 EV3Dvue 在轻量化技术、接收实时数据基于 Web 的动态可视化方面较成熟。目前三维可视化仿真采用三维图像、三维声响、人机交互界面等使仿真人员有更加直观的逼真体验。常用的有基于 OpenGL、DirectX、VR-Platform、OSG、Web 等的可视化仿真。

另外，模型驱动建模方法需要融合实体的物理参数，以及对物理实体的行为与规则进行表征，实现装备的全尺度多物理场数字孪生模型，涉及的关键技术包括：全尺度多物理场仿真及基于模型降阶的多物理场实时计算技术。

全尺度多物理场仿真及模型降阶技术：模型驱动的数字孪生分为面向场景的数字孪生和面向性能分析的数字孪生，后者需要重点进行仿真分析，尤其会涉及全尺度的多物理场仿真。通常三维模型的多物理场仿真时长为分钟到小时级别，这一特征与数字孪生实时性的要求形成了明显冲突，因此需要引入模型降阶技术来解决该问题，牺牲可接受范围内的精度以获得计算时间的显著提高。

2）基于数据驱动建模方法。

可以绕过复杂的物理建模过程并利用输入输出数据很好地描述物理过程。数据驱动建模方法实现流程为：结合电力装备的监测数据、试验数据等，利用机器学习方法构造出输入数据与输出数据之间的数据模型，实现电力装备运行的物理现象和机理用数据模型来表征，完成对电力装备的孪生。

（3）模型与仿真的融合。

模型与仿真的融合是指将模型和仿真技术结合起来，以实现对系统行为和性能的分析、评估和优化。这种融合的目的是利用模型的抽象能力和仿真的实际运行环境来更好地理解和预测系统的行为。

1）利用数值仿真生成样本集合，支撑数据驱动模型的构建，利用数据驱动模型进行系统状态分类和态势预测。

2）利用能源互联网数据支撑数据驱动模型构建，并接入到驱动模型进行数值模拟仿真，预测系统态势。

3）利用模型驱动数值仿真模拟和数据驱动统计分析产生随机离散事件，基于事件概率图评估系统风险和态势。

（4）支撑技术。支撑技术包括动态知识数据驱动融合仿真技术、多物理场融合仿真技术、云端-边缘端协同的数据计算处理技术、逻辑与模型数据并行计算架构、轻量化的数字模型构建技术和全尺度多物理场模型降阶技术。

1）动态知识数据驱动融合仿真技术：将仿真得到的先验知识数据与真实测量得到的新知识数据相融合，对当前系统更精确描述，动态校正仿真模型状态，提高仿真结果的准确性和可信性。

2）多物理场融合仿真技术：应用有限元分析方法、有限元仿真软件仿真模拟包括电力环境中电、热、磁、力等在内的多物理场效益及影响，提升仿真结果的准确性。

3）云端-边缘端协同的数据计算处理技术：构建包括数据采集、传输和分析的"数据链"、云端-边缘端通用智能算法库和系统设备通用精细化模型库，提升模型仿真算力。

4）逻辑与模型数据并行计算架构：将大量模型数据通过可编程渲染流水线的方式预先加载至 CPU 缓存区，来节省 CPU 计算资源，实现并行计算系统逻辑数据，提升仿真效率。

5）轻量化的数字模型构建技术：在保留决策相关要素基础上，根据不同应用场景，建立服务导向型的快响应轻量化模型，并在确保精度前提下，尽量压缩庞大的原始物理信息，降低模型仿真运算量。

6）全尺度多物理场模型降阶技术：电力场景包含电、热、磁、力等多物理因素和考虑时空信息的多尺度信息流，需要从多物理场、多尺度角度进行全面、综合、真实的模型构建。

（5）构建过程。构建过程应采用并行开发的思想，通过接收能源互联网数据，实时更新模型的状态，使模型构建（设计、实施与集成）、使用和演化融为一体，高效仿真支撑技术如图 3-15 所示。

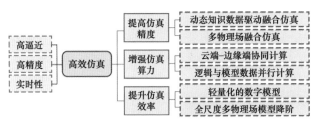

图 3-15　高效仿真支撑技术

2. 电力行业数字孪生建模与仿真技术路线

以上内容仅为对数字孪生建模与仿真在理论层面的理解。然而，在电力行业的实际工程建设和应用中，我们需要提出一系列具体可行的技术路线，以指导相关项目计划的实施和落地。

（1）建模技术路线。建模主要目标是构建设备可视化、即时的设备信息模型，实现现场及远程设备的快速互动管理；实现同类型、同地区、同场景下设备的一体化数字模型；构建以能源电力产业链、业务流程（电力价值链），及地理区域的企业级信息模型。数字孪生建模主要是实现现场及远程关键设备的快速互动管理，并实现系统性模型构建，初步形成电网数字孪生的基础模型，具体技术路线及其建设方案为：

1）关键设备精细化数字建模：基于关键设备筛选及感知设施部署，对关键设备开展精细化数字建模，构建设备可视化、即时的设备信息模型，并通过与设备全寿命周期信息的关联互动，实现现场及远程关键设备的快速互动管理。

2）关键事件及行为数字建模：结合历史运行、故障、环境等数据，未来可预测的运行环境数据，以及相关者行为数据，建立事件及行为数字模型，并将其与设备信息模型融合，为事件及场景的推演、分析、预测提供基础。

3）一体化数字建模：实际电网构架中，不可能所有设备都能达到实际物联状态。通过代表性数字孪生模型，利用同一类型的典型设备代表此类型的全部设备，通过同类型、同地区、同场景下电网个体设备的数字孪生模型之间的横向比较，并结合成片区电网（子系统）设备的运行数据，通过状态分析和仿真，推演出非典型设备信息，实现同类型、同地区、同场景下设备的一体化数字建模，大大降低物联建设投入。

4）企业信息模型构建：基于一体化数字建模，分别构建能源电力产业链、业务流程（电力价值链）及地理区域的系统性模型。这些模型之间并不冲突，而是基于不同维度进行构建，并共同构建出企业级信息模型。

5）全网级数字孪生模型构建：基于不同维度的区域信息模型构建及互联互通，并通过电网运行仿真的不断验证调整，达到全网级数字孪生模型构建的目标。

（2）仿真技术路线。仿真主要目标是掌握主要的仿真研究和分析技术，并使系统规划和运行仿真实验能力达到电力行业先进水平。数字孪生仿真技术实现的主要功能是对电网的实时仿真，大规模系统稳定性的仿真，以及对电网长过程稳定性的仿真。具体技术路线及其建设方案为：

1）设备仿真：设备仿真主要包括电力设备虚拟仿真和电站仿真两部分内容。电力设备虚拟仿真技术：主要是关键设备实时仿真，如变电站及输配电设备虚拟浏览、在线交互、施工、巡视，设备操作、安装等仿真；电站仿真技术：主要是网内发电站仿真、可再生能源电站仿真等。

2）电网运行仿真：电网运行仿真主要包括电磁暂态与机电暂态混合仿真、电力系统全过程动态仿真、基于数字孪生的特高压配套工程规划和建设仿真、电网实时仿真、电网安全经济调度仿真及电力市场下的电网规划仿真六部分内容。

▶ 3.5　数字孪生与物理模型技术路线 ◀

3.5.1　物理模型建构

1. 数据模型建构

模型构建技术是数字孪生体技术体系的基础，各类建模技术的不断创新，加快提升对孪生对象外观、行为、机理规律等刻画效率。

在数据建模方面，传统统计分析叠加人工智能技术，可以强化数字孪生预测建模能力。如美国 GE 公司通过迁移学习提升新资产设计效率，有效提升航空发动机模型开发速度和更精确的模型再开发，以保证虚实精准映射。

2. 几何模型建构

几何建模利用交互方式将现实中的物体模型输入计算机中，而计算机以一定的方式将其储存。几何建模方法有线框建模、表面建模和实体建模三种。

（1）线框建模。线框建模是利用基本线素来定义设计目标的棱线部分而构成的立体框架图。线框建模生成的实体模型是由一系列的直线、圆弧、点及自由曲线组成的，描述的是零件的轮廓外形。线框建模分为二维线框建模和三维线框建模。

二维线框建模以二维平面的基本图形元素（如点、直线、圆弧等）为基础表达二维图形。虽然比较简单，但各视图及剖面图是独立产生的，因此不可能将同一个零件的不同信息构成一个整体模型。所以当一个视图改变的时候，其他视图不可能自动改变，这是二维线框的一个很大的弱点。

三维线框建模用三维的基本图形元素来描述和表达物体，同时仅限于点、线和曲线的组成。线框建模所需要的信息最少，数据运算简单，所占储存空间较小，对计算机硬件的要求不高，计算机处理时间短；但线框建模所构造的实体模型只有离散的边，而没有边与边的关系，由于信息表达不完整，会对物体形状的判断产生多义性，如图 3-16 所示，同一线框模型可能产生的几种不同理解。此外，线框建模所描述的实体无法进行消隐、干涉检查和物性计算。

（2）表面建模。DEM（digital elevation model）是地形表面的数字模型，它根据不同的数据采集方法使用一个或多个数学函数进行表示，其中常用的函数是内插函数。地形表面的各种处理方法被称为表面重建或表面建模，而重建后的表面就是 DEM 表面。因此，地形表面重建可以理解为 DEM 表面的重建或生成过程。

地形表面重建与内插的通用多项式函数是 $z = f(x, y)$。

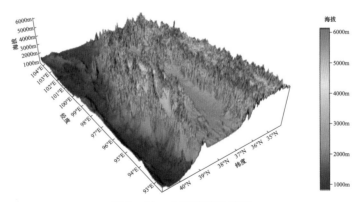

图 3-16 表面建模示意图

用于表面重建的通用多项式公式见表 3-3。

表 3-3　　　　　　　　　　　　表面重建的通用多项式公式

独立项	项次	表面性质	项数
$z=a_0$	0 次项	平面	1
$+a_1x+a_2y$	1 次项	线性	2
$+a_3xy+a_4x^2+a_5y^2$	2 次项	二次抛物面	3
$+a_6x^3+a_7y^3+a_8xy^2$	3 次项	三次曲面	4
$+a_{10}x^4+a_{11}y^4+a_{12}x^3y+a_{13}x^2y^2+a_{14}xy^3$	4 次项	四次曲面	5
$+a_{15}x^5$	5 次项	五次曲面	6

　　表中多项式中每一项的表面形状都有自己的特征且某一特定建模程序在建立实际表面时，一般只使用函数中的其中几项，并不一定需要这个函数中的所有各项。

　　通用多项式中单独项的表面形状如 3-17 所示。

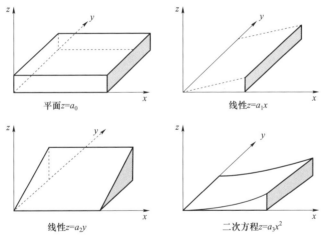

图 3-17　通用多项式中单独项的表面形状

　　根据建模过程中使用的基本几何单元，数字地形表面建模的方法可以分为基于点的建模方法、基于三角形的建模方法、基于格网的建模方法以及基于两种结合的混合建模方法。

　　基于点的建模方法就是使用单点数据建立一个平面区域以表示该点所在区域的地标，则整个 DEM 表面可由一系列相邻但不连续的表面构成。基于点的建模方法简单，但不容易确定相邻点的边界。在理论上，基于点的建模方法只设计独立的点，所以可用于处理所有类型的数据。

　　基于三角形的建模方法是一种常用的表面建模技术，它通过将三个点连接起来构成一个三角形平面来描述地形表面。整个 DEM 表面可以由多个相互连接的三角形组成。无论是正方形、矩形还是其他任意形状，都可以被分解为一系列三角形。基于三角形的表面建模方法适用于各种数据结构，无论这些数据是通过选择采样、混合采样、规则采样、剖面采样生成，还是通过等高线法生成的。这种方法具有广泛的适用性和灵活性。

格网表面建模方法是根据规则点阵中相邻四点构成一个表面，可以是线性表面，也可以在数据建模方面，传统统计分析叠加人工智能技术，可以强化数字孪生预测建模能力。如 GE 公司（美国通用电器公司）通过迁移学习提升新资产设计效率，有效提升航空发动机模型开发速度和更精确的模型再开发，以保证虚实精准映射。

混合表面建模方法通常指格网表面建模方法与基于三角形的建模方法的结合。在多种采样方式或存在多种数据类型时，宜采用混合表面建模方法，但为了便于统一处理，混合建模方法通常转为基于三角形的建模方法。

（3）实体建模。现实世界的物体具有三维形状和质量，因而三维实体造型可以更加真实地、完整地、清楚地描述物体。实体建模（solid modeling）技术是 20 世纪 70 年代后期、80 年代初期逐渐发展完善并推向市场的。实体建模在运动学分析、物理特性分析、装配干涉检验、有限元分析方面得到广泛应用。实体建模是利用一些基本体素，例如长方体、圆柱体、球体、锥体、圆环体以及扫描体等通过布尔运算生成复杂形体的一种造型技术，包括两个部分，一是基本体素的定义与描述，另一部分是体素之间的布尔运算。

实体建模的特点在于三维实体的表面与其实体同时生成。由于实体建模能够定义三维物体的内部结构形状，因此能够完整地描述物体的所有几何信息和拓扑信息，包括物体的体、面和顶点的信息。实体建模还可以实现对可见边的判断，具有消隐的功能。

实体建模方法分为体素法和扫描法。扫描法又分为轮廓扫描法和实体扫描法。实体建模利用计算机内存储的基本体素进行构造，通过集合运算生成复杂形体。体素的定义和描述以及体素的运算（并、交、差）是实体建模的两个主要部分。体素分为两类：基本体素和扫描体素。基本体素包括长方体、球、圆柱、圆锥、圆环、锥台等，如图 3-18 所示。扫描体素分为平面轮廓扫描体素和三维实体扫描体素。扫描法是一种常用的实体建模方法。它通过基本体素的变形操作来构造复杂形状的物体。扫描法分为平面轮廓扫描和整体扫描两种方法。平面轮廓扫描法是通过平面轮廓在空间平移或绕固定轴旋转来生成实体。整体扫描法则是先定义一个三维实体作为基体，然后让基体在空间中进行运动，可以是平移、旋转或摆动。三维实体建模能够准确、完整地表达物体形状，并且容易理解和实现，因此在设计和制造中广泛应用。扫描法是一种实用有效的方法，特别适用于具有固定剖面形状的产品建模。它可以用于描述、特性分析、运动分析、干涉检验、有限元分析和仿真等应用领域。

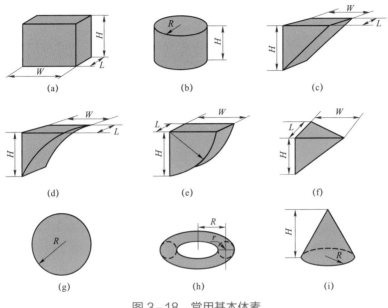

图 3-18　常用基本体素

（a）长方体；（b）圆柱体；（c）锲；（d）带 1/4 内圆环；
（e）1/4 圆柱；（f）三棱锥；（g）球；（h）圆环；（i）圆锥

在几何建模方面，基于 AI 的创成式设计技术提升产品几何设计效率。如上海及瑞利用创成式设计帮助北汽福田设计前防护、转向支架等零部件，利用 AI 算法优化产生了超过上百种设计选项，综合比对用户需求，从而使零件数量从四个减少到一个，重量减轻 70%，最大应力减少 18.8%。

3. 仿真建模

在仿真建模方面，仿真工具通过融入无网格划分技术降低仿真建模时间。如 Altair 基于无网格计算优化求解速度，消除了传统仿真中几何结构简化和网格划分耗时长的问题，能够在几分钟内分析全功能 CAD 程序集而无需网格划分。

4. 业务建模

在业务建模方面，业务流程管理（BPM）、流程自动化（RPA）等技术加快推动业务模型敏捷创新。如 SAP 发布业务技术平台，在原有 Leonardo 平台的基础上创新加入 RPA 技术，形成"人员业务流程创新-业务流程规则沉淀-RPA 自动化执行-持续迭代修正"的业务建模解决方案。

3.5.2　物理模型融合

在模型构建完成后，需要通过多类模型"拼接"打造更加完整的数字孪生体，而模型融合技术在这过程中发挥了重要作用，重点涵盖了跨学科模型融合技术、跨领域模型融合技术、跨尺度模型融合技术。

在跨学科模型融合技术方面，多物理场、多学科联合仿真加快构建更完整的数字孪生体。如苏州同元软控通过多学科联合仿真技术为嫦娥五号能源供配电系统量身定制了"数字伴飞"模型，精确度高达 90%～95%，为嫦娥五号飞行程序优化、能量平衡分析、在轨状态预示与故障分析提供了坚实的技术支撑。

在跨类型模型融合技术方面，实时仿真技术加快仿真模型与数据科学集成融合，推动数字孪生由"静态分析"向"动态分析"演进。如 ANSYS 与 PTC 合作构建实时仿真分析的泵孪生体，利用深度学习算法进行流体动力学（CFD）仿真，获得整个工作范围内的流场分布降阶模型，在极大缩短仿真模拟时间基础上，能够实时模拟分析泵内流体力学运行情况，进一步提升了泵安全稳定运行水平。安世亚太利用实时仿真技术优化空调节能效果，将 IoT 采集数据作为仿真计算的边界条件和控制变量，大大降低了空调用电消耗。

在跨尺度模型融合技术方面，通过融合微观和宏观的多方面机理模型，打造更复杂的系统级数字孪生体。如西门子持续优化汽车行业 Pave360 解决方案，构建系统级汽车数字孪生体，整合从传感器电子、车辆动力学和交通流量管理不同尺度模型，构建汽车生产、自动驾驶到交通管控的综合解决方案。

3.5.3　物理模型修正

在模型修正方面，需要依据实际运行数据持续进行模型参数修正，保证数字孪生模型持续迭代，当前流行的 Tensorflow、Skit-learn 等 AI 工具中都嵌入了在线机器学习模块，可以实时数据动态更新机器学习模型。另一方面，如达索、ANSYS、MathWorks 领先厂商的有限元仿真工具，能支持用户基于试验数据对模型进行修正。

有限元模型修正技术开始于二十世纪七八十年代，到 20 世纪 90 年代，模型修正技术被广泛应用于航空航天领域，近年来才被推广应用于土木工程领域。许多国内外学者在过去的 20～30 年对模型修正技术做了许多尝试和创新。总结现有关于有限元模型修正方面的研究来看，现有模型修正技术主要有矩阵型修正和参数型修正两大类。

Berman 最早提出了矩阵型修正方法。他在最早提出用矩阵方法对模型进行修正后，后来又在自己的文章中首次利用矩阵正交性条件对一个有限元模型的质量矩阵进行了修正，然后采用 Baruch 的方法对模型的刚度矩阵也进行了修正。继 Berman 之后，Stentson 在采用矩阵摄动理论的基础上，利用结构模态参数的正交特性和最小二乘算法，提出矩阵摄动法模型修正技术。Chen J C、Garba J A 依据 Stentson 的矩阵摄动法模型修正方法，推导出了模型刚度矩阵、质量矩阵的修正公式。魏来生学者在总结前人经验的基础上详尽叙述了各类矩阵型模型修正方法，并且给出了各种矩阵型模型修正方法的基本思路和目标函数的选取方法，以及矩阵型模型修正方法的求解过程和各阶段的主要计算公式。Kabe 是非零元素矩阵型模型修正方法的典型代表人物，他通过以运动方程为约束条件函数，利用矩阵元素变化量取极小值的方法，推导出模型刚度矩阵的修正公式。Natkle 是提出子结构矩阵校正因子法模型修正技术的典型代表人物，他通过以运动方程和正交性条件作为约束条件函数，对模型参数矩阵的子矩阵修正因子求极小值，导出了修正因子的计算公式。Kabe 和 Natkle 提出的修正方法在前人的方法基础上，做了很大的改进，他们提出的矩阵型模型修正方法都保持了矩阵的稀疏性，但是也存在一定的弊端，其约束方程使计算过程变得相当复杂。在后来的研究中为了同时保持矩阵稀疏性和计算的简单化，Kanmer 使用的矩阵投影法、Smith 采用的拟牛顿法、Zhang 使用的 QR 分解法等，分别从不同的角度进行了研究，大大提高了计算效率。郭力提出了最小值优化方法，此方法能够应用于大型复杂结构，并成功应用于润扬大桥桥塔的模型修正中。张启伟在文章中提出运用修正矩阵的反复迭代优化方法，将误差矩阵范数极小化原理应用到桥梁的损伤检测中，识别结构损伤的程度。

对于参数型修正方法，J.L.Zapico 等人指出，在参数型模型修正过程中待修正的参数变量应该选取那些在结构中容易出现误差的并且有明确物理意义的参数，然后再通过灵敏度分析来确定具体需要修正的参数，并且他们认为模型中参数的名义值（如材料的质量密度和弹性模量等）都是可以预先知道的，而且这些参数的改变对模型计算分析结果的离散性影响较小。Gyeong-Ho Kim 和 Youn-Sik Park 也指出，对修正参数的选择很大程度上决定了能否成功地对已建立的模型进行模型修正，所以为了避免模型修正过程中出现病态的数值问题，所选择的待修正参数应尽可能地少。但是如果选择的参数不够，则会使得到的修正模型不真实。郑惠强和陈鹏程等人选取一座大型桥吊结构的前 4 阶模态固有频率的相对误差作为目标函数，选取桥吊结构的截面惯性矩、截面面积和附加体的质量等参数作为模型的待修正参数，用 ANSYS 软件进行优化修正，得到了与此桥吊结构的实际响应很接近的比较精确的有限元模型。夏品奇用

ANSYS 软件建立 Safti 斜拉桥的有限元模型，并对模型中的 21 个参数进行了修正，最终得到了准确可靠的斜拉桥有限元分析模型。范立础、袁万城等人基于参数特征值的敏感度分析，提出了一种新的有限元模型修正方法，他们将参数摄动限制在一个预先设定的范围内，并且通过对一个悬索桥的模型进行修正，验证了该方法的可行性和准确性。冯文贤、陈新等人则提出一种基于非完备实验模态参数的迭代修正方法，选取结构设计参数作为待修正参数，所获得模型的物理意义十分明确。王茂龙系统地总结了基于灵敏度的参数模型修正方法在参数识别中的发展。

其中，基于动力的有限元模型修正方法根据修正基的不同，可以分为基于模态参数的模型修正和基于频响函数（frequency response function，FRF）的模型修正两大类，而根据修正对象的不同又分为矩阵修正方法和设计参数修正方法。

矩阵型有限元模型修正法是对有限元模型的刚度矩阵和质量矩阵进行直接修正，使修正后的有限元模型的分析结果与实测结果保持一致。矩阵型修正方法的基本思想是：假定原始的动力模型与"真实"结构模型间存在差异，然后，在满足特征方程的条件下利用最小二乘法直接对有限元模型的质量、刚度矩阵等进行修正。其优点是计算简单，可用于修改量较大的情况，另外还可以发现和修正某些错误，如单元网格划分、边界条件确定以及某些建模错误；而其缺点是修正后的系统矩阵没有明确的物理意义，由此还破坏了原系统矩阵的对称、带状特征，给后续计算带来巨大的困难。

设计参数型模型修正是对结构的设计参数，如材料的弹性模量，质量密度，截面积，弯曲、扭转惯量等参数进行修正。

参数型修正方法的基本思路与结构优化理论相似，即把理论和实测数据之间的误差作为目标函数，改变事先选定的有限元模型的物理参数使得目标函数最小化，通过基于灵敏度分析的优化方法得到优化解，达到有限元模型修正的目的。参数型模型修正的优点是能保持原模型系统矩阵的对称带状特征，修正结果具有明确的物理意义，便于实际结构分析计算，并与其他结构优化设计过程兼容，因而实用性较强，其主要缺点是计算过程复杂。

静力有限元模型修正是用在弹性范围内的结构试验所测得的较精确的静力试验数据（如位移和应变）对结构的有限元模型加以修正使之成为正确可靠的数学模型，以达到进行静力分析的目的。静力模型修正的关键是：待修正参数的选择、优化目标函数构造、优化算法选取以及参数灵敏度分析等。

基于静力的有限元模型修正方法主要可以分为。基于灵敏度分析的方法、人工神经网络方法和遗传算法等。于静力的模型修正方法涉及的主要问题有多工况测试响应、测试数据与修正参数之间的相关性分析、修正误差分析等。

与基于动力的有限元模型修正的发展与运用对比,基于静力的有限元模型修正方法的研究和应用相对少一些,在实际结构中的应用就更少。而由于本项目主要分析类型为静力分析,本报告后面将结合现有的一些文献资料对静力学模型修正的方法进行阐述。

结合模型确认的定义和目标来分析模型修正和模型确认之间的区别和联系。模型修正是用来使模型计算结果与已有试验数据协调一致的,换句话说,是对原有有限元模型的参数进行修正,使之能正确重现试验结果,而非确定模型预示结果的精度。模型确认与模型修正不同,其基本思想是:在进行部分试验并考虑不确定性的基础上,对模型计算结果进行预测。若不考虑结构系统中计算与试验的随机误差和参数误差,不考虑对试验验证范围以外进行预报,只对模型主要参数进行校准,结构的模型确认就是模型修正。因此,模型修正是模型确认的一个实例,模型确认是模型修正的发展。

3.5.4　物理模型验证

模型验证技术是孪生模型由构建、融合到修正后的最终步骤,唯有通过验证的模型才能够安全地下发到生产现场进行应用。在模型构建、组装或融合后,需对模型进行验证以确保模型的正确性和有效性。模型验证是针对不同需求,检验模型的输出与物理对象的输出是否一致。为保证所构建模型的精准性,单元级模型在构建后首先被验证,以保证基本单元模型的有效性,此外,由于模型在组装或融合过程中可能引入新的误差,导致组装或融合后的模型不够精准;因此为保证数字孪生组装与融合后的模型对物理对象的确刻画能力,需在保证基本单元模型为高保真的基础上,对组装或融合后的模型进行进一步的模型验证。若模型验证结果满足需求,则可将模型进行进一步的应用;若模型验证结果不能满足需求,则需进行模型校正。模型验证与校正是一个迭代的过程,即校正后的模型需重新进行验证,直至满足使用或应用的需求。当前模型验证技术主要包括静态模型验证技术和动态模型验证技术两大类,通过评估已有模型的准确性,提升数字孪生应用的可靠性。

≫ 3.6　数字孪生数据全生命周期技术路线 ≪

本节将参考工业制造业中数字孪生技术在产品全生命周期的应用与实践,探索电力设备全生命周期的数字孪生技术路线。电力设备的全生命周期分为设计、采购、建设、运行、维护、技术改造和退役七个基本阶段。数字孪生框架的四个层次将实现物理实体与数字孪生体之间的双向映射、动态交互和实时连接，将电力设备传统全生命周期管理的各个阶段实现高效、可靠、自主的数字化。电力设备在其生命周期的各个阶段具有海量、多源的设计数据、制造数据、运行数据、维护数据等。数字孪生技术的引入，可打破各数据孤岛，整合多源异构、多模态数据，在输变电设备的全生命周期管理中提供价值服务，对设备的全生命周期实现闭环管理。

3.6.1 全生命周期数字孪生框架

数字孪生技术的研究与发展是为了更好地对设备进行监测管理，更好地为全生命周期管理进行优化服务。关于电力装备全生命周期过程中的设计、制造、安装、运维等环节呈现离线、开环、缺少在线反馈的特点，电力设备全生命周期的数字孪生框架，可以打破电力设备各环节之间的技术隔阂，实现各环节的衔接与融合。电力装备数字孪生框架包含电力装备的全生命周期，各阶段为电力装备的数字化管理提供了整体的结构支撑，根据数字孪生技术的核心思想以及设备全生命周期的各个阶段特点，电力装备行业数字孪生技术框架总体上可分为物理层、通信层、虚拟层和应用层 4 个层次。电力设备数字孪生框架如图 3-19 所示。

多层级的数字孪生框架为电力设备全生命周期管理数字化提供了结构性的支撑，通过物理层的实时测量和动态感知，再由通信层高效一体化的信息传输，虚拟层可做出相应的建模仿真和数据处理，最后通过应用层实现目标功能，为电力设备全生命周期的七个基本阶段服务。

3.6.2 全生命周期各阶段的数字孪生技术

现代工业数字孪生系统一个以人为中心、"人-机-环境"交互融合的系统，本章节所探讨的是对于电力设备全生命周期各环节所具备其独特特点和内涵的数字孪生技术路线，构建从人出发、精准服务、系统高保真度的电力设备孪生模型。下文将对电力设备全生命周期各个阶段的数字孪生进行探讨研究。

1. 规划设计阶段的数字孪生技术

电力设备研发是集合了结构设计、电气设计、系统设计、控制设计、软件设计等多专业交叉设计过程，也是建立设备数字化模型的初始阶段。利用基于模型的电力设备定义 MBD 技术，实现对电力设备几何信息和非几何信息的规范管理，可以高效、准确地构建电力设备的数字孪生体。

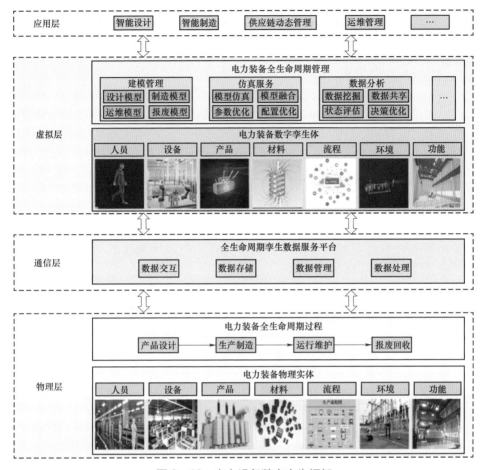

图 3-19　电力设备数字孪生框架

数字孪生是在 MBD 基础上深入发展起来的，企业在实施基于模型的系统工程（MBSE）的过程中产生了大量的物理的、数学的模型，这些模型为数字孪生的发展奠定了基础。

具备数字孪生体特征的研发设计工作将具有以下主要特点：

（1）设计版本变更记录翔实，可追溯性强：即在具体设备设计进程中，因为需求输入变更等引起的方案变更、设计参数变更等，均可在孪生数据服务平台中进行存储记录。这部分数据可在后续类似电力设备的研发工作中发挥重要作用，其价值随着记录数量的增长而增长，形成重要的企业设计数据。

（2）可实现并行协同设计：并行协同设计的基础在于单一数据源，而这正是数字孪生体的特征之一。在电力设备这样的多专业交叉设计工作中，利用该数字孪生体进行协同设计，可在电力设备某些设计输入变更时实现多专业的迅速响应，进而大大提高设计效率。

（3）建立虚拟电力设备样机：随着设计的不断深入，数字孪生体在物理模型的基础上进一步发展和延伸，融合虚拟仿真技术，进而可实现多专业系统仿真与测试验证，如恶劣天气下的设备运行分析、设备局放检测分析等。该数字孪生体在后续生命周期中继续演进并形成高保真的电力设备动态模型，为其他项目电力设备研发的设计优化、设计迭代等提供依据，提高新项目开发质量与开发效率。

2. 采购阶段的数字孪生技术

电力设备的采购连接资源市场与企业设计制造人员。采购既是商流过程，也是物流过程，因此采购工作主要有采购成本最小化与采购周期最短化两个目标，采购员越早获得采购信息，采购成本与周期就越容易得到控制。下文从输出采购信息和上传采购信息两个方面论述采购阶段中数字孪生技术的应用方式。采购阶段的数字孪生如图 3-20 所示。

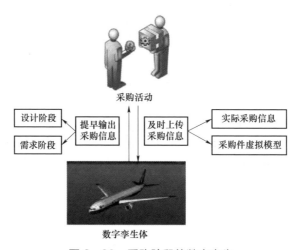

图 3-20　采购阶段的数字孪生

（1）数字孪生体向采购部门的信息输出电力设备研发阶段中数字孪生体逐渐完善，因此在电力设备研发阶段，便可向采购员输出例如采购对象与最小采购量等电力设备所需物料的采购信息，帮助采购员及早确定采购计划，规划采购流程，与供应商商谈；同时数字孪生体也应开放一定的端口给采购部门，使得采购部门也围绕最新的研发进度实时调整采购计划。

（2）采购部门将数字孪生体的信息录入采购员获得的实际采购信息及时上传至数字孪生体中，作为数字孪生体采购数据的一部分，这些采购信息对于后续开发控制成本具有巨大的参考价值。此外，数字孪生体还须收集采购件本身在虚拟世界中的对应模型。例如：对于螺栓、气动接头等标准件，所需收集的一般只是其 CAD 模型和批次信息；而对于伺服电动机、电路板、控制器、LED 屏幕等具有完整功能的组合体采购件，则需收集其完整意义上的数字孪生体，即本代电力设备的数字孪生采购信息中应嵌套采购件的全生命周期信息。采购件被本企业购入以后就处于其服务阶段，因此需依靠其对应的数字孪生体来了解其在供应商及其上游供应商及制造商甚至设计商，在各自的工作阶段对电力设备做出的创造和改变信息。这不仅要求本企业采用基于数字孪生的 PLM 理念来管理企业，还要求供应商企业也拥有类似的系统。

3. 建设阶段的数字孪生技术

电力设备建设阶段的数字孪生技术主要体现在数字孪生工厂的应用。电力设备的生产质量和生产效率影响着电力设备的性能质量和交付成本，而数字孪生工厂的应用彻底革新了传统工厂加工制造电力设备的生产方式，实现真正的现代化数字制造。基于数字孪生的理念，设备数字孪生工厂应具有物理工厂和虚拟工厂，两个工厂之间以数据和网络为媒介，实现双向映射与实时交互，最终实现对物理工厂的实时监测与闭环反馈控制。

在电力设备建设阶段，数字孪生工厂代表数字孪生技术扮演着关键角色。数字孪生工厂在工厂孪生数据的驱动下，以实现生产和管控的最优为目标。数字孪生工厂与数字孪生一样，同步进行以"虚映实、以虚控实"两个过程，"以虚映实"在此时体现为虚拟空间起到的对物理工厂的全方位、全要素实时监控作用，"以虚控实"体现为虚拟工厂内部进行实时仿真与预测，并将计算结果返回并作用于物理工厂。数字孪生工厂的应用如图 3－21 所示。

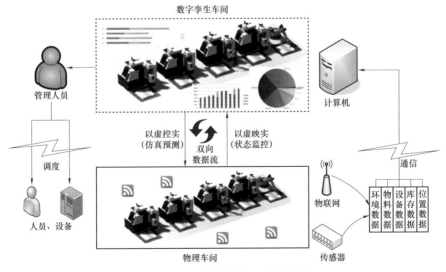

图 3－21　数字孪生工厂的应用

（1）以虚映实。数字孪生工厂起到的监控作用不同于传统的视频监控，虚拟工厂的超写实性决定了数字孪生工厂所提供信息的宽度与深度远远超越了传统监控摄像头；数字孪生工厂基于布置在工厂底层的传感器与物联网，能够将一切有价值的数据如生产资源位置、库存数量、设备状态、物料状态甚至温度、污染、气体信息以可视化的方式刻画在虚拟工厂中；而数据推送方式可任意定制化，如数值直接显示、二维图表、通过颜色代表参数等级等，当某项生产指标不在要求阈值之内，虚拟工厂将报警。除了通过物联网和传感器采集数据之外，数字孪生工厂还具有完备的数据仿真、分析、推送功能，能够挖掘某一时刻工厂深层的状态，有利于预防差错，确保工期之内完成生产任务。

（2）以虚控实。虚拟工厂兼具可操作性，管理人员可实时查看生产现状，并可通过虚拟工厂的界面直接向负责人发送消息，甚至根据安全要求可以拥有更高的权限直接控制设备的启停或调整其参数。此外数字孪生技术的运用使工厂资源调度不再是一个与现实有时差且基于假设的先验与计划行为，而是一个在线、实时、以实际情况为根据的智能调整过程。数字孪生工厂仍需继承传统离线仿真环境的架构与算法，但其驱动数据源的写实性和实时性规避了传统离线仿真仿而不真、时效性差的缺陷。

4. 运行阶段的数字孪生技术

电力设备在建设完成投入使用后，为保证数字孪生设备对实体设备的超写实性，需加强对通信层的建设，保证构建高速、稳定、安全的无线传输信道。数字孪生设备实时采集实体电力设备整体的运行环境因素和运行参数状态，对设备运行情况进行实时监视与模拟仿真，提高实体设备运行安全性、可靠性及运营效率。

电力设备运行阶段的数字孪生的另一重要意义在于对实体设备的故障预测与寿命管理。数字孪生电力设备具有研发、建设、维护等多维数据，结合实时动态数据对实体设备的性能、故障、寿命做出预测，并能够针对问题及时维修和技术改造：

（1）通过各传感器实时获得设备状态数据，结合运行环境变化及物理部件性能衰减特性，与设备性能模型结合构建自适应模型，实现对整个设备和部件性能的精准检测。

（2）在含有物理模型、工艺模型、仿真数据、性能模型的数字孪生电力设备中，结合电力设备维护、检修数据中的故障模式，建立故障模型，用于对设备整体和部件的故障诊断与故障预测。

（3）利用数据融合驱动的方法，将电力设备的历史运行数据与电力设备性能模型相结合，构建出设备整体及部件的性能预测模型，用以预测其性能和剩余寿命。

（4）将电力设备牵引、制动运行状态模型与局部线性化等模型融合应用，建立电力设备的控制优化模型，实现设备的控制性能寻优。

5. 维护阶段的数字孪生技术

在电力设备的维护阶段，物理电力设备的实例将组件信息发送给对应的数字孪生体实例，数字孪生体的实例则会自动响应物理电力设备的组件变更，如更新物料清单，以替换件代替原件。虚拟电力设备与实物电力设备始终保持一致，因此厂家可实时掌握售出电力设备的状态，也能方便而精确地获得电力设备的运行状态和用户对电力设备组件的管理情况等具有深度价值的服务信息。此时电力设备数字孪生体的实例联系着厂家与用户，厂家以维护电力设备为目的对电力设备进行跟踪监控；用户可实时上传使用问题至厂家维护部门，电力设备维护活动具有来自双方的驱动力和主动性。电力设备维护阶段的数字孪生如图 3－22 所示。

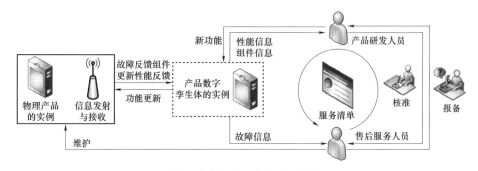

图 3－22　电力设备维护阶段的数字孪生

6. 退役处置阶段的数字孪生技术

数字孪生体的服务职能在电力设备的全生命周期中不断成长和增益，实体电力设备的报废不代表着电力设备数字孪生体的报废。电力设备数字孪生体将继续记录电力设备的报废数据、报废时间、各部件实际寿命等。该数字孪生体所包含的全生命周期内的所有数据、模型都成为电力设备孪生数据池的一部分，对同类型电力设备数字孪生体进行总结与归纳，可为下一代电力设备提供参考价值，服务于新电力设备的设计改进和设计创新，并为同类型电力设备的质量分析及预测、基于物理的电力设备仿真模型和分析模型的优化等提供数据支持。

》 3.7 数字孪生自学习泛化技术路线 《

以电力为核心的能源互联网包括多种能量生产、传输、存储和消费网络，结构复杂、设备繁多、技术庞杂，具有典型的非线性随机特征与多尺度动态特征，传统机理模型分析和优化控制方法已经难以满足能源互联网规划设计、监测分析和运行优化的要求；而数字孪生系统可提供为机理模型提供海量模拟的试验与评估环境，并结合数据驱动的方式，从态势预测、参数辨识、非线性拟合等方面对机理模型进行补充。数字孪生系统可通过智能实体开展仿真、计算、分析及决策等对物理系统进行反馈优化，最终实现可再生能源的高比例消纳及能源利用效率的提升，减少能源系统低碳、清洁、高效、经济运行，助力建成以新能源为主体的新型电力系统，促进"碳达峰、碳中和"目标的实现。

基于模型的数据推演功能，实现自主驱动的物理设备状态管理，包括通过事件触发实现设备自主缺陷诊断、基于物–物互动的电网设备集群化自主诊断以及基于电网运行状况的事件智能化处置功能。

3.7.1 基本概念以及技术发展

能源工业，尤其是拥有复杂热力系统的火力发电厂，热力系统复杂度不断提高，生产监测数据倍增，再加上复杂运行环境的动态变化，发电厂热力系统固有的高维度变化性、强相关非线性以及高噪声不完全性的问题，为机理的建模及数值求解提出了巨大的挑战，在线运行复杂热力系统设备的状态监测、异常检测、故障诊断、退化和寿命预测、系统健康管理、运行优化控制等方面，面临新的应用需求；同时，面对能源互联网系统本身的复杂性，传统的能源系统建模手段和优化控制方法已不足以满足能源互联网的应用需求。

智能电厂应具有自组织，自适应，自修复，自学习，自寻优等特征，完善了智能电厂的层次架构与对应特性，并提出最终以"智慧决策，人机协同，高效清洁，安全可靠"的目标。

近年来利用大数据分析可进一步提高人类的决策和控制能力，在新型人工智能系统的建模与仿真技术的相融合的基础上建模与仿真，在线化、泛在化成为可能，以此为基础发展起来的数字孪生技术可以实现模拟仿真，和现实世界建立永久的、实时的交互式联系，大数据、数字孪生背景下的建模与仿真将不再是离线的、孤立的存在，已经逐渐向在线的、实时的、泛化的仿真方向发展。

泛化是指模型很好地拟合以前未见过的新数据（从用于创建该模型的同一

分布中抽取）的能力。泛化力是指机器的模型仿真学习算法对未知数据的普适能力，学习的目的是找到隐藏在未知数据背后的规律，然后对同一规律学习集以外的数据，也能给出合适的输出。在实际情况中我们通常通过测试误差来判断学习算法的泛化力，若结果误差较大，则说明泛化力较弱，反之则较强。

过拟合（overfitting）指创建的模型与训练数据过于匹配，以至于模型无法根据新数据做出正确的预测。

3.7.2　数字孪生自泛化学习算法

在数字孪生模型的仿真过程中，方方面面都会用到各种算法。

在数字孪生模型的仿真过程中，提取巡视过程中的专人巡检路径，无论是巡检人员还是机器人，并将巡检人员或者机器人的路径进行优化。路径提取算法可以采用在 Unity3D 运用 C#代码实现。对于路径的优化问题，路径规划方法有：栅格法、可视图法、自由空间法、Floyd 算法等；目前常用的移动路径规划算法主要有粒子群（particle swarm optimization，PSO）算法、蚁群算法、模糊控制、遗传算法等。

1. 粒子群算法

粒子群算法的核心是利用群里个体数据的共享，让整个群体通过一个从无序到有序的演化的过程，因此获得问题的最优解。想象一下这个场景：一群鸟正在收集食物，远处有一片玉米地，鸟儿都不知道玉米地的位置，但是知道自己距离玉米地的距离，因此寻找玉米的最佳策略是探索距离玉米地最近的鸟群的区域。在粒子群算法中，每个优化问题的解都是一个称为"粒子"的鸟，在搜索空间中，每个粒子有一个位置向量和速度向量，而且可以通过种群中最优粒子的经验去学习，来确定下一次迭代如何调整自己速度和飞行方向，逐步迭代指导整个种群的粒子趋于最优解。

由于粒子群优化算法易于实现、程序简单易懂且可调参数少，自该算法被提出以来，就引起了学者们的关注与研究，并已应用于现实优化问题中。例如：非线性规划、同步发电机辨识、车辆路径、约束布局优化、新产品组合投入、广告优化、多目标优化等众多问题中。

粒子群算法有着许多优点能够很好地解决路径优化的问题，比如收敛速度快、参数设置简单容易等。

粒子群算法也存在一些缺陷，如早熟收敛、算法后期易陷入局部寻优。学者们为此做出大量的研究，对于传统的粒子群算法有几个不足，值得去优化：

（1）有限空间中，精度不够高，早期速度快，后期慢，搜索能力变差。

（2）此算法结果是保证局部最优，全局最优不可保证。

（3）需要设置几个重要参数，参数的数值很大程度影响结果的变化，差别会很大；上面情况会使粒子在迭代过程中会局部最优，或者在搜索到最优解之前提前结束。

2. 差分进化算法

差分进化算法最开始主要是为了解决数量优化问题，由于其结构简单、应用方便、收敛速度快、恢复能力强，被广泛应用于数据挖掘、模式识别、数字滤波器设计、人工神经网络、电磁学等领域，差分进化算法被证明是最快的进化算法。

该算法的基本思想是在一个随机产生的初始种群开始，通过把种群中任意两该算法的基本思想是在一个随机产生的初始种群开始，通过把种群中任意两个向量差与第三个个体求和产生新个体，然后和当前种群中相应的个体相比较，如果新个体的适应度优于当前个体，在将新个体去替代旧个体，否则保留旧个体；通过不断地进化，保留优良个体，淘汰劣质个体，引导搜索向最优解逼近。差分进化算法主要由变异、交叉、选择三个步骤组成。

3. 基于差分进化的改进粒子群算法

对于路径规划问题，可以将粒子群算法进行改进，并且再与差分进化算法结合起来，达到一种新的算法，去实现粒子群算法在后期容易收敛、搜索能力差的问题。

（1）粒子群算法的惯性权重改进。惯性权重应该是一个变化的函数，不能一直固定不变。算法初期，惯性权重较大，算法效率很高，全局搜索能力强，寻优速度较快，但是容易跳过全局最优的概率变大；到算法后期，惯性权重较小，算法的局部搜索能力变强，但是容易陷入局部最优。

通过一个指数函数来调整惯性权重，就可以随着次数增加，指数函数非线性减小，利用一个随机数生成器，matlab 中的 Betarnd，能够生成贝塔分布的随机数，就可以实现在算法后期，增加算法的全局搜索能力，减少陷入局部最优的可能性。

（2）差分进化的改进粒子群算法。差分进化算法和粒子群算法的差异在于产生下一代的方式不同，对于标准粒子群算法，通过自身的经验认知社会，以此来更新信息。对于标准 PSO 算法，前期具有多样性，收敛性很好，但是后期容易出现最优解现象，这种称之为早熟收敛现象；而差分进化算法，在其初始化、变异、交叉操作，再采取贪婪选择，决定保留当期解还是原始解。也采用两种算法混合方式，通过差分进化算法的选择最优解的方式，去解决粒子群算法在后期进入局部最佳而出现早熟收敛的情况。

3.7.3　数字孪生的数据融合的算法

随着近些年来制造业，军工、交通、电力等行业数字化的迅猛发展，数据融合在众多方面得到了广泛而深入的应用，特别是针对电力设备所反馈的各种数据，算法对于数据处理尤为重要。当前数据融合的应用多是在某一系统中融合多源数据信息，对此数据进行综合处理并进行深入研究。生产场景中，多源数据的来源多是传感器采集所得，正因如此，近些年传感器生产技术的快速发展以及各类传感器的陆续出现为数据融合技术提供了硬件保障。

由于系统中数据贯穿于整个系统的全部流程，而融合操作也同样可能应用在系统的不同处理层中。因此根据融合操作算法不同，数据融合方法可分为如下四类。

1. 基于参数估计的多源数据融合

基于参数估计的数据融合方法包括极大似然估计法、贝叶斯估计法以及多贝叶斯估计法，多以用于针对符合正态分布的随机数据进行融合的场景。由于多传感器采集得到的数据因环境因素影响多具有一定的随机扰动，应首先在理论上构建基本参数估计的数据融合算法，进而获得数据融合的公式，最后针对过滤了误差的观测数据展开融合计算。

2. 基于 D–S 证据理论的多源数据融合

基于 D–S 证据理论的数据融合方法是对贝叶斯估计进行了延伸，D–S 证据理论能够满足比贝叶斯估计更弱的条件，具有直接表达"不确定"和"不知道"的能力。信息融合时，将传感器采集的信息作为证据，在决策目标集上建立其基本可信度。证据推理在同一决策框架下，用 Dempster 合并规则将不同信息合并成统一的信息表示。

3. 基于神经网络的多源数据融合

理论上信息融合实质为不确定推理，基于模糊神经网络多源数据融合方法便应用这一原理，首先对选定的多源数据进行预处理并抽取特征信号，再将抽取出的特征信号进行归一化处理后用作训练样本输入神经网络进行训练，最终获取到能直接输出融合结果的神经网络。

4. 基于粗糙集理论的多源数据融合

使用基于粗糙集理论的融合方法为将每个传感器收集的数据视为等效类。使用粗糙集理论的简化和兼容性，可以分析传感器数据，消除兼容信息，并获得最小误差，更改核心，找到对决策有用的决策信息，并获得最快的融合。

3.7.4 数字孪生相关的优化算法随机梯度下降算法公式

1. 随机梯度下降算法

梯度下降算法（stochastic radient descent）是一种利用一阶梯度数据来进行参数更新，来完成最优化任务的算法。梯度下降算法一般包括三种：批量梯度下降算法、随机梯度下降算法以及小批量梯度下降算法。批量梯度下降算法指的是，在训练过程中，每一次迭代都使用所有数据来进行迭代，然后这种训练方式，在现今大数据的时代下，巨量数据无法一次全部载入内存，因此显得不实际。在这种前提下，人们开始考虑不使用所有的数据来进行训练，其中主要包括的就是小批量梯度下降算法和随机梯度下降，小批量梯度下降指的是每次训练迭代都使用——部分数据来进行训练；随机梯度下降指的是每次训练使用一个数据来进行训练。现在的深度学习算法中，主要使用的是小批量梯度下降算法，更多情况下被称为随机梯度下降算法，如下公式所示：

$$g_t = \nabla_{\theta_{t-1}} f(\theta_{t-1})$$
$$\Delta \theta_t = -\eta \times g_t$$

式中　　η——学习率；

g_t——梯度；

t——时间步；

θ——参数；

f——关于 θ 的函数。

小批量梯度下降算法每次迭代的参数修改量都是由当前批量的数据所指导。随机梯度下降算法对内存的要求相对较低，这个特性使得随机梯度下降算法的训练集可以无限拓展。

除此之外，一般情况下该算法具有稳定的收敛效果，配合超参数的精确调参，可以获得和其他优化算法相当的效果。但该算法的缺点也十分明显，那就是它的超参数，尤其是学习率，需要研究人员自行设定，学习率的选择往往是通过多次实验进行网格搜索而获得，该流程增加了算法实现的流程周期；同时，除非在模型中定性设置，否则被训练模型中的所有参数都应用同一个学习率，这意味着每一次迭代的梯度，其在某种程度上都是以类似的步长在调整，这种调整并不一定符合实际情况。

2. 动量优化算法

动量（Momentum）方法以历史调整方向来指导目前迭代的调整方向。使用动量算法的随机梯度下降预先记录了上一次迭代时参数的更新方向，并且用这种历史记录，来指导下一次更新，更加具体地说，动量算法对这次更新的梯度方向与上次的更新梯度方向进行了一个整合。动量算法具体公式如下：

$$m_t = \mu \times m_{t-1} + g_t$$
$$\Delta \theta_t = -\eta \times m_t$$

式中　μ——动量因子；

　　　m_t——表示走了前 t 步所积累的动量和；

　　　g_t——梯度；

　　　θ——参数；

　　　η——学习率。

动量项能够在有利方向加速梯度下降，减少振动的幅度，从而增加收敛速度。该算法具有以下的优点：

在训练初期，使用上一次参数更新来对目前的更新方向进行指导，使得下降方向基本保持一致，能够让损失函数尽快下降。

在训练中后期，当参数以及陷入局部最小值，并且进行微小震荡时，能够使得参数更新幅度增大，并且有一定概率跳出该局部极小值。

在训练过程中，当梯度方向进行大幅度变动时，能够抑制这种变动的幅度，从而使得更新量减少，保持训练的稳定性。

3. RMSprop 优化算法

RMSprop 算法同时是一种学习率能自适应调整的优化算法。从数学的角度来说，可以是在设定参数的情况下的 Adadelta 的一种。具体说来，考虑到 $\rho = 0.5$ 的情况下，有：

$$E\,|\,g^2\,|_t = \rho \times E\,|\,g^2\,|_{t-1} + (1-\rho) \times g_t^2$$

式中　$E\,|\,g^2\,|_t$——平方梯度的衰减平均值；

　　　ρ——与动量项相似的参数；

　　　g_t——梯度。

通过变换，可以得到如下操作：

$$RMS\,|\,g\,|_t = \sqrt{E\,|\,g^2\,|_t + \varepsilon}$$

式中　$E\,|\,g^2\,|_t$——平方梯度的衰减平均值；

　　　$RMS\,|\,g\,|_t$——均方根误差；

　　　ε——一个平滑项，可以避免被零除（通常是在 1×10^{-8}）的数量级上。

可以看到，这个操作就是一个求均方根的操作，并且进一步地，这个均方根项可以作为学习率的一个约束条件：

$$\Delta x_t = -\frac{\eta}{RMS\,|g|_t} \times g_t$$

式中　　η ——学习率；

$RMS\,|g|_t$ ——均方根误差；

　　g_t ——梯度。

该算法仍然需要一个初始的学习率，并且这个初始的学习率会影响最终结果；同时相比较前面的优化算法，该算法在非平稳任务中能够有更加好的表现，这些任务就包括 RNN 等模型。

4. Adam 优化算法

Adam 算法引入了每次训练迭代中的一阶矩阵模拟和二阶矩阵模拟计算，并通过这两项来动态设定每个参数自身的学习率。Adam 算法是在 RMSprop 算法中加入了动量项的一种优化方法，通过加入了的这个动量项，Adam 算法能够适当调整训练过程中，迭代时网络中各个参数的学习率的范围，准确地说，是将各个参数的学习率控制在某个区间中，于是参数不容易突然发生变化，因此训练过程会更加稳定，收敛速度也相应变快。

3.7.5 电力行业数字孪生的自泛化学习模式

1. 基于度量的元学习

度量学习旨在学习对象上的度量或距离函数。基于度量的元学习是度量学习在元学习领域的一个扩展。具体来说，其主要学习一个从输入 x 到特征 z 的嵌入映射函数 f，然后使用它来计算任务之间的相似性度量。嵌入映射函数 f 主要是将高维输入 x 降维至容易度量的低维空间，然后从注意力块、查询输入与每个类的原型之间的距离或复杂的相似性分数输出其相似性度量；嵌入映射函数和相似性度量的选择则会影响这些方法的性能。在基于监督的度量学习中，模型可以访问一组数据点，每个数据点都属于一个类（标签），和在标准分类问题中一样；而度量学习的目标是学习一个映射函数或者一个距离度量，将具有相同标签的点放在一起，同时将具有不同标签的点分开。度量学习背后的假设是学习到的嵌入可被推广到用于测量未知类别图像之间的距离。

2. 基于模型的元学习

基于模型的元学习是指一系列使用额外记忆存储来促进神经网络的学习过程的方法，具有增强记忆容量的架构，例如神经图灵机和内存网络，可以轻松地记忆以及快速合并新信息。因此，基于模型的元学习可以利用显式的存储缓冲区，帮助其通过少量的训练步骤快速更新参数，从而实现快速编码和检索新

信息的能力，这大幅度地缓解了深度学习需要大量样本进行低效学习的问题。这种快速的参数更新可以通过其内部架构来实现，也可以由另一个元学习器模型控制。基于模型的元学习对概率分布 $P_\theta(y|x)$ 不做任何形式的假设。

3. 基于优化的元学习

通过梯度的反向传播进行学习这一优化模式，深度学习在有大量标记数据的各种任务中取得了巨大成功。这些成就依赖于这样一个事实，即这些深度、高容量模型的优化需要利用许多标记示例进行多次迭代更新；然而，这种类型的优化模式在小数据机制中并没有什么效果。面对很少的标记数据，基于梯度的优化失败似乎有两个主要原因：首先，基于梯度的优化算法及其变体，例如动量（momentum）、Adagrad 和 ADAM 都不是专门为有数量约束限制的更新而设计，特别是当应用于非凸优化（例如，深度神经网络）问题时，这些算法对收敛速度并没有很强的保证，往往需要经过数百万次的迭代，最终才会收敛到一个好的解决方案；其次，对于每个单独的数据集，神经网络都必须从其随机初始化的参数开始训练，这大大降低了神经网络在几次更新后就收敛到良好解决方案的可能性。因此，这种优化模式既能应付少量的训练样本，也能在少量的优化步骤内收敛。

4. 贝叶斯元学习

在小样本学习问题中，必须面对的一个关键问题是任务模糊性：即使有最好的先验，但是新任务的样本中也可能根本就没有足够信息让模型能够高度确定地解决该任务。在安全关键的应用中，例如小样本医学图像分类，不确定性对于确定是否应该信任学习的分类器至关重要。因此，非常需要开发可以为模糊的小样本学习问题提供不确定性评估（通过测量样本之间的一致性）解决方案的方法，从而执行主动学习或引发对哪个样本更可取的直接人工监督。因此，将贝叶斯思想引入小样本元学习框架，以提供预测标签和感兴趣参数的不确定性估计，是一个自然而然的选择。在贝叶斯框架下，元参数 θ 和特定任务的参数 ϕ 都被视为随机变量，更新元参数和特定任务的参数就等于更新这两个随机变量所对应的分布；从分布及其对应的采样中，可以看到参数值位于哪个区域的概率最高，从而了解该参数包含多少不确定性。

3.7.6 电力行业数字孪生的自泛化学习能力

目前为止已经有充分的研究证据表明，大部分模型对环境参数非常敏感，而电力世界的复杂性，导致模型部署应用于现实场景时，不可避免地会受到各种因素的扰动影响，因此，如何提升强化学习模型的泛化能力是一个重要的问题。

在这一类问题的研究中，一个最重要的基础问题在于如何在强化学习的背景下定义泛化能力。在监督学习中，往往假设训练集与测试集中的数据都满足独立同分布的性质，在此前提下的泛化能力，指的是模型在有限的训练样本中学习数据背后的规律，并推广至训练集以外样本的能力，这种泛化能力已经在传统机器学习领域得到了充分的研究。相比之下，强化学习本身的目标是最大化期望收益，只有在模型与环境交互的时候才会产生训练数据，同一次仿真过程中得到的样本之间存在条件依赖关系，因此强化学习中泛化能力的本质不在于数据本身，而在于模型与环境交互的过程中，模型隐式地学习环境背后的状态转移概率的能力。

1. 基于神经网络集成的数字孪生的泛化能力

泛化能力是指神经网络对新鲜样本的适应能力，经过训练的网络对于不是样本集的输入也能给出合适的输出；或者定义为，学习的目的是学到隐含在数据背后的规律，对具有同一规律的学习集以外的数据，该神经网络仍具有正确的响应能力，称为泛化能力。

人工神经网络技术以其诸多显著优点，如非线性建模能力、强大的自学习能力、容错能力和自适应能力，受到青睐而被广泛地应用到科学研究和工程技术领域，并取得了很好的效果。神经网络本质上是一种工具，而使用这种工具一定是为了完成某项任务，即该工具一定要具有实用性。

在神经网络中，泛化能力（也称为推广能力）是研究者关注的重点之一。泛化能力指的是神经网络在面对非训练样本时仍能正确地建立输入与输出之间的关系。实际应用中，人们关注的不仅是网络对已知样本的拟合能力，更关注网络对未知样本（即非训练样本）的适应能力，这使得神经网络的泛化能力成为至关重要的因素。泛化能力可以理解为网络对系统的适应能力，网络对系统的适应程度越高，网络在未见过的样本上反映出的输入输出关系就越准确。相反，如果网络具有较强的泛化能力，即能正确地捕捉样本集中未见过样本的输入输出关系，那么网络对系统的适应程度就会更高。

在实际应用中，由于输入与输出之间的函数关系通常是未知的，人们只能通过对有限已知样本的输入输出关系进行拟合，以此来近似未知数据的拟合。因此，没有泛化能力的神经网络是没有实用价值的。正因为泛化能力的重要性，泛化问题已成为近年来国际上广受关注的理论问题。神经网络集成是用有限个神经网络对同一个问题进行学习，集成在某输入示例下的输出由构成集成的各神经网络在该示例下的输出共同决定。典型的神经网络集成构造方法主要分两步执行：首先训练一批神经网络，然后对这些网络的输出结论以某种方式进行结合，构成神经网络集成。Krogh 等通过理论研究发现，组成神经网络集成的各个体网络差异越大，集成的泛化能力越强，集成的效果越好。

对泛化理论常常考虑哪些因素影响神经网络的泛化能力以及这些因素是如何影响神经网络泛化能力的，主要有以下几个方面：

（1）结构复杂性和样本复杂性对神经网络泛化能力的影响。神经网络的结构复杂性是指神经网络的规模或容量，对线性阈值神经网络来说是指神经网络函数类的 VC 维数，对函数逼近神经网络来说则可用权参数和隐节点数目来衡量；样本复杂性（sample complexity）是指训练某一固定结构神经网络所需的样本数。结构复杂性和样本复杂性对泛化能力的影响问题在泛化理论中得到了最多的研究，也获得了许多定量的成果。所研究的神经网络类型也涵盖了多种最常见的前向网络，如线性阈值神经网络和函数逼近神经网络（包括 RBF 网络）。

（2）样本质量。样本质量指训练样本分布反映总体分布的程度，或者说整个训练样本集所提供的信息量。尽管样本质量对神经网络的泛化能力有相当大的影响，但定量分析样本质量对泛化能力的影响却是一个非常困难的课题。但 Partridge 对用于分类的三层 BP 神经网络的研究发现，训练集对泛化能力的影响甚至超过网络结构（隐节点数）对泛化能力的影响。采用主动学习（active learning）机制（选择采样），改进训练样本质量，也是改善神经网络泛化能力的一个重要方法。

（3）先验知识。给定一组样本，欲求得样本后面的"目标规则"，其解将有无穷多个，而先验知识实际上是对所学习的目标规则所做的一些合理的假定。

使用先验知识，相当于对模型的参数维数加以限制，从而使模型更靠近"目标规则"所在的区域，事实上，加入先验知识相当于减小了神经网络函数类的 VC 维数。

（4）初始权值。许多人发现，BP 算法对初始权值极为敏感，在只有初始权值不同的情况下进行训练，将得到不同泛化性能的神经网络。

（5）学习时间。神经网络的学习时间指神经网络的训练次数。过多的训练无疑会增加神经网络的训练时间，但更重要的是会使神经网络拟合数据中的噪声信号，产生所谓的过学习（over learning），从而影响神经网络的泛化能力。

神经网络的泛化方法中，研究最多的是神经网络的结构设计方法，包括剪枝算法、构造算法及进化算法等。除了结构设计，其余泛化方法还有主动学习、最优停止、在数据中插入噪声、表决网及提示学习方法等。

（1）结构设计方法：无论是线性阈值神经网络，还是函数逼近神经网络，给定一组训练样本，都存在同样本复杂性匹配的最小结构神经网络，该结构下的神经网络将有最好的泛化能力。主要的结构设计方法有剪枝方法、构造方法、进化方法和信息论方法等，其基本思路都是通过调整神经网络的权值或隐节点数目，实现结构复杂性与样本复杂性的最佳匹配。

（2）主动学习：由于训练样本质量对神经网络的泛化能力有极大影响，在每次采样代价较大时采用主动学习方法，是改进神经网络泛化能力的一个重要方法。主动学习通过对输入区域加以限制，有目的地在冗余信息较少的输入区域进行采样，从而提高了整个训练样本集的质量，改善了神经网络的泛化能力。目前的主动学习机制大部分用于分类或概念学习。

（3）在样本输入中添加随机噪声：在样本输入中添加随机噪声，也是改善神经网络泛化能力的一种有效方法，在噪声方差较小时，Bishop 已经证明，在样本输入中添加噪声，等价于神经网络结构设计的正则化方法，而正则化系数与噪声方差有关。事实上，当训练数据被循环地作为网络的输入时，由于每次添加的噪声不同，结果是一方面相当于增加了训练样本的数量，另一方面迫使神经网络不能精确地拟合训练数据，从而使噪声起到平滑作用，防止了过度拟合。

（4）最优停止法：考虑在适当的时间停止学习，即当神经网络的泛化误差达到最小时停止学习，也是改进神经网络泛化能力的重要方法。

2. 基于无监督元学习的数字孪生泛化能力

元学习［例如：模型无关的元学习（MAML）］，只需少量样本即可快速适应新环境和新技能。由于这种强大的泛化能力，元学习经常被引入推荐系统中用以处理数据稀疏和冷启动问题。通常，元学习推荐系统将单一用户的偏好视为元学习任务，这样可以从元训练任务（现有用户或项目）中学习模型的初始化权重，并通过很少的交互样本快速地适应冷启动元测试任务。虽然元学习推荐系统可以有效处理数据稀疏和冷启动问题，但很容易遇到元过拟合问题并导致性能不佳。

元过拟合问题包括两种形式：记忆过拟合和元学习器（meta-leaner）过拟合。记忆过拟合是指模型过拟合至非互斥的元训练任务，从而不能很好地适应新的任务。在小样本分类问题中，同一个类在不同任务中被分配到不同标签，这些任务被称为互斥任务；反之，同一个类在不同的任务中都具有同样的标签，或者一个类只对应一个任务，此类任务就被称为非互斥任务。在非互斥任务中，元学习会记住一个类对应及其对应的标签，而不是关注分类问题本身（即学会如何学习该问题），从而导致记忆过拟合，并失去了对新任务的泛化能力；然而，现有的元学习推荐系统，例如元学习用户偏好估计器（MeLU），都是直接从真实交互数据构建非互斥的任务，而没有为相同的用户 – 项目对分配不同的评分以构建互斥任务，这会导致严重的记忆过拟合。元学习器过拟合是指模型过拟合到任务数量不足的元训练集，从而不能泛化至新任务中，这与监督学习中由于样本过少导致的过拟合问题类似。如此一来，只要能缓解这两种形式的元过拟合问题，元学习推荐系统在数据稀疏和冷启动问题上将会展现出显著的性能提升。

为此，提出了一种基于跨域元增强的内容感知推荐（cross-domain meta-augmentation method for content-aware recommendation，MetaCAR）方法。MetaCAR 通过元增强的方式生成互斥的任务以缓解记忆和元学习器过拟合问题。在小样本分类问题中，可以通过随机打乱 one-hot 标签来生成互斥的任务，但是在推荐系统中，评分和用户 – 项目对有很强的联系，随机分配不同的评分可能会导致无意义的结果。为了在有意义的先验（更接近于真实数据分布）的和更强的互斥区分性之间进行权衡，MetaCAR 采用了一种简单但有效的策略，即只考虑学习领域共享的属性以保证所学习到的先验有意义，并丢弃可能导致先验与真实数据分布过于接近的领域特定属性。为此，MetaCAR 首先在元增强阶段采用内容感知跨域组件从源域和目标域之间的共享用户中学习先验知识；然后，MetaCAR 利用来自目标域的已有的（观察到的）用户 – 项目对的内容信息，结合先验知识来生成对目标域有意义但和真实评分有区别的合理增强评分数据。这样，互斥的任务就可以从增强和真实的评分中构建。

与通过学习域适应模型来传输数据分布的跨域方法相比，MetaCAR 通过生成的数据来传输数据模式。此外，主要目标也不同：其他跨域方法主要侧重于更好的领域适应，MetaCAR 侧重于领域适应和与可区分的先验知识之间的权衡。为了更好地域适应，其他方法关注如何更好地同时学习域共享属性和域特定属性；而为了更好地构建互斥任务，MetaCAR 更关注域共享属性，并丢弃域特定属性。MetaCAR 的这一目标降低了学习的难度。

在基于内容的方法中，内容被认为是提供额外和精确的信息来描述用户和项目，但是，基于内容的方法常常困扰于内容和评分之间的差距。与这些方法不同的是，MetaCAR 不仅考虑了内容信息，还合理地利用了内容和评分之间的差距。这种差距会让模型生成更具备区分性的评分，以创建更好的互斥性。

与直接从历史数据构建任务的元学习推荐系统相比，MetaCAR 通过基于先验的元增强过程生成与历史数据有区分的增强数据，并利用历史数据和元增强数据来构建互斥的训练任务集，从而更好地应对元过拟合问题。与其他基于元学习的方法（例如本章实验中的 MeLU）相比，MetaCAR 显示出大幅度的性能优势。

相比而言，其他的传统数据增强方法必须确保合理评分的正确性，即合理评分必须接近真实评分，而元增强更关心增强评分和真实评分之间的差异。此外，使用合理的增强评分构建的任务增加了覆盖新任务（新用户或项目）的数据分布的可能性；再者由于训练任务数量的增加，MetaCAR 减轻了元学习器过拟合问题。MetaCAR 简单且易于实现，再加上上述因素，可以很容易地推广到其他元学习推荐系统中。

3. 基于连续控制强化学习的数字孪生泛化能力

强化学习泛化能力的定义启发于监督学习中泛化能力的直觉。对基于深度学习模型的监督学习任务而言，参数空间内的损失函数往往具有高维、非凸的性质，存在多个局部最优解，其中拥有较高曲率的最优解往往被认为泛化能力较差，因为较高的曲率意味着深度学习模型学习到了过于复杂的数据表示，参数空间的微小扰动就足以使得模型输出发生剧烈的变化；反之，若最优解附近的损失函数曲面较平坦，则认为该最优解拥有较好的泛化能力。在监督学习中，一个合理定义的正则项可以有效地约束模型学习的函数空间，避免模型收敛至较差的局部最优解。

在传统的鲁棒性马尔可夫决策过程（markov decision processes，MDP）设定中，环境的状态转移含有一定的不确定性；而在连续控制任务中，这种不确定性往往来源于连续空间中的客观估计误差，或现实世界无法被准确建模的微小干扰。当环境动态包含不确定性时，在具有较高不稳定性的状态下进行策略提升会削弱模型对不同环境的泛化能力。

近年来，对抗学习的兴起为该问题提出了一种可能的解决方案。对抗学习的思想来源于博弈论中的极大极小优化，往往在原始的经验风险最小化目标函数上构造最大化的对抗目标，迫使模型对最坏情况的样本集合进行优化，从而使得模型具备更强的鲁棒性或泛化能力。例如在投影梯度下降（projected gradient descent，PGD）的对抗训练过程中，对抗样本可以通过最大化对抗目标而从普通样本集合中生成，将对抗样本加入训练集训练可以显著提高模型对于输入空间微小扰动的鲁棒性。同样地，对于强化学习，也可以通过优化模型对于最差情况下的期望收益来得到具有对各种微小扰动具有鲁棒性的模型，这种优化方法可以对强化模型起到很强的正则化效果，从而得到更强的泛化性能。

近来，强化学习中的泛化能力问题正在逐渐得到越来越多的关注，无论是在理论层面还是实践层面，越来越多的研究者们已经在不同的应用场景下发现了强化学习在泛化能力问题上的局限性。相较于监督学习，由于强化学习本身数学结构的复杂性，以及深度学习模型的复杂性与不可解释性，强化学习想要克服鲁棒性与泛化能力的问题还有很长的路要走。

3.7.7　电力行业数字孪生的自泛化学习迭代

1. 基于贝叶斯智能模型学习的策略迭代

针对传统的强化学习算法，由于环境模型的未知性而导致算法收敛效率下降，从而引出对环境模型未知性的估计以及学习环境模型未知参数。然而，在环境模型学习的过程中，同样会遇到模型学习效率低下的问题，如 BOSS 算法，该算法基于确定的学习次数来学习环境模型，既难以设定学习次数，又避免不了初期模型学习非充分性的缺陷，因此，基于贝叶斯智能模型学习的策略迭代算法可以解决上述问题。

利用狄利克雷（Dirichlet）分布方差最小原则，动态性地控制模型学习的次数，使得模型学习次数逐步递减；在策略迭代部分，为值函数计算增加动作探索激励项，鼓励在算法学习初期选择探索动作，保证算法收敛到最优策略，同时有助于模型充分学习。

2. 基于动作值函数概率估计的异步策略迭代

利用概率分布对动作值函数（标准正态分布的右尾函数）进行建模，并结合贝叶斯推理求解值函数后验分布，提高值函数估计的精确性。在策略迭代方法中，由于值函数是概率估计，可以基于信息价值增益进行策略改进，更为高效地解决探索与利用的平衡问题。此外，在策略评估部分，利用高斯伽玛分布均值变化的差异动态地更新分布参数，提高算法运行效率。

该迭代算法主要分为两部分：策略评估和策略改进。在策略评估部分，利用高斯伽玛分布表示右尾函数，然后依据高斯分布和伽玛分布的性质，给出右尾函数值概率分布参数的更新公式，并且在算法分析部分给出相关定理证明。此外，策略评估更新方法采用异步更新方法，尽量更新与策略相关的状态动作对的高斯伽玛分布，在解决大状态空间获得较好的实验效果；在策略改进部分，选择最优动作，既保证动作选择的探索性，又避免人为设定探索因子带来的弊端。

3. 基于高斯过程时间差分的在线策略迭代

高斯过程是强化学习领域中逼近连续状态空间的一种重要方法，借助高斯过程对连续状态空间下动作值函数进行建模，并基于时间差分公式构建概率生成模型，利用贝叶斯推理求解值函数后验分布；同时，在算法执行过程中，基于 Myopic-VPI 方法指导动作选择，在一定程度上解决探索与利用的平衡问题；在线学习方法可以及时改进策略并基于最新策略进行评估及在线采样，有助于提高算法收敛速度。

该方法主要是利用高斯过程对连续状态空间下动作值函数进行建模，结合时间差分计算公式，依据贝叶斯推理，求解值函数参数的后验分布，提高预测的精确性。在算法学习过程中，通过求解动作的 VPI 与其动作值函数的期望值选择相应的最优动作，解决学习过程中探索与利用的平衡问题；同时，利用在线学习算法及时评估改进后策略的特性提高算法的收敛速度。

≫ 3.8 数字孪生与边端云交互技术路线 ≪

3.8.1 数字孪生和云边交互技术的关联

电力行业数字孪生引入云边交互技术的必要性。边缘侧电力设备的状态感知如图 3–23 所示。

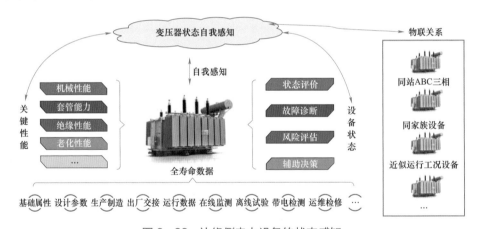

图 3–23 边缘侧电力设备的状态感知

以变电站为例，虽然站内可以测得各类设备的重要参数数据，但这些数据之间无法互通，工作人员只能对单一数据进行分析，这导致给出的分析结果比较片面且漏报、误报率高；传感器状态诊断与分析都是在中心侧系统进行，传输数据量大且计算复杂，时效性不高；站内巡检巡视的侧重点与传感器状态的关联性不强，无法及时、全面地掌握传感器运行状态。

传感器状态诊断与分析都是重点与传感器状态的关联性不强，无法及时全面地掌握传感器运行状态，可利用边缘计算实现就地的多源数据综合分析得到初步的分析结果（如告警信息，状态信息，计算数据等），将这些结果通过特定的网络层上传到云平台并随时接收云平台的指令（云边协同的体现）；并且可以利用数字孪生技术，在边缘侧建立设备运行状态模型。该模型可以实时更新自我状态和全寿命数据，实时、准确、全面地描述设备运行状态，起到了数据源的作用，减少了收集设备数据的成本。

数字孪生在边缘侧的模型化和数据收集方面具有重要作用。通过数字孪生，不需要完全收集原始数据，可以代替部分数据收集工作。数字孪生的产生数据源的作用十分关键。

在进行边缘诊断之后，需要在云平台上进行对比通信和对比分析。云平台拥有更全面的数据信息（云服务），并且可以在云上运行设备影子。设备影子在云上进行计算，提供智能终端的功能。无论是来自不同厂家还是使用年限不同的设备，都可以通过设备影子在云平台上进行标准化的操作和分析。

3.8.2　数字孪生与边端云交互技术路线

智慧能源系统包含了众多领域的物理设备，数据采集向多样化发展，且数据量呈指数级增长。常规的数据服务平台已无法满足对数据进行快速准确处理的要求，亟须构建云端－边缘端协同的数字孪生服务平台。边缘端需要利用智能设备进行一部分本地计算，云端则要求将各设备的数据整合后进行运算；通过建立"数据链"、通用算法库和模型库，实现多源异构数据分析任务的高效协同分工，从而为数字孪生的应用奠定基础。"数据链"中设备数据的采集、传输和分析如图 3－24 所示。

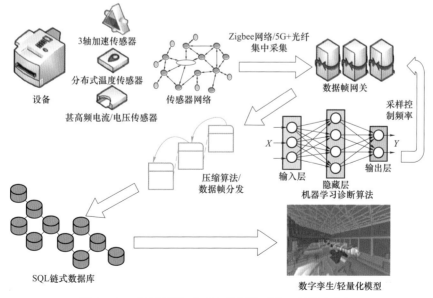

图 3－24　"数据链"中设备数据的采集、传输和分析

1. 数字孪生的"数据链"设计

智慧能源系统各个设备组件的设计结构、制造工艺、性能参数、运行参数等，对系统运行服务均会产生影响。基于数据采集、传输、分析和输出的全过程"数据链"设计，需要挖掘"数据链"与全生命周期过程的映射关系，通过研究"数据链"与设计云、生产云、知识云、检测云、服务云中的实体与虚体关联关系，利用数据库和机器学习智能算法，形成全生命周期"数据链"的描述与设计方法。图3-24给出了"数据链"中设备数据的采集、传输和分析的过程，用于实现数据的纵向贯通和知识的闭环精准交互。

2. 云端和边缘端服务的通用智能算法库

建立精确、可动态拓展的云端和边缘端服务的智能算法库，以加快智慧能源系统分布式计算的速度，实现对网络、计算、存储等计算机资源的高效利用。该算法库是一个体系合理、测试完整且验证充分的智慧能源系统通用智能算法库，包括数据清洗算法子库、性能退化特征提取算法子库和状态趋势预测算法子库等。尤为核心的是，基于边缘端-云端协同体系的专业算法应用部署，可实现专业算法的实例化验证和迭代生长。

3. 智慧能源系统设备的通用精细化模型库

智慧能源系统设备的精细化模型库将有助于实现对模型的精细化和个性化建模。构建云端-边缘端的数据交互机制，为数字孪生模型提供所要求的数据及交互接口，实现数据的纵向贯通；研究云端和边缘端多维数据约简合并技术，设计复杂事件处理引擎，开发能源系统模型库，实现服务的横向融合。数字孪生的云边交互技术架构如图3-25所示。

（1）首先利用各种传感器和其他方法收集设备的状态信息，然后利用边缘计算实现就地的多源数据综合分析得到初步的分析结果（如告警信息，状态信息，计算数据等），将这些结果通过特定的网络层上传到云平台并随时接收云平台的指令（云边协同的体现）。并且可以利用数字孪生技术，在边缘侧建立设备运行状态模型。该模型可以实时更新自我状态和全寿命数据，实时、准确、全面地描述设备运行状态，起到了数据源的作用，减少了收集设备数据的成本。

（2）云平台通过收集设备台账数据、历史运行数据、实时状态监测数据、运行环境数据等数据，通过数字孪生技术建立设备故障专家库。云平台通过边缘端上传的信息，利用阈值判断、变化趋势判断及同类同型横向比较等方式，初步判断设备状态量是否存在异常；当状态量异常时，应用设备故障专家库对设备状态进行全面诊断分析，判断设备是否存在缺陷，并诊断缺陷类型和严重程度。

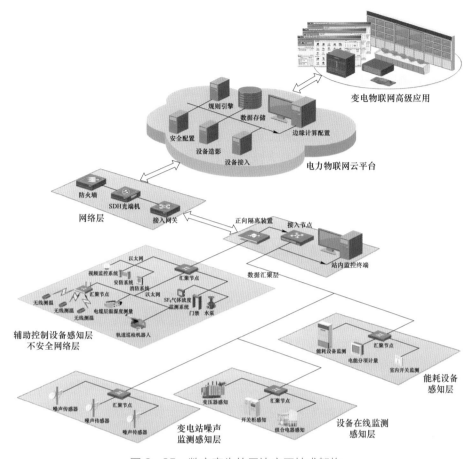

图 3-25　数字孪生的云边交互技术架构

（3）对于存在缺陷的设备，云平台会向边缘端发送指令，要求边缘端重点关注存在缺陷的设备，如实时上报状态监测数据，调用摄像头、站内机器人加强巡视，启动重症监护模式等（云边协同的体现）；同时云平台会结合设备故障专家库向管理员推送运维决策信息（包括现场检查、人员组织、主辅设备应急操作、联系汇报、保障人身和设备安全注意事项在内的各种应急处理措施及顺序的典型故障应急处理参考方案等），通知辅助工作人员进行故障应急处理，应急处理后形成的决策案例汇入设备故障专家库。

⨠ 3.9　网络信息安全技术路线 ⨞

为了推动电力工业信息安全防御模式从静态的被动防御向主动防御的转变，针对面向主动防御的数字孪生系统信息安全建设，提出了以下 4 类关键技术：① 基于云边协同的安全数据交互及协同防御技术：通过云和边缘协同工作，实现安全数据的交互和协同防御，提高整体的安全性。② 基于仿生学的平行数字孪生系统主动防御技术：利用仿生学原理，构建平行数字孪生系统，实现主动防御的能力，提前应对潜在的安全威胁。③ 仿生的平行数字孪生系统安全态势感知技术：通过仿生学的思想，开发安全态势感知技术，实时监测和识别潜在的安全威胁，为系统提供准确的安全状态信息。④ 基于 AI 的数字孪生系统的反攻击智能识别技术：利用人工智能技术，开发反攻击智能识别技术，通过学习和分析攻击行为特征，实现对攻击的及时识别和防御。

此外，还提出了基于底层分类模块的多模型检测技术，通过智慧能源系统终端传输的多源传感信息，提升 AI 算法对量测信息攻击行为特征的挖掘能力，并增强模型的泛化能力。通过构建底层增量式分类器库和分类结果集成输出模块，精准检测数据完整性攻击。针对智慧能源系统，还进行了构建与数据完整性攻击相关的特征属性集挖掘，包括时空耦合的物理特征。针对智能终端传输的包含多源异构信息的网络数据，研发了基于 AI 的特征提取算法，并动态优化选取与数据完整性攻击相关的最优特征属性集，进而提取深层次模型特征。这些技术的应用有助于提升数字孪生系统在电力工业信息安全防御中的效能和可靠性。建立安全风险评估准入机制，基于 AI、统计学和信息论的方法，建立安全风险评估准入机制；对接入智慧能源系统的各子系统进行大数据分析，对各子系统的信息安全进行风险量化；当子系统的风险数值高于某个设定的阈值时，限制该子系统的准入，从而实现基于安全风险评估的访问控制。

3.9.1 安全防护要求

1. 终端防护要求

"端"是指部署在物联网感知层本地网络中的传感终端，对应终端防护层。

传感终端无线或有线接入边缘物联代理，应实现身份认证；基于密码技术进行设备或终端安全接入时，身份认证和通信加解密保护功能应采用由公司统一密码服务平台提供的密钥和数字证书（包括通信和业务安全）；传感终端等各类感知层终端应遵循专网专用原则。各专业的融合终端如果直接接入物联管理平台，同边缘物理代理安全要求，其中，涉控终端还应对传输数据进行加密，宜具备监测自身软硬件安全运行状态能力，有条件的宜集成硬件安全密码芯片/TF 卡/UKey。

2. 接入防护要求

"管"是指各类远程通信网络，对应安全防护层级为接入防护层，为"云"

"边""端"数据提供数据传输的通道，承载多项业务数据传输，主要由安全设备、网络设备组成，接入主要包括一般类业务接入和涉控类业务接入。

一般类业务接入安全防护要求：有线接入管理信息大区采用南向身份认证安全策略；无线接入管理信息大区应采用北向身份认证和数据加密、北向网络隔离、南向身份认证等安全策略。

涉控类业务接入安全防护要求：有线接入管理信息大区应采用南向身份认证、南向数据加密本体安全和安全监测等安全策略；无线接入管理信息大区应采用北向身份认证和数据加密、北向网络隔离、南向身份认证、南向数据加密本体安全和安全监测等安全策略。

3. 边缘物联代理要求

"边"是指部署在区域现场具备边缘计算能力的智能设备，即边缘物联代理。

基本安全防护要求：边缘物联代理（感知层终端）应遵循专网专用原则，避免不同区域共用 APN 专网或单一终端跨接不同区域而造成大区间隔离体系被破坏。

边缘物联代理本地控制安全要求：边缘物联代理控制南向终端时，边缘物联代理到终端侧可基于数字证书技术实现终端安全身份的确认，并通过应用层业务证书实现对涉控指令或策略文件的加密；涉控边缘物联代理接入公司互联网大区时，应部署统一安全接入套件，通过物联安全接入网关（高端型）基于国密 SSL/SSAL 协议安全接入。

边缘物联代理自身安全防护要求：边缘物联代理通过无线方式接入公司管理信息大区时，应部署统一安全接入套件，通过物联安全接入网关（高端型）和信息安全网络隔离装置（网闸型）基于国密 SSL/SSAL 协议安全接入。边缘物联代理等电力专用终端，尤其在高并发场景下宜采用电力专用 SSAL 协议接入；视频摄像头、机器人、移动作业终端等通用设备宜采用国密 SSL 协议接入。

4. 平台防护要求

"云"是指部署在云端的物联管理平台及其支撑的上层应用，对应安全防护层级为平台防护层。

主站侧远程集中控制安全要求：主站侧远方集中控制业务对于直接控制指令和控制策略批量下发的安全要求相同。对于控制方要采用严格的身份认证如数字证书技术，确保操作人员身份合法性，除网络层通过安全接入网关保障远程控制通信通道安全外，应用层应通过业务证书对控制指令或控制策略文件进行加密保护；被控方也需要通过接入的合法身份确认，同时具备对控制指令或控制策略文件的加解密能力。

5. 数据安全防护要求

数据安全应遵循 GB/T 35273—2020《信息安全技术　个人信息安全规范》、GB/T 22080—2016《信息技术　安全技术　信息安全管理体系　要求》、GB/T 35274—2017《信息安全技术　大数据服务安全能力要求》、Q/GDW 1594《国家电网公司管理信息系统安全防护技术要求》、Q/GDW 11416《国家电网公司商业秘密安全保密技术规范》等数据防护要求。

（1）数据分级：应对数据进行分级，明确本专业商密数据、企业重要数据、一般数据的范围，并严格遵循数据级别进行适度防护；商密数据应遵照 Q/GDW 11416 进行防护；企业重要数据应进行全生命周期安全防护，数据在对外提供、公开发布、跨域传输等环节中应采取数据内容加密、数据脱敏等技术措施；一般数据可根据各专业部门、各单位自身情况采取相对灵活的防护措施。

（2）数据传输与存储：新建系统应采用公司统一的密码基础设施发放的密钥或证书进行加密传输或存储；数据需要跨境、出境传输时，应征询法律部门意见后方可开展相关工作；在互联网大区部署应用数据库的业务系统，应进行备案并开展安全性检查。

（3）数据访问与使用：应基于数据中台，进行数据在线查询和应用，并对不同的访问主体实施相应控制措施；属于数据共享负面清单的应按照数据使用审批程序进行授权办理。

3.9.2　安全防护技术

电力行业数字孪生将充分利用小微传感器、边缘计算、电力物联网、人工智能和大数据挖掘等技术手段，构建具备云－边协同、海量数据处理、数据驱动分析及高度智能化决策等能力的数字电网平台。为了阻止外部组织和内部网络的攻击，避免造成网络数据泄漏或信息传输中断。现介绍数字孪生系统安全防护关键技术，列举如下：

1. 终端设备安全防护技术

（1）终端设备状态感知和监测预警技术：终端设备作为数字孪生系统的执行单位，在长期运行中面临高速、高温、大负载和冲击等恶劣工况，故障不可避免。如果潜在故障不能及时发现，将导致故障进一步恶化。为了保障设备安全，需要利用态势感知与监测预警技术。态势感知与监测预警利用数据处理、信号分析、机器学习和概率统计等技术和方法，从数据中挖掘早期特征，时刻感知数字孪生系统中设备的状态。在出现早期故障迹象时，及时发出预警，以防止故障的进一步扩大。此外，它还可以感知终端设备的状态，避免非法终端的接入，以防止量测失效或虚假数据注入等安全隐患，从根源上解决电网感知失效等问题。

另外，为了确保在恶劣环境下终端设备的持续运作，可实施"零信任"网络安全防护方案，对物联终端本体进行安全防护。这样可以保证终端设备具备冗余和自愈的能力，在外部攻击导致单一节点失效时仍能正常运行。这样能够在复杂的运行条件下有效感知和安全控制，提高数字孪生系统的可靠性和安全性。

（2）高并发物联终端接入技术：终端的接入安全是保证电网完成有效感知与可靠控制的前提，电力物联网高并发终端安全接入技术充分考虑物联终端"海量、异构、智能、新型"的特点，为终端管理的多环节提供有效的技术支持。高并发终端安全接入技术采用软件定义技术将海量异构物联终端分解成柔性统一的结构模型、信息模型和传感器执行器模型，实现新型异构终端多维物模型的统一构建、维护与扩展；在物理通信网络旁路构建异构多维通信层，实现异构终端多协议适配以及消息路由、流量和拥塞控制，从而满足终端的千万级并发通信的需求。

2. 信息通信安全防护技术

（1）高效率、高可靠通信技术：通过多跳定向自组织传输、快速资源调配与控制、多层次自组网及协议层安全性设计等技术，实现电力业务高频次、高质量数据采集，以及全场景感知和广泛接入要求；借助宽带高可靠超多跳自组网技术和宽带高可靠超多跳自组网技术，通过协议内部各要素的跨层优化，构建高可靠高效率超多跳无线链路；突破大规模自组网的海量节点与资源开销的限制，实现物理空间虚拟化与网络空间智能化，从而提升网络灵活性和效率。与此同时，研制融合 5G 的安全可信接入通信仓，开发去中心化业务安全可信认证系统、5G 电力业务流量摆渡系统和 5G 切片安全管控系统，为通信网络切片式承载电网业务提供安全可信接入与可靠运行技术支撑。

（2）信息安全和传输加密技术：电力行业数字孪生系统存在电力流和信息流的多重交互，系统面临的安全风险显著增加。从信息安全角度，通过对电网业务通道适配流量安全监控，保证信息通信网络不受外部干扰与攻击；通过接入认证、通道加密等环节的有效协同，实现信息通信网络对电网业务的可信服务与可靠保障；从传输安全角度，强调构建全域纵深的网络安全防御体系，利用高速网络传输加密、跨域数据交换、威胁监测等技术，确保数据在动态传输中的机密性和完整性，从而保证物理系统在信息通信环节异常乃至缺失情况下的安全稳定运行，避免各类攻击行为带来的全系统运行风险。

3. 平台安全防护技术

（1）数字平台跨域构建技术：数字电网数据的海量、异构、多源特征要求数字平台具备高效数据融合与处理能力，以实现电网运行状态与核心特征在数字空间的孪生镜像；数据高时变性和高复杂性的特点要求数字平台快速灵活地运行决策，以保证数字平台安全经济运行。对此，需要研究数字电网从设备级到系统级的全要素、高保真孪生体构建技术，支撑数字电网的跨域业务应用服务。在模型方面，突破传统的电网数据模型和标准，实现数据的统一建模；在数据网络方面，拟合电网运行的实时状态、关系和行为，通过实时数据交互支撑基于数字孪生体的精准分析与闭环控制；针对平台侧窃取用户信息、渗透入侵、非法访问、不合理操作等安全威胁，通过设备统一信息平台管理和系统全面实时监测，采用设备状态的实时监控、操作行为记录审计、系统用户权限分配来预防非法访问拦截、非法操作和系统异常报警等。

（2）远程安全操控技术：数字孪生系统中的安全操控技术指操作人员通过虚拟设计的孪生模型与远程物理设备进行交互的信息安全控制技术。在系统控制过程中，控制信号经过较长网络链路和大量节点的转发，带来破解、被入侵等一系列信息安全问题（如信息拦截、数据恶意篡改、保密信息被监听、越权操作和非法指令等）。为解决上述安全问题，综合运用非对称加密技术、对称加密技术、数字签名技术和多级审批技术对设备远程安全操控数据包进行强化保护，以保证非法指令、越权操作不被执行，使系统具备防篡改和防监听的能力；利用非对称加密技术中基于大整数质因数分解的不易性，可以确保保密信息不被中间环节破解和监听，在此基础上本文引入数字签名技术来解决操作者身份被仿冒和数据包报文被中途修改的问题；同时，基于数字孪生体的设备远程安全控制集成运用对称加密和非对称加密技术，在保证信息安全的同时节约计算资源。

4. 数据安全防护技术

（1）数据分类储存和安全销毁技术：基于隔离存储进行分级分类存储，对高价值数据（如元数据、密集度高的数据或被高频次访问的数据），通过数据同步、数据复制、数据镜像、冗余备份和灾难恢复等技术手段来确保数据完整。采取防火墙、安全超文本传输协议、安全套接层协议和安全交易技术协议等对网络传输过程中的数据包进行加密和身份认证，并对数据包进行电子签名。通过删除元数据、缓存数据和磁盘残留信息来避免非法信息残留；通过删除元数据和业务数据、多次读写等方式，使数据销毁流程形成闭环，确保数据删除得干净彻底，避免电网关键信息被外部获知，增加系统运行特征暴露和遭受攻击的风险。

（2）海量数据存储和安全共享技术：电力物联网海量数据存储共享的关键在于实现多源异构数据立体化聚合和全域数据网贯通，其作为面向数字电网数据集约处理的交互新模式，具有通用、高效、易解释等特点。采用多源异构参数融合、网络旁路报文解析和数据关联关系自动解析技术，实现多源异构数据资源融合和数据资源目录自动化构建。结合电力物联网具有的天然网络特征，贯通"云边端＋关联领域"全景数据，通过跨时空数据集成、数据知识融合、高效查询引擎与互动数据接口技术，实现电力物联网数据的高效查询、时序数据流访问和互动可视化。进而实现面向电力复杂应用场景的数据安全共享和定制化智能分析服务。

（3）数据的态势感知与监测预警技术：对系统中价值高、不可泄漏的数据的安全态势进行感知与预警能够保障系统的可靠性；通过安全态势感知技术从时间和空间维度对安全威胁情报和各类安全态势信息进行大数据分析，对平台系统和数据流转过程的安全势态进行探测、分析、分级和可视化，可以有效帮助管理人员掌握数据安全现状，实现对数字孪生系统的精细化运维和管理；同时，利用监测预警技术为数据源、大数据平台和大数据流转提供全方位、全视域的威胁甄别与预警，通过主动行为发出安全防护信息，如威胁监测识别、危险入侵预警、威胁信号推送等。

此外，可以基于深度学习、强化学习、知识引导及群智优化等技术实现多种电力行业数字孪生的应用，将"零信任机制"引入端、边、管、云分层中，利用可信认证、信任评估、态势感知、协同防御等安全技术，形成面向电力物联网的"设备联动－局部自治－全局协同"安全防御架构。

第**4**章

电力行业数字孪生典型应用场景与创新

≫ 4.1 孪生在调度领域应用关键点及创新 ≪

4.1.1 数字孪生在调度领域应用的必要性

在经济迅速发展的时代背景下，人们的生活水平与质量有了质的提升与改善。人们生活水平的提高，促进了诸多设施以及建筑的不断推进，在这些建筑推进的过程中，对电能有了更大的需求量，这就需要对电能进行合理的调配。而在信息技术飞速进步的时代，数字孪生技术也已经被广泛应用于诸多领域，对于电力行业调度来说也不例外。尤其是在事故情况下，迫切需要其采取及时有效的措施排除故障，恢复电力系统正常运作。为了促进电网调度智能化的进一步有效运用和发挥作用，就必须对大电网调度智能化中数字孪生的关键技术问题进行深入探讨，并有针对性地采取解决措施，促进电网调度智能化进一步走向成熟。

随着常规机组出力在全网负荷中的占比进一步下降，在备用容量不足的情况下，一旦发生直流闭锁故障或新能源出力的大幅波动，系统功率平衡极有可能受到破坏。同时，受到台风、雷暴、冰灾等自然灾害的影响，在其范围内的输变电设备强迫停运率将显著上升，易引发连锁故障和大面积停电事故。目前电力系统仍普遍采用基于确定性安全准则的调度方式——安全约束最优潮流，未能考虑多重不确定性因素对电网运行的影响，缺乏针对小概率高风险事故的防控能力。

例如，台风行进路线及其对输电线路的影响是可预测的，而基于油色谱数据能够分析变压器的潜伏性故障发展过程。如果仅在事故发生前后进行电网风险控制，则控制成本较大，效果也并不理想。因此，可以在风险发展的初期就实施相应的控制，以减轻运行点前后的风险控制压力。以上述两个场景为例：在日前调度阶段，降低处于台风影响范围内的输电线路负载率；并将可能出现故障的变压器提前列入检修计划，从而减小设备非计划停运对电网运行的影响。旨在通过对多源量测的融合、系统特性的分析、发展态势的预测、控制决策的优化等手段，优化深度耦合的数字孪生电力调度系统。

数字孪生电网调度体系全过程风险协调控制的思路，强调在风险产生的初期就实施相应的防控措施，同时基于对风险发展趋势的预测，在不同的时序阶段进一步采取相应的控制策略，以实现多区域纵向、横向电网运行风险的滚动跟踪和逐级管控。

基于此思路建立的全过程、多区域数字孪生电网调度体系不仅包含多调度级跨电压层级（中短期、日前和实时）间的协调策略，还包括跨生产环节（实时）与多层级反馈的配合方法。全网、广域的数字孪生实时调度控制与跨电压层级、跨生产环节、多层级反馈的关系如图 4-1 所示。

随着我国电力事业的不断发展，构建现代化、智能型电网体系成为电力事业面向未来发展的必然选择。近年来，我国电源形式日益丰富，电力负荷持续攀升，面对日益增长的电力需求，如何实现安全稳定的电网调度，直接关系电力事业的健康发展。特别是在各种分布式能源的接入与消纳、多类型能源的协调分配、用户侧安全优质能源消费等负荷大量存在的情况下，电网调度控制面临技术、效率及安全等多方面的挑战。因此，从电网调度技术现状而言，其主要面临以下突出问题。

1. 自动化调度控制系统不完善

近年来，围绕智能电网建设，我国已基本实现了电网智能化升级改造，为我国电网现代化建设创造了良好的条件。自动化调度控制技术在电网运行中的应用，转变了传统的调度控制模式，能够在"智能"分析与预判中提高电网运行效率。但是，电网自动化调度控制系统整体不完善，自动化远程调度控制效能不足：一是自动化调度控制系统功能不完备，在运行研判、远程调度等方面尚未形成完善的调度功能模块；二是自动化调度技术不成熟，特别是基于人工智能技术、云技术的现代智慧网络系统，尚未形成智慧网络全覆盖，电力调度控制自动化程度不高。因此，在智慧电网建设中，进一步加快电网调度控制技术升级，成为人工智能技术应用的关键，也是推进电网调度控制技术创新发展的重要保障。

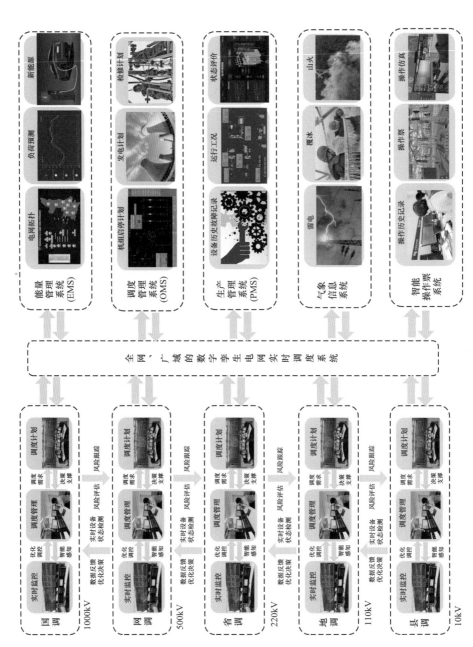

图 4-1 跨电压层级、跨生产环节、多层级反馈的全网、广域数字孪生实时调度控制

2. "大电网"安全调控难度大

在国家电网快速发展的当下，我国已形成了"大电网"模式，为跨区域联动电网配送提供有力保障。但是，在"大电网"的运行状态下，电网安全调控的难度增大，会影响电力运行安全。一是在跨区域直流电"大电网"中，电力的均衡输送尤为重要，这就对安全调控提出更高的要求；二是"大电网"涉及不同的电源，也因不同区域的电力输送存在差异性，导致"大电网"运行面临诸多安全风险，特别是在严重自然灾害之下，出现的一系列连锁反应对电网调度恢复造成直接影响。因此，在"大电网"的发展背景之下，电网安全调控的难度增加，也进一步要求加强智能化调度控制。

当前虽然多数供电企业在"大电网"的安全背景之下开始应用自动化调度管理，但是由于管理意识、成本以及设备方面存在诸多障碍问题，进而导致管理系统无法发挥出最大功效。自动化调度系统在运行时具有一定的复杂性，不仅对配套硬件有着较高的要求，同时需要运维人员根据实际情况做出正确调整；当运行系统处理不当时，便会引发各类供电故障，并且导致系统出现运行错误，因此还需在今后持续完善。通过引进数字孪生调度系统，可以实现：

（1）数据采集与监控技术的合理应用，针对供电网络运行参数进行实时采集，并且与正常运行状态下的数据参数进行对比分析，这样当供电网络产生故障问题时，可以及时反应在数据参数中，并且锁定电力故障的区域，以便于运维人员及时采取解决措施。

（2）跨电压层级、跨生产环节的多层级反馈能力得到加强，通过对报错数据的处理，五级调度：国调（国家电网/南方电网调度）、网调（区域电网调度，例：华东电网调度）、省调（省电力公司调度）、地调（地级市电力公司调度）、县（区）调（县供电局调度）都能得到反馈，在降低能耗的同时精准协调，使整个电网的弹性、自愈能力都有一定程度的提高。

（3）根据供配电计划进行数据需求设计，结合地区实际供电区域进行配电，在此基础上开展自动化调控，这样可以屏蔽掉无用信息，加强系统的综合分析能力。

通过数字孪生低碳电网和传统电网的比较，数字孪生低碳电网调度系统架构如图 4-2 所示，目前 I 区安全要求一样，数据是互通的，进行设备控制；II 区主要是保护信息，包括 EMS 和场内管理系统；III 区为调度数字孪生主站［信息物理系统（cyber physical systems，CPS）、新一代调控系统］；IV 区的电力综合业务数据网和平常用的电力部门调度网络是互通的，和公共信息服务、虚拟电厂、DR（需求侧响应）、聚合商存在正反向隔离，也就是说营商数据和调度数据之间是有隔离的，没有直接系统进行数据的获取。

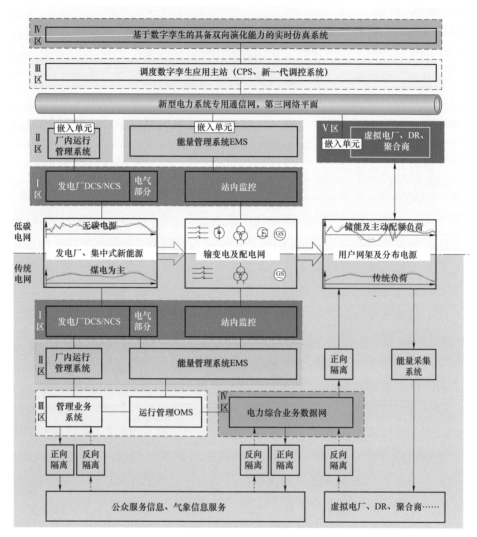

图4-2　数字孪生低碳电网调度系统架构

在图4-2中的数字孪生低碳电网和传统电网的能源预测对比图上，蓝色曲线是预测曲线，红色曲线是实际曲线，以煤电为主的传统电网红、蓝曲线拟合得比较好，而低碳电网由于用户拥有了储能与主动配额负荷的分布电源，实际曲线偏离了预测曲线，这样配电压力集中在配电网上，需要其进行全网的数据沟通和状态描述。实际中，调度电网还不能做到将用户侧的数据整合进来，现可以通过建立一个第三网络平面，也叫新型电力系统专用通信网，将Ⅴ区（虚拟电厂、DR、聚合商）整合进来，并输送到 Ⅱ 区厂内运行管理系统。在此基础上，形成调度数字孪生应用主站［信息物理系统（cyber-physical systems，CPS）、新一代调控系统等］，实现发电、输电、配电和用户信息灵活的信息交互。在未来，进一步实现基于数字孪生的具备双向演化能力的实时仿真系统，给新型调度系统提供支撑。数字孪生低碳电网调度系统架构如图 4-2 所示。

4.1.2　数字孪生在调度领域应用关键点

1. 现有调度技术到数字孪生调度的演变过程

传统电网指的是包含有输电设施、变电设施和配电设施的系统集合，传统电网调度系统就是利用信息技术、计算机技术、控制技术等多种技术根据电网应用的实际情况，对电网进行实时调控的技术。自电网调度自动化系统出现以来，其已经历多个阶段的发展。

第一个阶段是 20 世纪 70 年代以专用机和专用系统为基础（supervisory control and data dcquisition，SCADA）的系统；第二个阶段是 20 世纪 80 年代以调度主机双机备用系统为特点的能量管理系统（energy management system，EMS）；第三个阶段是 20 世纪 90 年代以精简指令计算机为基础的开放式分布 EMS 为系统，及可支持 RISC 图形工作站的分布式系统；第四个阶段是一台集合了能量管理系统（energy management system，EMS）、配电管理系统（distribution management system，DMS）、基于广域测量系统（wide area measurement system，WAMS）以及信息平台等多个系统的综合调度系统，也是现阶段主要应用的电力调度系统，该系统的安全性较高，处理能力较强。

但随着电力市场的不断增长，边缘计算、5G 通信、云边协同等信息通信技术的不断进步，并且现有电力调度系统灵活调节资源的能力面临两大方面的挑战：① 电源侧新能源比例提高、新能源出现波动性；② 为保障投运机组的利用效率，装机量与用电负荷需求的比例存在一定意义上的上限约束关系，即在同等用电水平下，可接受装机量不能无限扩张，存在经济性边界，因此对其进行升级与发展势在必行。综合而言，未来的电力调度系统，比如将更为智能化，且集成程度与标准性都将进一步提升，将更适应未来社会对电力应用的需求。

智能电网调度控制起源于 21 世纪中后期，主要针对电网运行中的有功功率、无功功率、潮流、电能等开展相应补偿和调整。在保证电网安全稳定运行前提下，通过自动电压控制（automatic voltage control，AVC）应用的部署，自动控制变电站主变压器挡位的升降、电容器的投切，减少人工操作次数，提高工作效率，提高电压和功率因数合格率，并尽可能降低系统因不必要的无功功率潮流引起的有功功率损耗。

我国智能电网调度控制系统研究起步较晚，但发展非常迅速，已经升级到D5000架构，实现了基于CTM/E、CIM/G标准的规模化共享和整合，达到了智能电网资源的全面协调，能够有效处理电网运行过程中的潮流问题、功率问题、电能质量问题等。现阶段，我国智能电网调度控制系统在传统SCADA基础上融入广域测量、能量管理系统（energy management system，MES）、停电管理系统（outage management system，OMS）、高级配电管理系统（advanced distribution management system，ADMS）、分布式能源资源管理系统（distributed energy resource management system，DERMS），形成了契合智能电网动态柔性、可重组性、系统自愈、自恢复需求的高精尖调控体系。尤其是在面向服务架构的智能电网调度控制系统中，利用SOA理念构建软件即服务（software as a service）和平台即服务（platform as a service）两大应用架构，为我国电力调度提供了新思路和新方向，实现了我国智能电网调度控制系统的全面优化。传统电网与智能电网调度的比对分析图例如图4-3所示。

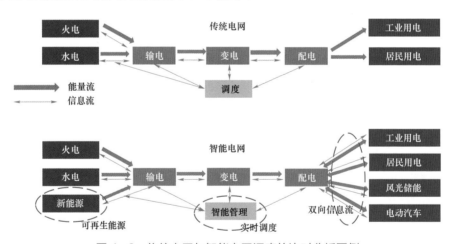

图4-3　传统电网与智能电网调度的比对分析图例

数字孪生电网通过采集电力系统的全生命周期状态、全方位的信息数据，采取多尺度、多物理量、多空间、多学科交叉融合方法，构造电力系统的数字孪生体模型，利用数字孪生计算平台和服务平台，完成物理空间电力系统和虚拟空间电力系统的实时映射和交互，达到对真实与虚拟系统的实时完善及更新的目的，实现电力系统运行状态的实时捕捉、潜在风险实时监测和预测等功能，使电力系统以最佳方式运行，并将风险控制于未然，提高其稳定性、安全性等性能。诸如虚拟电厂调度问题，数字孪生虚拟电厂调度能够实时感知多元需求侧分散式风电、屋顶光伏、储能、电动汽车、柔性负荷等分布式资源状态以及配电网、市场等相关数据，同时在智能分析平台嵌入深度强化学习等人工智能算法，支撑虚拟电厂运行状态智能评估和故障预警等。

现有智能电网调度控制系统基于统一基础数据平台、实时监控预警类应用、调度计划和安全校核类应用、调度管理类应用等，实现了多级调度机构调度自动化业务横向贯通和纵向互联。为了提高调度自动化系统全息感知和泛在互联能力，新一代电网调度控制系统基于数字孪生技术联合各级电网统一电网模型、运行数据和实时数据，搭建"全面、快速、准确"的各类分析决策应用。为了提高调度运行人员风险感知和前瞻性决策能力，新一代电网调度控制系统引入基于数字孪生技术电网预调度功能。电网预调度作为一个多目标优化问题，要求在较短时间内完成调度业务信息采集、感知、处理和应用。

2. 数字孪生在发输配电中实施的关键技术

（1）基于云计算的智能电网调度。面对海量结构复杂、分布广泛的数据信息，传统电网调度系统在数据计算、处理、分析、存储，以及调度辅助决策等方面逐渐显露出不能充分满足电网调度、监测、预警、控制等需求的问题。为了有效弥补传统电网调度系统的不足，在数字孪生电网调度系统中引入云计算技术，能够充分发挥云计算技术在海量异构数据处理方面的优势，为智能电网调度平台提供更佳的实现方式和智能化决策支持，而底层架构的安全性对基于云计算技术的智能电网调度系统至关重要。

通常，云计算通过互联网提供动态、易扩展、虚拟化的资源，在数据控制中心对数据和应用进行统一的集中部署和管理，改变传统的数据和应用访问方式，从而实现安全、按需提供、无限扩展的应用交付功能。云计算技术的优势在于能方便地为用户提供虚拟化、高可用和动态资源池，根据云计算服务对象和服务类型的不同，通常将云计算分为两大类：云计算服务对象和云计算服务类型。

其中，云计算服务对象包括公有云（面向企业外部需求）、私有云（面向企业内部需求）、混合云（兼顾企业内外需求）。云计算服务类型包括基础设施即服务（infrastructure as a service，IaaS）、软件即服务（software as a service，SaaS）、平台即服务（platform as a service，PaaS）。

本质上，云计算系统相当于一台计算能力非常强的大型计算机。与传统 IT 系统架构的物理硬件资源、操作系统、系统软件、应用软件相对应，云计算系统架构也包括云计算硬件资源、云计算操作系统、云计算系统软件、云计算应用软件。在传统 IT 系统架构的基础上，能够设计出云计算的层次化系统体系架构，云计算分层体系架构模型如图 4-4 所示。

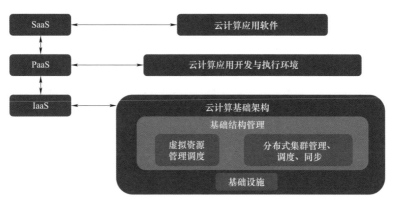

图 4-4　云计算分层体系架构模型

云计算实现模型主要由云计算基础架构、云计算应用开发与执行环境和云计算应用软件三个层次构成，分别对应云计算的典型服务 IaaS、PaaS、SaaS。

借鉴面向服务架构（service-oriented architecture，SOA）理念，分层设计基于云计算的智能电网调度系统，总体架构包括云服务供应平台和云服务应用平台，自底向上分别为云资源层、云管理层、云服务层、电网调度控制层，另外还有 SOA 总线。云服务供应平台和云服务应用平台通过 SOA 总线进行交互，实现服务与被服务。基于云计算的数字孪生电网调度架构如图 4-5 所示。

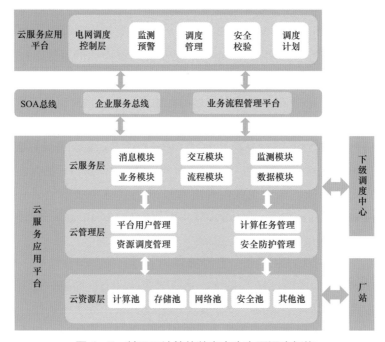

图 4-5　基于云计算的数字孪生电网调度架构

（2）一体化调度管理技术。我国电网运行遵循"统一调度，分级管理"原则，上下级调度自动化系统间的数据库、图模资源等信息如何进行异地和层级共享是一个重要课题，数字孪生中的一体化调度管理技术是解决该问题的重要手段；利用模型拼接技术实现电网图模的"源端维护，全网共享"，提升数据库维护效率，减少自动化运维人员工作量，保证数据系统的一致和稳定；通过一体化调度平台，以节能减排为目标函数进行优化调度，实现电网和所有并网机组的经济运行，优化电能资源配置。此外还可整合扩展其他应用模块，满足智能电网调度纵向贯通的新型业务需求。

数字孪生智能电网一体化调度系统包括监控主机、操作人员工作站、第 Ⅱ 区/第 Ⅲ 区/第 Ⅳ 区/第 Ⅴ 区数据通信网关、数据服务区几部分构成，该系统具有以下几部分功能：

1）监视功能：可视化技术的应用可以对电网设备的运行状态及使用情况进行实时监控，确保电网的正常运行。

2）使用和操作功能：调度人员通过数字孪生技术对智能电网进行远程控制和管理，根据实际需求采用不同的调度方案。

3）数据处理与报警功能：通过对电网运行过程中的数据进行接收处理，根据分析结果预测可能出现的故障问题，并及时发出预警，工作人员根据预警内容进行故障排查和维修等。

4）运行管理功能：智能电网调度工作人员可以对电网运行信息进行手动录入，建立起完善的智能电网基础信息体系，以此实现对智能电网调度一体化操作、管理、检查和运维，统一进行标准化、规范化处理。

为了更好地刻画真实物理世界中电力系统的运行状态，引入数字孪生技术构建镜像实体，并进行设备状态数字化描述和实时数据交互，从而达到物理电力系统实体的状态可观和可控；然后，基于数字化空间进行深度学习，预测其未来一段时间的状态变化。基于数字孪生技术和深度学习技术的新一代调控系统预调度整体框架如图 4-6 所示，该框架由物理子系统、描述子系统和预测子系统共 3 部分组成。

（3）节能发电调度技术。传统电力系统的发电调度环节通常会存在大量能源浪费，加之我国能源本身不够充足，因此节能发电调度技术的研究与应用具有重要意义。在节能发电调度技术中，一方面要整合、优化传统发电工程，通过技术创新减少发电中的能源损失，同时要加强对发电过程的集中管理和控制；另一方面利用节能数字孪生电力调度技术有效消纳各类可再生能源，减少化石能源比例，推动电网清洁化、低碳化。电网调度管理部门应充分认识节能发电

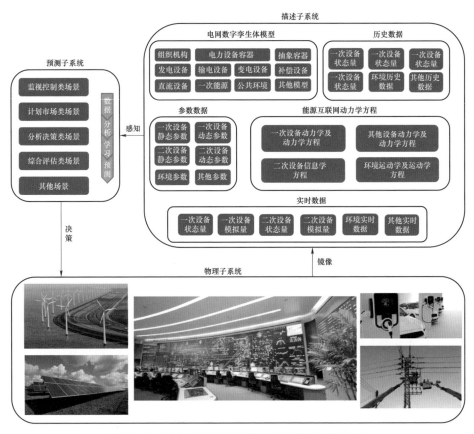

图4-6 数字孪生智能电网一体化调度整体框架

的重要性和紧迫性，投入水电厂水情自动测报系统和电网水库调度自动化系统等关键性技术，有效避免资源浪费。

节能发电调度技术采用"数据直采直送模式"，建立了数据采集标准和安全要求，采用DCS直采直送、OPC数据接口、偏差处理等技术，在确保煤耗数据准确可靠的情况下满足电厂在线数据采集要求。一方面对传统发电过程进行集中控制，对其进行整合优化，利用先进技术尽量降低发电过程中的能耗；另一方面利用有效手段增加可再生能源的利用率，通过节能发电调度技术实现电网更加低碳化、环保化。

（4）电网实时动态监测技术。电力系统是典型的超高维、强非线性系统，具有动态不确定性，传统电网调度自动化系统基于局部信息的监测控制方法，难以满足电网发展过程中诸如振荡抑制与控制、动态安全防御等方面的要求。因此，基于WAMS的电网实时动态监测技术是智能电网数字孪生调度中的重要组成部分，可为大电网的实时监测和控制提供技术保障。一方面调度人员可在动态监控屏上对电力使用情况进行监测，有效掌握各类电能使用数据；另一方面可通过分析监测数据实现对目前电网运行状况的有效评价，为下一阶段的调度决策提供依据，极大加强调度人员对电网运行的管理和控制能力。

3. 构建全网、广域的数字孪生调度系统技术

从宏观上预测用户的用电习惯、分布式发电发生的特殊情况，建成全网、广域的数字孪生调度系统，解决韧性、弹性和自愈能力不足的问题，是建设低碳大环境下所要求的高调节能力的调度系统的关键。

依托数据中台的同步建设，数据格式统一且可编辑。数据能够实现互通共享，且具有可视化交互性的能力，整个区域内的数字模型从规划部门、基建部门、设备管理部门、安监部门、调度部门到营销部门可以有效应用，实现各业务部门数据互通和业务协同。

将数据中台汇集的区域内负荷数据、电网信息数据以及分布式电源数据、环境数据（温度、光照、速、高度、地理位置等）的历史数据和实时数据输入构建的电网数字孪生模型，应用大数据分析和聚类分析的方法，对历史数据和实时数据进行分析，提取出影响不同类型负荷的有效特征量，对不同类型负荷进行精准辨识；并应用机器学习等人工智能算法，基于提取的特征量历史数据和实时数据，对数字孪生模型中的负荷进行迭代优化和滚动预测，指导区域内分布式电源出力和电网调度，实现能源有效调配和用能辨识，从而建成全网、广域的数字孪生调度系统，极大地提高调度系统的弹性。数字孪生调度系统反馈示意图如图 4-7 所示。

数字孪生调度系统是多源数据整合、多门类技术集成和多类型平台功能贯通的面向新型数字化智能配电网的复杂技术和应用体系，通过与现有虚拟电厂管控平台结合，将有效支撑电网数字化。虚拟电厂的典型结构由设备层、用户层、虚拟电厂层和应用层组成。其中，设备层包含分布式电源、储能设备、电动汽车、柔性负荷、PtoX 设备等多元 DERs；用户层包含有多个储能设备的储能服务商、数据中心、商业楼宇、公共建筑、居民及中小用户等；虚拟电厂层与柔性资源之间通过集中式控制方式主动聚合 DERs，使得虚拟机组可通过价格或其他信号优化调度需求侧资源；应用层依托虚拟电厂管理平台负责审核虚拟电厂准入条件、接入方案、外特性以及响应信息等。电力交易平台根据准入审核结果进行市场交易，将出清结果发送到调度平台进行安全校核；调度系统下发调度需求至虚拟电厂管理平台，后者将调度指令进一步分解到用户层和设备层，实现闭环控制。与之相对应，技术生态系统由物理层、感知层、信息各中枢层和智能应用层组成。

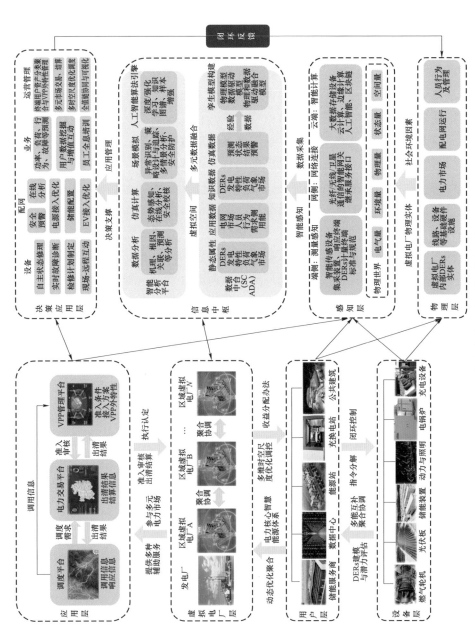

图4-7　数字孪生调度系统闭环反馈示意图

4. 数字孪生调度系统要素友好协同技术

为了构建新能源占比逐渐提高的新型电力系统，要大力推动"新能源+储能"、支持分布式新能源合理配置储能系统，并积极发展源网荷储一体化和多能互补；通过源源互补、源网协调、网荷互动、网储互动和源荷互动等多种交互形式，从而更经济、高效和安全地提高电力系统功率动态平衡能力，是构建新型电力系统的重要发展路径。因此，如何主动性地引导用户均衡电能分配，实现源网荷储各要素友好协同，各类市场主体广泛参与、充分竞争、主动响应、双向互动。

数字孪生调度在整个新型电力系统运维阶段的应用主要体现在设备层面和系统层面。在设备层，为实现对各主要设备的在线健康评估，设备级数字孪生框架的构建会用到系统传感器采集的各类运行数据以及设备历史操作数据等；在系统层，各主要设备的风险特征信息可以集成到系统级数字孪生中，利用相同类型设备的故障特征、历史运维等数据借助于数据迁移等技术手段共同完成对系统风险等级的描述，为更加精确的系统预警、监测和维护提供理论数据支撑。

（1）基于 5G＋云边端协同的源网荷储技术（终端侧自动化调度）。5G＋云边端协同的概念体现为众多信息通信技术的有机整合和系统性应用。直观来说，就是充分利用 5G 低时延、强接入的技术特征，实现源网荷储各环节中智能设备与各级系统平台的广泛互联互通，从而建立终端感知处理、边缘节点本地化分析优化、云端平台统筹海量信息深度学习、综合智能决策的有机整体，其核心不在于个体技术的堆叠应用，而在于面向多层级分析决策场景需求的协同运作体系。

从技术层次来说，5G＋云边端协同的层次结构与态势感知、智能互联等技术结构具有共通之处，从逻辑上可划分为感知层、传输层、计算层、决策层。感知层主要实现终端、设备环境、区域特征及系统全景等各层次的信息感知和采集；传输层主要是通过终端的 5G 延伸和主网的光纤支撑实现广泛接入、高速交互的通信环境，支撑云边端多级实时调控和广域信息互通；计算层主要根据分析需求，利用用户智能终端、边缘计算节点、云端平台的计算分析能力，实现多层级的数据挖掘和特征提取，构建基于用户设备个体特征、区域特性及海量数据分析结果的多维特征集；决策层则是云边端协同的最终体现，在高效的信息交互和多层次特征集基础上，根据不同的调控需求，可在设备自动控制、区域优化和全局决策中组合协同，实现局部优化与全局最优的统筹。

在 5G＋云边端协同架构下，终端是具备基本决策和处理能力的独立单元，一定程度上代理了用户的行为，而非单纯的用户行为信息采集，进而实现终端侧自动化调度。边缘节点（端）、云平台的概念亦然，各环节存在自身的垂直运行体系和横向的协同关系，5G+云边端协同技术层次如图4-8所示。

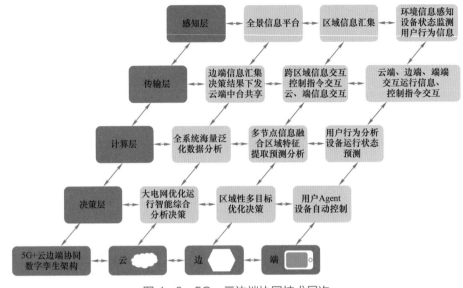

图4-8　5G+云边端协同技术层次

（2）物联网技术（云管边端）。依托感技术及通信技术，物联网让电网设备、企业和用户连接成一张网，按照"云-管-端"三个层次布局，强化通道能力和规范终端接入，实现电网基础设施、人员及所在环境的识别、感知、互联与控制，最终建立起发电、输电、变电、配电、用电全业务环节的终端感知能力、网络连接能力、平台管控能力和数据交互能力。

（3）云计算。一方面，基于云计算的调度系统的感知分析能力更强，可以对常见问题和能够产生重大影响的状态进行快速分析求解，缩短系统处理时间；另一方面，基于云计算的信息安全平台的安全防控能力更强，能够对安全威胁区域和位置进行准确定位，对可疑终端进行及时隔离，有效确保电网公司大数据灾备中心的安全性。

（4）大数据。对于电网调度来说，在未来要依托现有大数据平台，开展核心业务场景的应用开发，融合物联网设备感知技术、云计算资源和大数据分析处理技术，实现发电、输电、变电、配电、用电、全链条业务数据的统一汇聚、清洗整合和挖掘分析，逐步推动应用系统功能由以流程为中心向以数据为中心的生态模式转变。

（5）区块链技术（控制保护）。未来新型电力系统上下游终端增多，交互更加频繁，信息量大幅增长，对信息准确搜集、数据实时处理和系统快速决策提出更高要求，而区块链在共识机制、安全算法、隐私保护和系统优化等方面具有核心竞争优势，有望成为控制保护的关键举措。结合电力市场建设的趋势，区块链可应用于构建新型的能源交易模式，推动能源生产从集中到分散，优化电力调度运行，从而有效推进电力市场交易、碳市场交易的达成，目前在电力行业已有个别试点开展探索性实践。

（6）量子计算（先进算力）。随着电力系统中各类应用、终端设备连接入网，网络信息安全日益重要，以至于当前的计算技术可能不足以满足未来数字电网的需求；而量子计算可以轻松地淘汰传统的密码学方法，通过量子算法库中的机器学习算法来分析威胁信息、判断安全态势，提升安全监测态势感知的效率，在未来有望支撑构建起更安全、更可靠和更具弹性的数字电网。

5. 数字孪生电网调度的超时空仿真

电力系统仿真是在数字计算机上为电力系统的物理过程建立数学模型，用数学方法求解以进行仿真研究的过程，是支撑电力系统认知与研究的重要手段。随着电力系统规模的增大和结构的变化，电力系统的运行特性越加复杂，发生的事故越来越难以用传统的分析方法预测，导致电力系统仿真技术也在不断变化，不同的仿真技术的特征和侧重有所不同。

电力系统是一个复杂的大规模非线性多时间尺度系统，含有大量不同时间常数的变量，有些变量具有快变特征而有些变量则具有慢变特征，电力系统至少可分为快变（电磁暂态）、正常速率（机电暂态）及慢变（中长期动态）3 种时间尺度动态。机电暂态仿真用于研究系统大扰动后的暂态稳定和小扰动后的静态稳定性，可支持数万节点的电网规模快速仿真，适用于仿真步长为 10ms 级别的交流电网基频特性仿真。国际上常用的机电暂态软件包括 PSS/E（power system simulator/engineering，面向工程实际的电力系统机电暂态过程仿真分析软件）、ETMSP（extended transient midterm stability progiam，为分析大型电力系统暂态和中期稳定性而开发的一种时域仿真程序）、SYMPOW（ABB 公司的机电暂态仿真程序）、NETOMAC（德国西门子公司的大型集成化电力系统仿真软件）等；国内常用的机电暂态仿真软件包括电力系统综合程序（PSASP）和中国版电力系统分析程序（PSD-BPA）等。

4.1.3　数字孪生在调度领域应用及技术发展方向

1. 准确预测调度领域的突发事件

为准确地预测调度领域的突发情况，提高发电侧、负荷侧调节能力以及电网侧资源配置能力，以实现各类能源互通互济、灵活转换，提升整体效率。需要做到的功能主要有以下两点。

（1）负荷监视功能：对重点设备（主变压器、线路）等进行实时监测，当设备负荷到达设定的告警时候提前发出告警，提醒调控员提前介入并为调度员潮流调控提供辅助决策。

（2）负荷预测功能：通过对历史曲线的拟合预测次日最高负荷。要求对历史数据的数据存储具备缓存机制，具备对历史数据进行进一步的统计、分析和累计等处理，如数据化或图形化展示各时段相应数据的峰谷平负荷、最大/最小值及发生时间、平均值等典型数据。

2. 数字孪生调度系统自愈能力

根据全网、广域的数字孪生调度系统，积极主动地采取机动措施，显著提高调度系统的韧性、弹性和自愈能力。

多区域微电网协调调度过程中，各微电网需要获取其他微电网设备运行信息［分布式发电装置（distributed generation，DG）、负荷聚合商（load aggregator，LA）、储能系统（energy storage system，ESS）等］。微电网间将出现频繁的分布式双向电力和数据通信，而区块链数据存储管理技术，能低成本、高效率存储微电网间交互数据，并且区块链通信链路技术的去中心化、加密传输可以实现个体之间高效、准确、全局的信息交互与共享。这些数据共享环节可为协调调度过程和区域电网安全运行提供数据支持和去中心化管理，如果某个环节出现问题，就可以利用其自身的自动诊断功能对故障进行分析，并且自动隔离故障点，对其他区域实现自动供电，从而避免了由于故障对电力系统运行造成的影响，进而提高调度系统的韧性、弹性和自愈能力。

区块链与多微电网互联系统具有相似的拓扑形态，从两者的技术融合角度出发，设计了如图 4-9 所示的多微电网互联系统的区块链交互运行机制。如图 4-9 所示，在微电网区块链感知层，通过在分散式节点布置不同类型的传感器、智能电能表等来收集和预处理基础数据，在感知层所获得的数据，将通过固件层的加密技术、共识机制，合约层的智能合约、激励机制以及应用层的分布式计算等区块链技术组合成资产链、技术链和调度链的区块链群。其中，资产链可实现大规模分布式"无信任"资产管理，并将可调配资源容量、调配时间段、所处地域等信息进行能源认证后写入区块链，为区块链群实现提供数据存储和运算基础；技术链主要通过运用分布式的估计方法对微电网各节点的状态进行估计和分析，并形成发用电计划；调度链则对技术链提供的互联系统发用电计划进行安全校核管理，实现微电网系统运行、决策和调度。

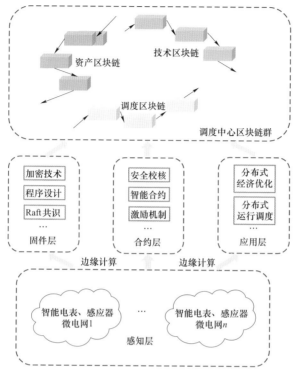

图 4-9　多微电网互联系统的区块链系架构

资产链、技术链和调度链的区块链群共同作用，在日前预调度阶段中，调度中心区块链群通过各分散节点收集并聚合各微电网侧需求，形成发用电计划；在日内实时调控阶段，将发用电计划编译成智能合约的形式，并进行微电网内独立运行优化，以达到实时调控的目的。

将传统调度方法与多微电网互联系统的区块链群交互运行成本对比，在目前预调度阶段，传统调度方法运行成本低于本文所提方法，其主要原因是传统调度方法未充分考虑风电和光伏等新能源发电以及负荷预测不确定性影响，致使传统调度方案在实时调控阶段的调控运行成本和弃风弃光损失较高，韧性、弹性和自愈能力也没有新型调度方法高。

3. 数字孪生新型电力调度系统

数字孪生电力调度系统的本质是电网级数据闭环赋能体系，通过数据全域标识、状态精准感知、数据实时分析、模型科学决策、智能精准执行，实现电力调度系统的模拟、监控、诊断、预测和控制，提高电力调度系统的物质资源、智力资源、信息资源配置效率和运作状态，开辟新型数字孪生新型电力调度系统建设和运行管理模式。

在电力调度系统建设方面，与物理电力调度系统同步规划建设数字电力调度系统，规划阶段开始建模，建设阶段不断导入数据，运营阶段依托数字电力调度系统模型和全量数据管理物理电力调度系统；对已建成并运行多年的电网，通过物联网设施的全面部署和对电网进行数字建模，可以构建数字孪生电力调度系统并进行管理。

在电力调度系统运行管理方面，数字电力调度系统与物理电力调度系统两个主体虚实互动、孪生并行、以虚控实；通过物联感知和信息传输，实现由实入虚，再通过科学决策和智能控制由虚入实，实现对物理电力调度系统的运行管理优化；优化后的物理电力调度系统和数字电力调度系统不断进行虚实迭代，持续优化，逐步形成深度学习自我优化的内生发展模式，实现电网运行的自主管理。

4. 利用数字孪生调度降低电网运行能耗水平

现行市场经济体制下，电网需要在保证其安全运行的前提后，尽可能地以经济效益为中心，同时秉持节能减排的宗旨，减少能源的损耗。因此，准确合理的电网网损分析理论计算是电力部门进行网损分析和制定相应降损措施的利器。同时，对促进电网企业降低网络损耗，挖掘内部潜力，提高电网经济运行，优化电网规划设计方案，加强电网管理和运行具有重要的指导意义。自 20 世纪60 年代初以来，许多学者对最优潮流（optimal power flow，OPF）进行了大量的理论研究，取得了多项研究成果，并提出了如微分注入法、梯度法、线性规划法、二次规划法、满足 Kuhn-Tucker 条件的非线性规划法、改进内点法等许多计算方法，大大促进了 OPF 的发展。

传统的配电网网损计算方式，例如均方根电流法及在平均电流法基础上针对低压配电网的竹节计算法（即用竹节法进行低压线损计算制定合理的线损指标）等，均在计算过程中存在假定条件或局限，使得计算精度无法保证。同时，由于我国在相关无功功率优化领域起步较晚，在技术上相对落后，所以在很长一段时间之内，电力工作者们还在相关计算之中引用经验值的办法；但因为我国的电网分布情况极其复杂且跨度较大，导致传统的经验算法计算出来的结果往往会越来越偏离实际，不能直观地展现出相关线路损耗与电压偏移。

而数字孪生调度技术可以基于设备的三维模型和数据中台汇集的设备全要素感知监测数据（包括反映设备物理特性、空间特性的数据，以及电、声、光、化、热等实时测量数据和历史数据），构建结合模型驱动和数据驱动的设备精细化数字孪生模型；通过访问数字孪生模型，能够在远程终端实时获得设备的运行数据、评估设备运行状态、查询设备全寿命周期数据和信息；此外，应用虚拟现实（virtual reality，VR）技术和三维可视化展示组件，实时展示设备三维模型，作业人员可以对数字孪生模型进行操作，模拟现场设备操作与控制，实现现场及远程关键设备的快速互动管理。

应用虚拟现实技术和三维可视化展示组件技术有效解决了目前基于计划检修开展的运维检修浪费人力、财力的问题，以及设备状态评估指标有效性差、评估结果不准确的问题，由预防性运维转向预测性运维，有效减少了不必要的现场作业，提高了设备状态评估、故障诊断的准确率和安全管控水平，实现了设备管理智能化和精益化，继而降低了电网运行能耗水平。

5. 利用数字孪生增强调度安全态势感知分析

为了补齐传统安全防御体系在环境探查、风险预测、即时响应等方面的缺陷短板，实现电网安全防护等级的进一步提高，电力企业有必要将数字孪生提供的安全态势感知技术融合到电网的调度管理系统当中。

随着电力系统中物联传感终端数量的不断增加，电力设备传感监测数据呈现信号多源异构、样本质量不均衡、故障样本较少等特点，为全面刻画设备运行状态，可通过多源数据协同感知与压缩感知、多模态数据融合、知识图谱认知推理等技术，研发电力设备状态评价、故障诊断预警与检修辅助决策等智能应用，确保电力系统安全可靠运行。

数字孪生增强调度安全态势感知，需满足三个原则：

（1）场景导向原则：在安全威胁事件发生时，网络安全态势的感知是一种交互行为，即同一场景中存在攻击者与防御者两种角色。在数字孪生的建模过程中，必须以场景为导向，处理好双方的对应关系，而不是仅从系统内部防御或系统外部侵袭的单一角度建立模型。

（2）技术驱动原则：在数字孪生的建模实践中，应做好多种技术的有效运用，如大数据技术、博弈论原理等。

（3）协同运行原则：调度系统具有高度的联动性，当其内部某一运行节点、系统环节受到攻击时，通常会出现"牵一发而动全身"的影响效果。

电力设备协同感知与压缩感知重构技术方面，针对多源监测信号的差异性与互补性特点，研究声光电化多模态传感参量的融合技术；针对监测精度要求高与传感设备成本高的问题，通过优化传感布局与采样策略、建立稀疏字典与观测矩阵，在保证数据采样精度的同时减小传感监测数据存储传输压力。

电力设备多源异构数据融合技术方面，针对设备传感数据类型多、数据间关联性弱等问题，研究面向图像、传感监测、文本等数据信息的特征抽取及语义转换技术，提出不同类型数据间关联性挖掘方法，实现各类监测数据的融合分析。

电力设备知识图谱与知识推理技术方面，针对电力设备文本语料数据，构建电力语料基础库；通过实体关系抽取等技术，构建电力设备知识图谱；针对电力设备文本数据规模大、体系杂的特点，提出基于义项的词和实体联合表示学习模型，实现知识图谱构建与融合更新；进而研究知识图谱的知识检索与路径推理等技术，提出知识图谱信息推荐与故障溯源技术，实现电力设备故障辅助决策与故障推理诊断。

电力设备的状态评估与故障诊断方面，针对电网运维检修环节中产生的各种结构化、非结构化数据，根据样本规模提出机器学习与专家经验判断结合与自适应深度学习的设备故障诊断算法，实现适应电力业务特性的设备故障智能诊断应用；针对经过进一步压缩感知及多源融合后的设备感知数据，研究集成智能评估与认知推理技术，提出状态评价、故障诊断、决策建议等模型，实现输电、变电、配电、继保设备状态评估与故障诊断，电力设备故障感知与诊断应用技术路线如图 4-10 所示。

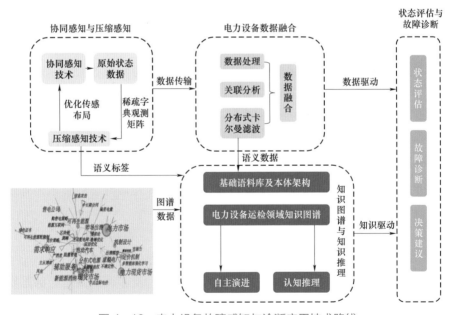

图 4-10 电力设备故障感知与诊断应用技术路线

电力设备的数字孪生分析方面，针对电力设备动态实时变化的物理实体，构建与之空间范围、时间尺度全面映射的虚拟数字模型，结合电力设备的多源监测数据，使虚拟数字模型能全景模拟动态变化的大规模电力设备、实时趋近电力设备实体的运行状态、预演及预判电力设备在突发情况下的异常状态，使设备智能运维的展示交互、风险预测、辅助决策能力得到提升。

目前数字孪生技术在电网层的落地应用主要集中在电网在线分析与决策方面。湖南省电力公司调度部门的 D5000 平台通过增建由物理模型和计算模型构成的电网分析模型，将 SCADA 采集的实时电网测量信息输入物理模型，依托计算模型进行状态估计计算；基于实时分析模型（物理模型和数学模型）进行电网安全稳定性评估，整个流程小于 300ms，较原 D5000 系统电网数据在线分析周期（60s）缩短百倍。

D5000 电网调控系统的在线分析响应速度为分钟级，通过在 D5000 系统中嵌套构建的电网数字孪生模型，可实现秒级在线分析与决策的实施。在 D5000 系统中，电网测量信息通过数据采集与监视控制系统（SCADA 系统）和状态估计处理形成潮流断面，潮流断面经过数据整合和计算控制（该过程延时为分钟级），进而实现电网在线分析决策。

通过应用电网数字孪生模型，SCADA 系统采集的电网测量信息不再经过状态估计形成潮流断面，而是输入电网数字孪生模型（秒级延时）。同时应用机器学习等人工智能算法，通过模型不断迭代优化，进而实时更新模型自身，实现物理实体电网与电网数字孪生模型的实时同步，驱动电网在线分析和决策。

≫ 4.2　数字孪生在发电领域应用关键点及创新 ≪

4.2.1　数字孪生在发电领域应用的必要性

我国"双碳"及"构建以新能源为主体的新型电力系统"等目标的提出将推动电力系统向适应大规模、高比例可再生能源方向快速演进。在以化石能源清洁化、清洁能源规模化、新旧能源综合化为特征的能源革命中，电能的生产和消费方式将发生根本性的改变。大规模间歇性可再生能源从需求侧接入电网，将不确定性传递至主电网，也增大了电力系统维持供需平衡的难度。未来，需求侧风电、屋顶光伏、储能、电动汽车、柔性负荷等分布式资源（distributed energy resources，DERs）大规模并网的电力系统将呈现出结构复杂、设备多元、技术庞杂的特点。传统"源随荷动"的机理模型和优化控制方法将难以满足电网运行优化以及系统灵活性的要求，迫切需要需求侧分布式资源参与提供必要的灵活调节能力。发电过程作为电力系统的重要组成部分，实现传统火力发电、新能源集中式场站发电和用户侧分布式发电的有效融合十分重要，其数字孪生智能化建设是推进我国能源转型发展的重要方向。

智慧电厂数字孪生概念被认为是广泛采用云计算、大数据、物联网、人工智能等新一代信息与通信技术，以数字化、智能化为基础，建立发电机组设备数字孪生模型、运行工艺流程数字孪生模型、优化仿真数字孪生模型、作业过程数字孪生模型等；实现电厂两个维度（物理和虚拟）的统一，以自我感知、自学习、自适应、行为决策四个方面的能力提升为目标，更进一步提高发电厂安全性、环保性、效率和经济性。

数字孪生技术运用在发电领域是一种基于模型轻量化、物理模型数字化表达的技术。随着新一代信息与通信技术的应用，如大数据、物联网、云计算等，以及人工智能领域的不断发展，如机器学习、深度学习等，使得发电厂在物理空间与虚拟空间上的关联、互动有了技术支撑，以仿真技术为基础的数字孪生技术能够为电厂全生命周期管理提供无缝协助和优化。所以基于数字孪生技术的智慧发电厂建设，有利于其智能模型和智能系统的研究和应用，从而实现发电厂内"人机料法环"（人机料法环是对全面质量管理理论中的五个影响产品质量的主要因素的简称。人，指制造产品的人员；机，制造产品所用的设备；料，指制造产品所使用的原材料；法，指制造产品所使用的方法；环，指产品制造过程中所处的环境）。全要素的智能感知、数据集成与信息汇聚、实时执行与控制和智能决策与协作。智慧电厂物理实体与数字孪生镜像关系模型如图 4-11 所示。

数字孪生技术保真、实时、闭环的特性决定了其特别适用于资产密集型、高可靠性需求的复杂系统，而智慧电厂是融合需求侧海量多元分布式资源的综合复杂系统，与数字孪生技术的应用领域高度相符。然而，目前数字孪生技术在智能发电领域的研究仍处于起步阶段，需要进一步在发电领域推进数字孪生技术。

4.2.2 数字孪生在发电领域应用关键点

1. 发电设备的关键特征统一化数字孪生建模

基于发电厂的三维场景，建立锅炉、汽轮机、发电机等生产设备及监测设备模型，可视化展示设备模型、剖切关键设备、渲染设备实时状态，并支持场景中的设备搜索、设备信息查看、重点设备实时监测，实现可视化设备管理。如何建立发电设备统一简化模型，是数字孪生技术在发电领域应用的关键点。

在发电侧的锅炉、汽轮机、发电机三大主机中，锅炉是发电机组的核心设备，是应对煤种变化、运行安全、更高环保要求及快速响应负荷深度变化的关键环节，研究和建立锅炉数字孪生模型，是建立新型智能电厂的关键之一；同样，汽轮机和发电机的数字孪生建模也是对建立新型智能电厂的有效支撑。

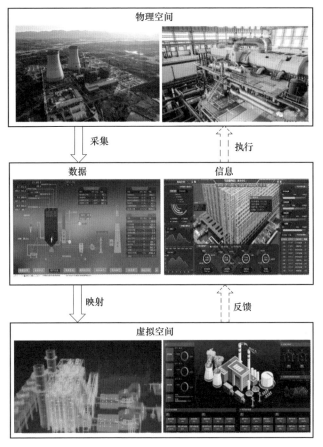

图 4-11　智慧电厂物理实体与数字孪生镜像关系模型

（1）锅炉的数字孪生建模。对于工业锅炉设计而言，由于设计对象的结构复杂而且涉及多物理场耦合优化问题的求解，锅炉数字孪生体的构建既是工业锅炉数字化设计的基础，也是难点所在。如图 4-12 所示为工业锅炉设计中以数字孪生模型为核心的数字孪生技术的应用特点，其主要体现在以下两个方面：一是工业锅炉的数字孪生建模强调几何信息、过程数据和对象机理的集成表达，以满足方案设计的多目标需求。工业锅炉系统通过物理映射建立数字孪生模型，同时数字孪生模型将信息反馈给工业锅炉系统。设计过程中，将机理模型、3D 模型、数据驱动模型进行数字孪生模型表达；二是数字孪生驱动的工业锅炉设计过程优化，通过设计知识－实例数据的多源输入和设计方案虚拟验证相结合的方式实现。将 DCS 数据、知识库和实例数据作为支撑数据进行工业锅炉模型的设计，同时数字孪生模型可通过多物理场耦合求解对设计的模型进行虚拟验证。

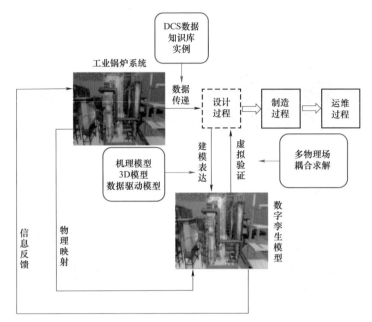

图4-12 数字孪生技术在工业锅炉设计中的应用特点

将数字孪生技术应用于构建锅炉数字模型中的重点是要针对工业锅炉的特点，构建既能够全方位表达，又能满足数据管理要求的数字孪生模型。锅炉数字孪生体由表征锅炉系统物理特性映射机制的机理模型、管理设计过程数据的数据驱动模型以及描述锅炉系统结构特征的几何模型 3 个基本单元组成，相应地，面向工业锅炉设计的数字孪生体建模须解决的关键技术问题包括：

1）基于过程型机械系统理论开展工业锅炉系统部件的抽象定义和模型描述研究，结合"单元－部件－系统"的层次化分析方法和系统拓扑网络对象关联描述方法开展锅炉物理特性映射机制设计，从而构建具有多层嵌套结构、通过单元节点连接、满足序贯模块迭代快速求解的工业锅炉设计数字孪生体机理模型。

2）为了满足设计过程中数据类型多元、数据构成复杂的需求，并实现工业锅炉设计过程中数据的统一管理和全生命周期过程中数据的灵活扩展，引入数据本体定义方法解决不同数据间的匹配映射问题，采用元模型技术实现对各种数据的统一描述，并根据锅炉系统的物理映射网络进行不同数据之间的关联策略设计，从而构建具有完整网络结构、支持数据有序传递的模块化数据驱动模型。

3）综合考虑仿真分析模型精细化、工业锅炉设计方案可视化和模型轻量化的需求差异，通过对自主设计的工业锅炉设计系统与三维建模软件的集成应用和二次开发实现工业锅炉设计方案的多尺度表达以及不同表达形式之间的智能转化。

（2）汽轮机的数字孪生建模。汽轮机的数字孪生建模指将数字孪生技术应用于汽轮机设计、制造和运维等各环节有助于满足新的能源形势下对汽轮机高效、灵活发电的需求。作为从属于"智慧电厂"体系的一个部分，智慧汽轮机也需要融合设备、控制、生产监管以及管理等模块，形成可以与智慧电厂对接的模块化产品。相应地，数字孪生技术应用到汽轮机设计，需要解决的关键问题包括：

1）汽轮机组全方位的物理信号感知：通流压力、温度、转子轴承振动及机身红外热成像等信号的感知；非接触式测量技术对叶片等旋转设备的信号感知。

2）机组精细化控制：基于模型预测的控制、自适应控制、鲁棒性控制、模糊逻辑控制以及对多种控制目标优化的控制策略等；基于汽轮机主要部件应力振动评估的启动等运行方式；机组自动处理自动启停、深度调峰/调频等过程控制方法。

3）电厂级的机组数字孪生仿真平台、数据分析平台：通流结构的实时全三维流场预测及机组效率评估，汽轮机主要部件的（叶片、转子和汽缸）的温度场、应力场实时分析，旋转部件的振动状况实时监测、故障诊断 – 预警和评估以及结构寿命评估；虚拟现实（virtual reality，VR）、增强现实（augmented reality，AR）、混合现实（mixed reality，MR）方式对汽轮机组的几何模型、物理场、安全寿命分析、故障状况监测或模拟信息进行三维重建的可视化。

传统发电机组所采用的离线仿真存在一定程度的滞后性，无法实时精确反映电力系统实际运行状态。针对上述问题，以数字孪生为核心技术，构建发电机组在线虚实交互系统，通过发电机组物理实体和其数字孪生体的相互映射和交互融合，最终实现实时孪生、预测孪生、模拟孪生、状态评价、监测预警、故障诊断、优化指导、三维可视化等功能，为电厂运行的全流程实时监控、运行管理的透明化、设备状态的及时发现提供了一种可预知、可视化的大数据监控平台。

（3）发电机的数字孪生建模。发电机组虚实交互系统的整体平台架构主要是基于虚拟 DPU 实现与真实 DCS 实时同步的 DCS 同步镜像，基于知识逻辑化、人工智能与大数据分析等技术建立火电机组关键设备和系统的多尺度、多模型热力镜像；基于不同的运行需求场景，通过实时孪生仿真平台，实现关键设备和系统的实时动态伴随仿真与超实时预测及优化仿真模拟，运行人员根据当前工况主动触发操作或逻辑修改优化进行孪生仿真试验；智慧运行导航平台双向连接孪生仿真平台和热力镜像模型，负责针对生产运行的最直接需求，智能辅助运行人员监盘、风险报警、故障诊断、量化评估、优化和操作指导。模型层闭环应用部分由 DCS 系统嵌入的模型层平台及相关软件支撑，对 DCS 操作画面进行嵌入式显示。发电机组虚实交互系统的整体平台架构如图 4−13 所示。

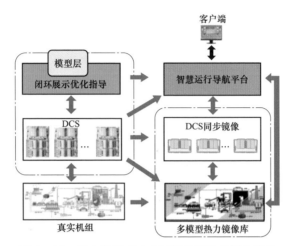

图 4−13 发电机组虚实交互系统的整体平台架构

基于上述发电机组虚实交互系统的数字孪生框架，系统构建主要包含：DCS 接口架构、大数据平台架构、通信架构、双冗余架构虚拟 DCS 同步镜像及数字孪生模型层。

DCS 作为提供实时数据源和运行实际操作监护的终端，数字孪生生态系统需兼顾安全性和便利性，采用保守的信息安全架构有助于数据的稳定传输。因此，数字孪生平台与 DCS 的通信接口应以数据传输的稳定、速率为主要需求点。

建立分布式大数据平台，集成实时生产数据，生产数据包括现有实时数据库中的数据、SIS 数据、运行信息等。大数据平台应保证数据采集、存储、读取等工作的稳定运行。

以真实机组的热力镜像模型为基础建立 DCS 同步镜像的仿真模型，通过对实际机组的热力分析，得出机组的高精度仿真系统。根据火电生产环节中各部分设备实时运行状态，实现对设备的动态伴随仿真与优化模拟仿真。

数字孪生模型层平台中包含神经网络、大数据分析、机器学习、机理等方法构建出的各项数据分析模型，通过模型输出实现故障预警、状态评价等功能。使用机理模型建模的方法已经较为成熟，以传统仿真模型中的各机理公式为基础，以试验数据或机组 DCS 实时数据为依据进行系数修正，得到较为符合实际运行工况的机理模型公式。模型构建流程如图 4−14 所示。

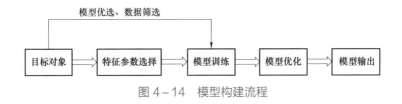
图 4-14　模型构建流程

最后对模型层平台与 DCS 同步镜像两部分实现的仿真、模型输出数据进行整合。根据机组运行的实际需求，建立智慧运行导航平台，以此为基础进行数字孪生生态系统的可视化，来辅助运行与管理人员的科学决策，实现机组的数字孪生生态系统的构建。

2. 发电与输变电数字孪生数据联动机制

发电过程的复杂模型建立即整个发电过程在横向可分为燃烧系统、汽水系统、电气系统、控制系统，用数字孪生建立一个统一的数字模型，用简单的方式把整个发电过程模拟出来。

发电厂的控制系统建模即要建立一个简化的数字孪生控制系统，使发电与输变电数据类型统一，实现联合数字建模。

数字孪生系统的鲁棒性问题即无论是燃煤发电机组还是新能源发电机组，一次能源都存在不确定性，这就要求所对应的数字孪生模型具有针对变工况运行的适应能力。

火力发电系统主要由燃烧系统（以锅炉为核心）、汽水系统（主要由各类泵、给水加热器、凝汽器、管道、水冷壁等组成）、电气系统（以汽轮发电机、主变压器等为主）、控制系统等组成。前二者产生高温高压蒸汽；电气系统实现由热能、机械能到电能的转变；控制系统保证各系统安全、合理、经济运行。

火力发电的过程就是利用燃料燃烧发热，加热水产生高温高压过热蒸汽，推动汽轮机旋转，带动发电机转子旋转，定子线圈切割磁力线发出电能，再用升压站变压器升高系统电压，与系统并网向外输送电能。

需要指出的是，在发电过程的数字孪生技术方面，相关研究仍处于较为初级的阶段，核心理论与技术创新有待突破，技术与产品的应用还有诸多问题需要解决，应用效果也有待进一步检验。尤其在火力发电领域，由于生产流程复杂、能量转换形式多样，首先在局部生产环节实现数字孪生技术的示范应用是目前较为可行的选择。

综合考虑智能发电的内涵和功能划分，可建立基于智能运行控制系统（intelligent control system，ICS）和智能公共服务系统（intelligent service system，ISS）的双层数字孪生体系架构，如图 4-15 所示。

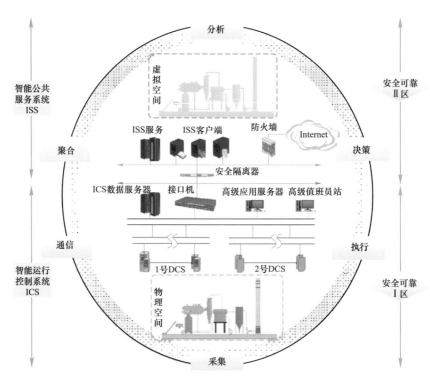

图 4-15　基于 ICS 和 ISS 的双层数字孪生体系架构

　　ICS 包含了与生产运行紧密相关的物理实体与过程，通常包含分散控制系统、ICS 数据服务器、高级应用服务器、高级值班员站及其间通信设施。ICS 包含的发电厂设备实体与生产过程对应于数字孪生模型的传感器与执行器部分。其中传感器部分涉及采集与通信 2 个过程，执行器部分涉及通信与执行 2 个过程。ICS 中传感器部分采集的数据具有多源分散获取、持续多频率采样、数据实时性强、数量大等多时空特征。在此基础上构建数字孪生系统既有优势也充满挑战，以下问题须考虑：

　　1）ICS 中数字孪生系统的颗粒度问题。从生产过程的物理结构上看，构建的孪生模型是针对一个部件/设备、一个流程、一个局部系统，还是机炉整体，这就要求在构建整个发电过程的统一数字孪生模型时，要充分考虑这一问题；从物质和能量传递的关系上看，构建的孪生模型是关注输入/输出整体的能量平衡，还是局部的物质或能量转换关系，燃烧系统和汽水系统产生高压蒸汽，电气系统实现由热能、机械能到电能的转变，每一部分系统都存在不同的物质或能量转换关系，在对它们进行统一数字孪生建模时要考虑这一问题。

　　2）ICS 中数字孪生系统的模拟精度问题。高精度是对数字孪生模型的基本要求，但在具体应用中还要充分考虑对象的复杂度、建模成本，以及承载孪生系统运行的平台性能。

3）ICS 中数字孪生系统的实时性问题。对生产控制系统而言，实时性是最基本要求。ICS 中的信号采集与通信时间通常为毫秒级，要实现数字孪生系统的高精度同步仿真，实时性是关键。

4）ICS 中数字孪生系统的鲁棒性问题。无论是燃煤发电机组还是新能源发电机组，一次能源都存在不确定性，这就要求所对应的数字孪生模型具有针对变工况运行的适应能力。

ISS 位于 ICS 的上层，建立在大型数据库系统、大数据、云平台的基础上。ISS 承载生产经营管理的数字孪生，其数据多从工业控制网络或专用网络获取，具有数据源相对分散、数据类型多样等特征。在此基础上构建数字孪生系统主要涉及数据管理、模型集成、数据分析 3 部分功能，并与聚合、分析、执行和通信 4 个过程紧密关联。ISS 系统中数字孪生如何落实执行需要重点考虑以下问题：

1）ISS 中数字孪生系统的数据联动性问题。作为发电的数字孪生模型，其既要向输变电数字孪生模型发送数据，也要接收它们的反馈数据，如何建立一个简化的数字孪生控制系统，使发电与输变电数据类型统一，实现联合数字建模，是一个需要解决的问题。

2）ISS 中数字孪生系统的安全性问题。由于数据来源广泛且多为非直接感知数据，ISS 系统中数字孪生应用的安全性问题更为突出，在原有电力系统安全分区的基础上，还要进一步考虑数字孪生自身的网络安全、数据安全等问题。

3）ISS 中数字孪生系统的执行能力问题。对指令的执行最终作用于发电实体设备，直接关系发电过程的安全性、经济性与环保性。数字孪生系统需与现有控制手段有机融合。

3. 发电侧不同燃料特性数字孪生建模

发电厂按燃料分为燃煤发电厂、燃气发电厂、余热发电厂、以垃圾及工业废料为燃料的发电厂和核电厂。不同的燃料有不同的特性，对数字孪生建模是一个问题。

燃煤发电厂和燃气发电厂在发电机部分的原理是相同的，区别就是燃煤电厂是通过锅炉燃烧煤，产生蒸汽来驱动汽轮机，汽轮机再拖动发电机。燃气电厂相对燃煤电厂就没有那么复杂，燃气直接在涡轮中燃烧做功，驱动燃气轮机转动，再拖动发电机。燃气电厂的辅机系统较少，一般燃气轮机和发电机都是集装式的。燃煤电厂的辅机系统较大，围绕锅炉，汽轮机，有很多风机水泵，燃料系统等。

余热发电是指利用生产过程中多余的热能转换为电能的技术。余热发电的重要设备是余热锅炉，它利用废气、废液等工质中的热或可燃质作热源，生产蒸汽用于发电。由于工质温度不高，故锅炉体积大，耗用金属多。余热发电主要是通过余热锅炉（热交换器）回收热空气/烟气等介质中的热量，并进行能量转移，加热给水产生过热/饱和蒸汽，冲动汽轮发电机组做功发电。如图 4-16 所示是余热发电的各子系统的启停顺序图。

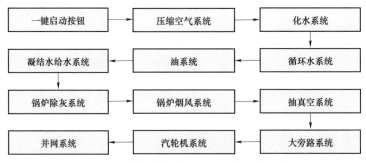

图 4-16　余热发电的各子系统的启停顺序图

　　图 4-16 是一套完整的控制模型，在余热发电数字孪生建模时，面临的主要问题就是控制系统的整合。目前，余热电厂由于建设时间、规模和系统的配置不同，整个余热发电的过程由若干个子系统组成，它们既是相互独立的，又保持一定的联系。要保持更可靠和高效的余热发电，在构建余热发电数字孪生模型时，要构建一套统一的控制系统去承担目前若干个控制系统的控制任务。

　　垃圾焚烧是一种处理生活垃圾的方式，将生活垃圾置于高温下燃烧，利用高温氧化作用使其中的可燃废物转变为二氧化碳和水等。垃圾焚烧发电系统主要由垃圾接收系统、焚烧系统、余热锅炉系统、燃烧空气系统、汽轮发电系统、烟气净化系统、灰渣、渗滤液处理系统、蒸汽机冷凝水系统、废金属回收、自动控制和仪表系统等组成。垃圾焚烧电厂的生产工艺核心是垃圾燃烧控制，提高垃圾燃烧控制的质量也是垃圾焚烧电厂的主要目标。在构建数字孪生模型时，主要存在的问题是垃圾燃料的组分不确定：相比于燃煤电厂，可以根据定期的煤质组分数据，提前制定燃烧的控制策略。而垃圾焚烧电厂智能预估垃圾的热值、含水量等粗略的组分数据，要根据燃烧状况数据的反馈实时调整控制策略。其工作量远大于燃煤电厂，并且控制策略的调整也会导致燃烧过程的波动。并且与常规火电厂不同，垃圾焚烧发电厂要求"停机不停炉"，年运行时间一般要求不低 8000h，所以垃圾焚烧发电厂均设置为汽轮机旁路系统运行方式目前旁路系统有两种设计方案：一种是配备旁路减温减压器和高压旁路凝汽器的大旁路系统，另一种是仅具有旁路减温减压器的小旁路系统。这对于构建数字孪生模型也是一大难点。

与燃煤发电相比，上面 3 种不同燃料各自有不同的特性，它们不同的生产工艺也对数字孪生建模提出了不同的要求。

核电与火电相比，区别在于：核电厂用核反应堆产生的核能代替火电厂锅炉内燃料燃烧产生的化学能，加热水，产生蒸汽驱动汽轮机。所以核电厂相较于火电厂少了锅炉，而多了核反应堆及其全套辅助系统。

建设数字孪生核电站的基础是构建核电设备及系统的数字孪生模型。核电站的不同设备、系统对应不同的模型，因此数字孪生建模需要具备设备多样、参数多样、属性多样的复杂关系属性。建立数字孪生核电站首先要对各种复杂设备的性能、参数、特征、设备关系进行数字表达，满足静态以及动态的设备及系统建模需要（如设备约束关系、设备上下游关系、设备参数动态定义、设备参数关联性等），以适应不同设备、系统、机组的定义需要。图 4-17 所示为实现核电站数字孪生的几个关键模块及运行机理。

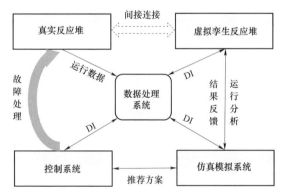

图 4-17　实现核电站数字孪生的几个关键模块及运行机理

DI—数据交互

各模块间的数据标准化与共享是需要解决的关键技术之一，可以自顶向下进行构建分类数字孪生模型。图 4-18 列举了部分数字孪生核电站的建模对象。

图 4-18　数字孪生核电站的建模对象

可以通过梳理核电站运行中所涉及的主要设备、系统、信息等约束条件，进行分级研究，对这些基本设备和系统模型开展数字化模型的分布建模，最后进行集中整合。

可见，与火电厂相比，核电厂所涉及的系统模块更复杂，这也是构建数字孪生模型所面临的问题。

4. 分布式能源数字孪生模型

大量具有随机性、间歇性、波动性特征的分布式能源接入电网，使电网呈现出结构更加复杂、设备更加繁多、技术更加庞杂的发展趋势，这要求数字孪生模型要较好地适应复杂的发电系统。

分布式能源（distributed energy resources）是指分布在用户端的能源综合利用系统，是综合能源系统的一部分。分布式能源系统涉及多样化能源形式，覆盖从生产到消费的全过程，拥有复杂的内部物理构成和技术组合特征，其数字孪生还面临着许多特性问题有待解决。例如，分布式能源系统在物理层面打通了多种能源的耦合通道，但仍然面临着信息与数据层面的壁垒；针对电力、热力、燃气等能源形式的量测大多基于各自领域的常规技术手段，在数据结构、时间尺度、误差精度等方面具有诸多差异，多源数据间缺乏有效的相互关联、印证与融合利用机制，导致实现整体系统运行态势的准确感知与分析应用存在困难；系统规划、调度、运维等不同场景中，数字孪生所需要重点刻画的内容不同，对模型的颗粒度和集成计算能力提出了多方面要求。在这些因素的共同作用下，无论是分布式能源系统数字孪生的构建，还是其在多场景中的应用，都面临着许多困难与挑战，如图 4-19 所示。

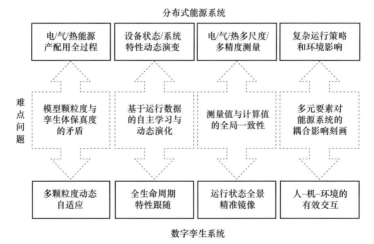

图 4-19　分布式能源系统数字孪生技术挑战

（1）如何平衡分布式能源系统数字孪生模型保真度与计算复杂度之间的矛盾。准确的系统模型是保证数字孪生精准镜像能力的前提，但由于分布式能源系统产 – 配 – 用全过程涉及的混杂特性，电、气、热各环节模型物理本质差异较大，给有效的模型接口与集成求解带来了困难。同时，在全系统层面无差别地采用精细模型虽然可以在理论上提高模型保真度，但由此带来的计算量和求解难度往往是不可接受的。这就要求数字孪生必须能够根据研究对象和场景的变化，通过模型等值等手段建立多颗粒度模型，并支持自适应动态匹配和无缝切换，以实现在有限计算资源约束下的高效求解。

（2）如何构建物理系统运行数据驱动下的数字孪生自主学习与进化机制。真实的分布式能源系统时刻处于演变当中，其动态特征与变化趋势隐含在运行数据中，可为数字孪生模型校验、颗粒度切换、特性演变等提供依据。但由于系统构成的复杂性，由多源异构运行数据逆向构建系统模型属于极具挑战性的高维数学物理反问题，求解难度较大。同时，实现自主演化需要融合机理与数据两类模型，但常规机理模型大多相对固化，缺乏利用运行数据驱动模型演化的能力；而数据模型的构建依赖于历史数据集，如何准确统计及运行数据实时扩展和动态更新等影响仍面临挑战。

（3）如何基于真实系统有限量测构建数字孪生镜像状态的边界约束。分布式能源系统中存在大量量测困难或运行状态无法直接获取的环节，如热管网的温度分布、热泵的运行能效等，在镜像中需要利用多源数据逆向求解其状态。但由于量测配置的不均衡性，以及电、气、热环节采样速率、量测误差等因素的影响，以不同颗粒度模型、不同数据集为基础求解得到的系统状态之间，以及求解结果与真实物理量测之间可能存在矛盾冲突，最终导致偏离系统的真实运行状态。对此，需要通过模型机理、关键量测和历史数据等有价值信息融合，建立数字孪生镜像状态的边界约束，以确保镜像状态与系统量测的全局一致性。

（4）如何在数字孪生中刻画外部信息、环境、人为决策等要素与分布式能源系统的耦合影响。分布式能源系统属于信息 – 物理耦合系统，能源调度运行策略、多领域信息交互是影响系统运行状态的重要因素，因此同样需要在数字孪生中进行镜像。而信息环节具有离散化数学本质和事件驱动特征，与物理能源动态过程差异巨大；外部环境、人为决策等要素的准确数学表达困难，对分布式能源系统源、荷特征的影响机理复杂；实现人 – 机 – 环境在数字孪生中的交互机制设计和耦合特征刻画面临挑战。

从技术角度看，分布式能源系统数字孪生是感知、通信、计算、控制、人工智能等技术的体系化融合与创新，几乎与迄今为止所有的先进信息科技成果相关。数字孪生核心功能，关键技术，如图 4-20 所示。

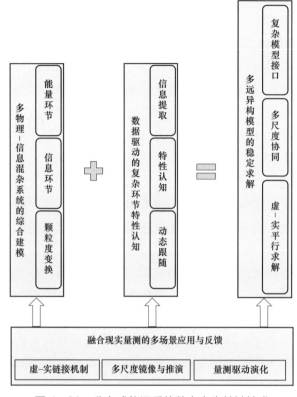

图 4-20 分布式能源系统数字孪生关键技术

面向多种能源形式与信息环节在产、配、用全过程中的耦合特征，构建分布式能源系统多颗粒度系统模型，满足不同技术阶段与场景下的建模需求，是分布式能源系统数字孪生的首要关键，这具体包括以下内容：

（1）复杂能量环节的耦合建模。从电力/热力/流体等过程的微观机理出发，构建满足多颗粒度分析需求的多能流融合模型架构，并充分计及各种能源转换装置带来的多物理动态耦合特征，形成分布式能源系统物理能源动态的数字孪生综合建模框架。

（2）信息-物理系统的关联建模。信息环节特性对分布式能源系统感知、决策、控制等具有重要影响，基于事件驱动的离散化建模方法构造信息环节模型，并刻画其与物理能源的耦合交互特征，支撑数字孪生对真实系统行为的高保真度镜像。

（3）物理-信息混杂模型的降阶化简。分布式能源系统数字孪生模型呈现出明显的高维度、多尺度特征，需要在统一规则下科学地对不同子系统选取繁简相适、彼此配合的表达模型，通过空间投影变换、自适应模型化简等方式降低模型规模、数学复杂度和参数获取难度，确保数字孪生的灵活适用能力。

对分布式能源系统中难以观测或基于机理分析计算的不可观环节，利用多源数据逆向重建其内部状态与复杂行为特征，具体包括以下几点：

（1）多源异构数据的价值信息提取。通过对规划、运行、维护、实时量测等多阶段多源数据的融合利用，挖掘提取其中的有价值信息，降低数据规模与复杂度，建立面向不同研究对象的关联数据集，为数据驱动的特性认知提供基础。

（2）数据驱动的多类型环节复杂特征认知。通过特性拟合、机器学习等数据驱动的建模手段，实现机理模型关键参数的有效辨识、不可观环节动态响应特征与行为模式的准确构建，从而支撑数字孪生的全息透明镜像与模拟等需求。

（3）考虑量测信息的不可观环节模型动态优化。通过分布式能源系统运行数据的动态注入与反馈，将历史数据和实时量测信息结合，通过多尺度数据同化实现数据驱动模型的滚动优化，不断提高不可观环节特性认知与模型构建的准确度。

分布式能源系统中多类型能源动态相互交织，耦合关系复杂，针对数字孪生混杂模型组分带来的求解复杂性，其关键在于构建兼容多种模型属性的一致性求解框架，具体包括以下方面：

（1）混杂模型的接口与交互。由于各种能源环节的模型差异显著，需要基于模型组分数学特征，构建机理解析模型、数据驱动模型、量化/非量化模型等模型形式的异构接口以及数据交互机制。

（2）混杂异构模型的多尺度协同求解。针对分布式能源系统数字孪生的混杂异构模型特征，构建基于先进数学算法的高适应性求解方法框架，计及模型组分的多时间尺度和多颗粒度特征，在统一框架下实现不同模型组分的同步或异步求解。

（3）虚－实系统的平行稳定求解。与现实系统平行求解是数字孪生的重要需求之一，而一些现实场景中的突发扰动可能使系统状态发生巨大变化，需要建立数字孪生在多场景下的求解算法与稳定性分析方法，并根据具体应用需求对模型接口与求解机制进行科学设计和充分优化。

5. 集中式新能源发电数字孪生模型

相比传统能源稳定、可控的生产方式，风能、太阳能等新能源本身具有先天的不可预测性，如何精确预测发电功率，这对于数字孪生模型的建立是一个问题。另外，氢能发电是通过燃料电池内部的电化学反应把氢气所含的能量直接连续地转换成电能，氢能发电的数字孪生也是一大难题。

（1）风力发电数字孪生技术。

1）全生命周期数字孪生体系。目前针对海上风电工程单个建设阶段已有数字化实施案例，而能够覆盖全生命周期的数字孪生体系研究是一个难点，其关键在于 BIM 模型及数据能够在规划设计、施工、运维阶段中得到继承、深化与提升。基于规划设计阶段建立的 BIM 模型，施工阶段进行模型深化，并赋予施工属性信息，竣工时形成数字资产；运维阶段基于前述阶段的 BIM 模型，将实时监测数据与模型互联，并进行相关应用。由此建立的全生命周期的数字孪生体系能够充分发挥数字孪生的优势，提升工程数字化价值。

2）信息分类与编码标准。而海上风电与其他传统能源相比，有着很多不同点，需要建立起符合海上风电工程的信息分类和编码标准，实现数据信息模型的唯一索引，标识各种不同类型的系统、设备和部件，同时标识在工程建设过程中涉及的各类信息，如各类文档、单元工程、人员、组织等，并作为各专业设计人员，采购人员，项目管理人员、现场施工人员、运营维护人员等之间联系的纽带。BIM 模型需要与施工进度计划、项目成本、运维监测数据等数据进行双向关联，模型关联上述数据后，能够在浏览模型的过程中，查看任一构件对应的进度计划节点工期、清单工程量和造价、设备监测状态等信息模型与业务数据的关联，可以提供给不同业务人员和项目参与方获取所需的信息，在同一个模型的基础上，确保项目数据的一致性，并能够直观地通过模型可视化的方式呈现。

风力发电对应的风力发电机组数字孪生系统的整体架构如图 4-21 所示。该系统以数字孪生平台为中心，主要包括存储、数据交互、孪生模型及业务系

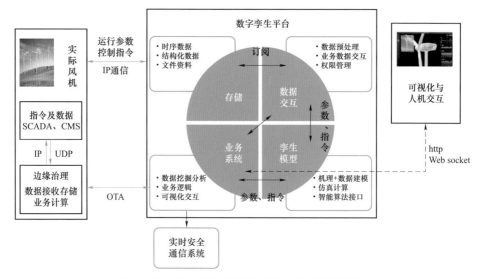

图 4-21　风力发电机组数字孪生系统整体架构

统四个部分。

3）风电机组运行数据获取。与风电机组连接的目的是实时获取关键运行参数。从风电机组的数据采集与监控系统（supervisory control and data acquisition，SCADA）及状态监测系统（condition monitoring system，CMS）实时获得风速、风向数据，以及相关运行参数和控制指令，实现数字孪生系统对风电机组运行状态的实时感知。

4）可视化与人机交互。采用 http 和 websocket 双向通信协议，在各类用户终端，基于 3D 图形引擎，实时动态展示风电机组数字孪生系统运行画面；通过引入数据可视化技术，对比展示风电机组与其孪生系统的动态响应过程。可视化界面是人机交互的第一接口，用户可根据业务需求，进入特定部件，观察其运行参数和工作状态，并依授权对关键控制参数进行调整。

（2）光伏发电数字孪生技术。光伏发电技术受温度、湿度等环境因素的影响，输出功率表现出实时变化、随机波动的特点。因此，对光伏发电功率进行超短期预测，是构建光伏发电数字孪生系统的关键点，需要建立光伏发电功率预测数字孪生系统。光伏发电功率预测系统数字孪生结构体系如图 4−22 所示。

图 4−22　光伏发电功率预测系统数字孪生结构体系

1）物理层是预测系统数字孪生体的实体基础，主要为散布在光伏发电站周边的光伏阵列，光伏阵列是光伏发电功率预测系统的能量源和信息源。物理层同时是孪生数据的载体，可为感知层提供包括光伏阵列安装方位角、倾斜角及运行数据、工作环境参数等信息。

2）感知层是数字孪生体系数据感知接入的媒介，主要由安装在光伏阵列周边环境的传感器及气象站组成，用于收集光伏阵列所处环境的太阳辐射强度、温度、湿度、风速等实时气象数据，从而驱动数字孪生体系正常运作。

3）数据传输层以交换机和以太网为核心，搭建无线网络传输系统，实现气象数据、设备运行数据等的高效传输；采用分布式本地存储与集中式云存储相结合的方式对数据进行全面存储，可根据系统要求，实现数据的动态响应及相互调用。

4）数据处理层作为预测系统数字孪生体的核心，是实现光伏发电输出功率预测的关键，可为决策层生成最终的光伏并网方案提供依据。一方面，数据处理层将实时气象数据作 GA-BP 神经网络模型输入量，计算得到光伏发电功率预测初始值；另一方面，基于历史气象数据补偿修正光伏发电功率预测初始值，得到最终的数字孪生体预测值。

5）决策层是保证光伏并网安全、稳定的"窗口"，决策层根据处理得到的光伏发电输出功率预测数据，生成相应光伏并网方案，反馈到终端设备以指导电网调度。此外，决策层还可根据设备运行状态信息下达相应运维指令到终端设备，保证光伏发电系统正常工作。

（3）水力发电数字孪生技术。水轮机为水电机组重要的组成部分，其运行状态的优劣直接影响整个机组的发电效率。将数字孪生技术与水轮机系统深度融合，实现对水轮机的智能管控，是将数字孪生应用到水电的关键。

数字孪生水轮机系统示意图如图 4-23 所示。其主要由物理水轮机、虚拟水轮机、水轮机孪生数据、水轮机服务系统四部分组成。在新一代信息技术的驱动下，通过虚拟水轮机和物理水轮机实时交互和真实映射，在水轮机孪生数据的驱动下，实现水轮机运行要素在各系统之间的迭代运行，进而达到特定约束与目标下运行状态最优。

设计的孪生虚实交互系统分为设备层、孪生层、服务层三层，如图 4-24 所示，各层严格遵守水电厂信息安全要求，全面确保网络、系统、数据安全。各层同步开发、同步设计，并通过数据接口进行衔接，既能确保虚拟交互系统的扩建和补充，也能保证系统开发的顺利进行。

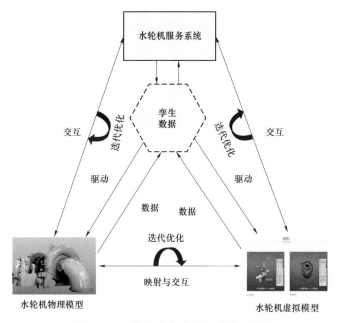

图 4-23　数字孪生水轮机系统示意图

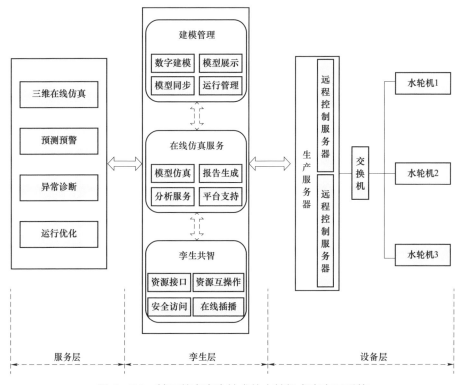

图 4-24　基于数字孪生技术的水轮机虚实交互系统

1）设备层。主要用来确保孪生系统的数据采集、处理、存储等基础技术的要求，同时满足数据融合板块的功能要求。

2）孪生层。针对水轮机的特点将机理模型与边界条件相结合，利用大数据关联分析技术构建数理模型，得到影响水轮机的多因素非线性关系。同时集成三维设计工具，绘制三维模型，将孪生建模和三维可视化的功能充分融合，促使设备实现动态三维仿真。

3）服务层。通过图例、报表、三维和统计分析等方式将模型结果直观高效展示给运行人员。通过三维引擎、超文本标记语言（hyper text markup language，html）等技术展示水轮机实时的模拟结果，并将重要参数及报警信息通过通信协议及时传输至控制界面，为运行人员提供决策支持。

建设水轮机数字孪生系统需要的关键技术包括：

1）基于数据协调的数据融合技术。为减少系统测量误差和随机误差对运行优化指导和关键参数精准控制的影响，利用数据预处理和数据协调的方法，融合成高精准度的基础运行数据库，在此基础上对采集到的水轮机数据进行分析及应用。将机理模型和水轮机运行特点相结合，构建特征提取机制，形成水轮机特征数据库。

2）数字孪生建模技术。利用三维建模技术，结合水轮机性能、流动介质的关系，对水轮机特征库的数据内容进行可视化展示，实现真正与实际运行设备一一映射的数字孪生体。

3）大数据分析处理技术。通过单元系统历史数据分析，建立水轮机最佳运行特性曲线模型作为优化的基础，根据单元系统设备"输入数据"和最佳运行特性曲线模型，可实时计算出目标"输出数据"作为单元系统设备指标寻优的目标值，当实际运行数据偏离目标数据时及时分析原因进行优化指导。

4）场景可视化关键技术。基于高精度、多维度水工程数字孪生体的场景流畅、无缝可视化，对水利水电工程非常重要。需要对工程信息模型进行多维度拆分重组、轻量化处理及与管理属性信息关联等操作，关键技术要点如下：BIM模型应具有合理的精细度，在展现必要的结构细节的同时，控制模型文件大小，确保可视化展示的流畅与稳定；BIM模型应按结构划分，实现结构设备分层级地选择及查看；BIM模型相关信息应合理组织，支持从业务和工程结构的角度分别对数据进行组织及管理；模型应与结构化及非结构化数据相关联，实现模型构件关联信息的动态更新及交付，满足建设期进度质量安全、运行期运行维护等业务要素三维可视化管理需求。

5）水工程信息实时感知、处理及控制技术。数字孪生体系下的水工程信息需进行快速、动态、实时的感知及反向控制,主要包含以下技术要点:利用无人机、摄像头等感知设备,结合图像识别、深度学习等技术,实现水工程实时态势数据快速获取与识别;利用云计算、边缘计算、知识图谱、参数化建模等技术,实现水工程数字孪生体在线更新或快速建模;结合专业模型、边缘计算、远程控制等技术,实现对水工程突发事件远程预警告警及智能干预,提高水工程突发事件决策及处理智能化能力。

(4)氢能发电数字孪生技术。氢能发电系统主要由氢源、燃料电池和电力变换器及其控制系统组成。将氢源、燃料电池和电力变换装置有机组合起来就可构成氢能发电系统。氢能发电系统的设计是一个系统工程,它应以高质量的电功率输出为目标,以各种技术经济和环境要求(或战术技术指标)为约束条件,选择合适的燃料电池组、高效率的电能变换器和燃料/氧化剂供应装置。

为保证氢能发电系统中燃料电池、电能变换器和燃料供应系统等各主要装置及附属设备的安全可靠运行,控制系统的设计十分重要。新一代氢能发电系统都采用计算机分散控制系统,按工艺流程或装置独立性将氢能发电系统分成若干个相对独立的子系统,每个子系统采用独立的控制器进行控制,各独立控制器以数字通信方式与系统总线相连,实现相互通信并接收总控制器的协调控制和管理。氢能发电的控制系统设计必须与工艺流程、运行工况和安全监控相适应,它随氢能发电主系统设备和工艺的变化而变化。

最具应用前景的燃料电池种类主要为质子交换膜燃料电池和固体氧化物燃料电池。质子交换膜燃料电池(PEMFC)是在电动汽车和发电领域极具前景的一类燃料电池。与其他种类燃料电池相比,质子交换膜燃料电池具有如下优点:质子交换膜燃料电池运行温度较低,约为 $80℃$,因此可以做到快速启停;质子交换膜燃料电池整体质量较低,比功率更高;质子交换膜燃料电池不存在腐蚀性电解质,安全性更高。因此质子交换膜燃料电池已经在交通领域得到一定应用。质子交换膜燃料电池同样存在一些尚未充分解决的问题,在很大程度上限制了它的推广使用:质子交换膜燃料电池需要使用铂基贵金属催化剂,导致电池成本一直居高不下;质子交换膜燃料电池工作温度较低,因此其余温回收效果不如熔融碳酸盐、固体氧化物等类型的燃料电池;质子交换膜燃料电池催化剂对于大气中 CO、氮氧化物非常敏感,容易发生催化剂中毒导致电池失效。

固体氧化物燃料电池以多孔陶瓷作为电解质,在 $600℃$ 以上的高温条件下工作发电。固体氧化物燃料电池可以使用的燃料种类较多,除了氢气,液化气、天然气等燃气均可作为固体氧化物燃料电池的燃料。由于工作温度较高，固体氧化物燃料电池需要预先升温至工作温度才能对外稳定供电，升温速度过快容易导致连接部件脱落，影响使用寿命，因此固体氧化物燃料电池不适合频繁启停的工作环境。从这个角度看，固体氧化物燃料电池并不如质子交换膜燃料电池适合用于电动汽车。但在固定发电领域，固体氧化物燃料电池则具有诸多优势：固体氧化物燃料电池工作温度高，通过余热回收能够实现高效热电联产；固体氧化物燃料电池不需要昂贵的催化剂和电解质隔膜，因此造价降低潜力巨大，更容易实现大规模生产；固体氧化物燃料电池可以使用多种燃料，适用性强。总之，固体氧化物燃料电池的系统较为简单、造价更容易降低，并且有望实现大规模设备的生产和使用，是一种非常适合用于固定式发电的技术路线。

在氢能发电领域面临的主要问题就是：氢能发电系统的设计问题，如何把各个分散的子系统有效地整合起来，适应系统的变化，建立高效的数字孪生模型；不同的燃料电池，发电原理不同，需要建立不同的数字孪生模型。

6. 发电侧储能系统数字孪生模型

讨论发电侧储能应该把传统电源侧和新能源侧这两个储能区分开来。调频储能配套装设在火电厂侧，主要是进行协助提供二次调频辅助服务。储能装置于风电、光伏等新能源厂站，可以平滑新能源出力的功率波动性，可以跟踪发电计划，应对考核奖惩；可以削峰填谷，储存电量减少弃光弃风，提升经济效益；还可以提升新能源的调频调压能力，主要是一次调频、基础无功支撑能力，使得新能源对电网更友好。因此，如何精确建立两种模型的数字孪生模型是一个关键点。

传统火电机组中，储能在发电侧中的应用能够显著提高机组的效率，对辅助动态运行有着十分积极的作用，这可以保证动态运行的质量和效率，且暂缓使用新建机组，甚至取代新建机组。另外，发电机组用电过程中还可及时为储能系统充电，在高峰用电时段提高负荷放电的效率，并且可以以较快的速度向负荷放电，促进电网的安全平稳运行。

储能装置接入后与发电机组原有协调执行自动发电量控制（automatic generation control，AGC）调度指令，机组与储能装置协调控制逻辑如下：当电网下达 AGC 调节指令后，火电机组 DCS 和储能装置同时接收电网指令，控制机组出力跟踪电网调度指令。机组和储能装置会同时响应，机组响应较慢，储能装置会快速响应，随着机组的响应，储能装置会根据指令和机组响应情况调整输出或者储存功率，完成一次调节过程，等待下一次调节指令的到来。火电储能混合调频示意图如图 4 - 25 所示。

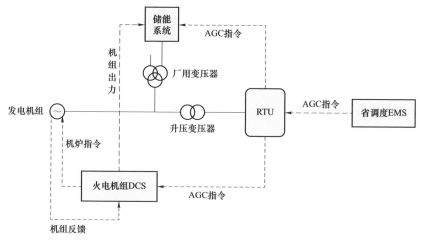

图 4-25　火电储能混合调频示意图

因此，数字孪生技术应用在火电机组中，主要是建立具有智能调频调峰能力的模型，如何建立机组的输入指令和储能系统输出之间的联系，是建立火电机组储能数字孪生模型的关键。

在风力发电和光伏发电等新能源发电机组中，储能一方面能够保证新能源发电的稳定性和连续性，另一方面也可增强电网的柔性与本地消化新能源的能力。在风电场当中，储能可以有效提升风电调节的能力，保证风电输出的顺畅性。储能在集中式的并网光伏电站中能够加强电力调峰的有效性，而且还可提高电能的质量，电力系统运行的过程中不易出现异常问题。

风电场的原始输出功率，此功率具有间歇性、波动性等不稳定因素，若直接并入电网会对电网造成冲击，影响电网的电能质量。故需使用储能系统对此功率进行平抑。如图 4-26 所示是风电发电侧储能原理图。

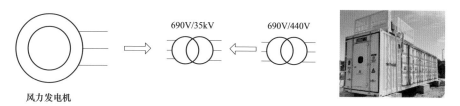

图 4-26　风电发电侧储能原理图

在没有储能系统的参与下多余功率会造成电网的波动，当安装了储能系统以后，储能系统对电网释放功率或者吸收风力发电机释放的多余功率，使得总功率得到平抑。

光伏发电侧储能的功能与风电发电侧储能的功能并无差别，但是在结构上有所差别。

第一种方式是，储能系统通过升压变压器直接接入交流母线，如图 4-27 所示。这种方案的优点是储能系统容量配置灵活，不管光伏方阵的朝向是否有阴影遮挡，所有多余的能量都能统一地收集起来。缺点是储能系统需要单独接入电网，并网手续比较复杂。电池充电和放电经过多级转换，系统换效率较低，很多能量损失在了变压器上。

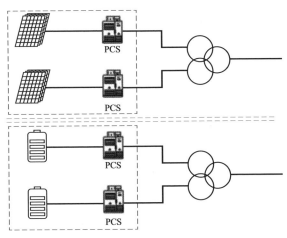

图 4-27　储能系统通过升压变压器直接接入交流母线

第二种方式是，储能系统直接接入光伏逆变器直流侧，如图 4-28 所示。这种方案的优点是直流电能经过一级 DC/DC 变换直接存储能量，不经过变压器接入电网，效率更高。缺点是需要大功率直流变换器 DC/DC。另外，由于不同的方阵发电量不同，蓄电池的容量会出现很大的差异，后期不易调度。

数字孪生技术应用在新能源发电侧储能，关键在于如何精确预测风能、太阳能等的功率，以及根据储能系统的不同接入方式，建立不同的数字孪生模型。

4.2.3　数字孪生在发电领域应用及技术发展方向

1. 智能发电系统中的物理实体和虚拟表示建立双向关联

数字孪生技术能够交互地在智能发电系统中的物理实体和虚拟显示之间建立双向联系，综合利用工业物联网、人工智能、云计算、虚拟现实等技术。数字孪生可以从智能发电物理空间中获取数据，在虚拟空间中实时分析数据，并将决策指令反馈至物理空间，实现对发电设备与过程的自主控制，将操作员从枯燥重复的人工操控中解脱出来，实现机组运行控制的规范化和精细化。

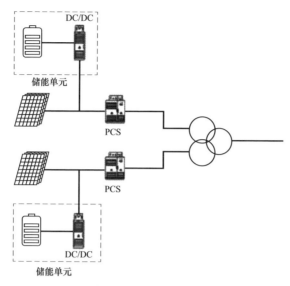

图 4-28　储能系统直接接入光伏逆变器直流侧

2. 综合效益管理

数字孪生可轻松仿真各类假设情况，如存在各类故障时发电机组物理实体的降级运行或故障停机操作手段，寻找最佳的维修计划并有选择地延迟维修与资产替换，避免计划外操作可能造成的设备应急关闭和重启等。此外，数字孪生可将数据与流程可视化，直观展示发电设备状态和过程参数，模拟关键绩效指标。

3. 生产风险管控

数字孪生可利用机器学习、深度学习和人工智能算法预测潜在的风险与故障，避免事故发生，防控生产风险。在发电机组新增设备、启用新的控制算法或操作流程前，可以在数字孪生虚拟空间中进行仿真测试，以评估新增部分对发电系统整体安全性、经济性和环保性的影响程度与范围，是否对人员、设备与环境构成潜在威胁，加速开发与交付流程。

4. 设备设计交付

通过前期建立通用的虚拟模型库，可与新建电厂相结合，有针对性地为新项目设计初始数字孪生虚拟空间，并进行一系列测试与仿真，以逐步确定最佳设计方案。此外，通过数字孪生可分批次地添加不同供应商交付的设备，验证使用不同设备的发电设施的性能指标。使用设计阶段的数字孪生系统，可以对发电设备进行预调试，验证控制算法有效性、操作流程合理性，进而加速电厂交付并尽快投入运行。

5. 新应用研发

使用数字孪生，发电企业可以在现有设备条件下加速开发新运行场景和运营模式。通过在虚拟空间进行各种情景仿真，确定最佳的运营/开发方案，并减少从设计到上线新方法或新应用的过程时间，进而提高经营收益。

6. 协同决策

发电机组全生命周期涉及投资决策、建设决策、运行决策、维修决策、报价决策等，在有效获取政策、市场、环境、技术等内外部数据的基础上，通过多种数字孪生模型的协同，可实现针对特定区域或不同类型机组的综合决策优化。

7. 人员操作培训

数字孪生与虚拟现实、增强现实等扩展现实技术融合，可提供一个虚拟平台来提高员工技能水平，完成针对发电机组的设备通识、设备操作、指标判读、应急对策和系统维修保障等技能培训。相比于传统仿真机，数字孪生系统在操作结果的实时反馈、机组运行状态和主要技术指标的刻画方面具有显著优势。同时，基于数字孪生的操作培训，还可实现与机组实际运行工况的在线比对。

» 4.3 数字孪生在输电领域应用关键点及创新 «

4.3.1 数字孪生在输电领域应用的必要性

1. 输电领域现状需求

在交流架空输电技术中，输电线路的自然功率与输电电压的平方成正比，提高输电电压可有效地提高单回输电线路的输送容量。当交流输电电压等级为220kV时，自然功率达到0.12GW，电压等级为330kV时自然功率达到0.36GW，以此递增直至当电压等级为1000kV时，自然功率达到4GW。随着电压等级的提高，交流输电系统单位千米的造价也急剧增加，电力系统的稳定运行问题也逐渐显露，因此超、特高压直流输电技术得以快速发展。在直流架空输电线路中，单回线路的输送功率与输电电压及输电电流的乘积成正比，常用的超特高压直流输电电压等级、额定电流及输送容量见表4-1。

表 4–1　　　　　　　　　　不同直流输电电压等级的线路输电能力

电压（kV）	±500	±660	±800	±1100
电流（kA）	1～3	2.1～4	3～5	4～5
双极容量（GW）	1～3	2.5～4.8	4.8～8	8.8～11

电力输电线路是电力系统重要的基础设施，为了实现输电线路运行状态的全面感知与智能分析，进一步提高输电线路运维检修的时效性与智能化程度，提高输电线路运维检修的工作效率，研究数字孪生技术在输电线路中的应用，可以助力电网企业在输电领域的数字化转型。

2. 数字孪生技术在输电领域的应用发展需求

在得到政府的大力支持下，国内电网取得较快发展，依据相关统计，我国输电线路已经接近于 120 万 km，从规模上来看，已经走在世界的前列了。对于输电线路而言，有着较大的分布面积，而且分布不够集中，在进行巡检的过程中，需耗用较多的时间，存在一定的困难，通常所处的地形较为复杂，难以满足时代发展的要求。针对高压输电线路分布广、线路长、地形地貌复杂等特点，以及目前野外站点的线路运行状态的检查方式仍以现场人工定期检查方式为主的问题，现有多种基于高压输电线路在线监测系统，有学者研究和设计了基于无线传感技术的输电线路在线监测系统。另外，利用 5G 的高带宽、低延时、高精度、宽空域等特点，通过具备 5G 通信能力的无人机，在 5G 网络环境下实现输电线路无人机全自动巡检、无人机 VR 巡检及无人机智能联动等应用场景，能够真正实现 5G 无人机在输电线路巡检的应用，减少人工成本，提高输电线路巡检质量，及时发现输电线路及其周边环境存在的问题，保障输电线路运行安全。例如在极寒条件下，传统电网覆冰输电线路状态监测技术不完善，因此基于巡检机器人的电网覆冰输电线路状态智能监测技术，主要采用图像分析法对输电线路的状态特征进行提取，包括输电线路局部状态特征、输电线路覆冰厚度的状态特征，在完成特征提取后，对输电线路覆冰状态进行检测和监测。以及基于无人机航摄技术、倾斜摄影实景三维技术的可视化分析技术，利用倾斜摄影的三维建模技术可以很好地为变电线选线选址提供可视化依据等。

随着以上无线传感网络、5G、无人机巡检、可视化等新技术在输电线路场景的引入，目前已经极大地提高了输电线路运维效率，并且也为输电线路的智能化提供了基础设施和数据基础，但还未达到输电线路运行状态的全面感知与智能分析的要求，数字孪生技术的快速发展为解决这些问题提供了新的思路。

4.3.2 数字孪生在输电领域应用关键点

1. 基于数字孪生的输电线路健康状况评估模型

输电线路的数字孪生体是输电线路实体在数字空间的虚拟表征形态，可贯穿于产品设计、生产制造、运行维护和报废回收等全生命周期过程，是实现设备数字化和智能化的最佳技术手段。面向智能运维的输电线路数字孪生的主要目标是将输电线路的各种原始状态通过数据采集、存储和仿真分析，反映到虚拟的信息空间中，通过构建物理设备的全息虚拟模型，实现对设备状态的掌控和预测。随着新能源和电力电子设备的大量接入，新型电力系统将逐步成为结构复杂、设备繁多、技术庞杂的高维信息物理系统，具有时变非线性、部分可观测性和随机性。考虑到输电线路故障机理复杂、影响因素众多，解析模型建立困难，也缺乏不同工况/缺陷/故障模拟和仿真工具，现有的设备状态评估分析主要依赖测试试验、人工经验以及单一或少数参量的阈值诊断，难以满足新型电力系统下设备状态全面、精准感知及高可靠、高灵活性运行的需求。

随着智能电网、能源互联网的大力推进和快速发展，输电线路健康状况的检修方式已经由传统的"计划检修"方式转为"状态检修"。对输电线路进行"状态检修"，需首先基于各种传感器感知反映设备运行情况的状态量，之后，对状态量数据进行分析处理，构建用于评估输电线路运行状态的模型，在此过程中，采用试验模拟、数据驱动等方法不断优化模型，使其状态量数据更加丰富、数据质量不断提升、模型准确性和可靠性不断增强，从而更好地表征实际输电线路的运行规律。基于上述步骤实现输电线路运行规律的挖掘过程本质上是输电线路状态评估的数据孪生技术实现的过程。

国网公司《智慧输电线路建设方案》明确智慧输电线路是坚强智能电网与电力物联网在输电专业深度融合的具体实践，具有五大基本特征。

（1）本质安全：设防标准合理，技术措施可靠，运行维护高效，符合标准化线路达标创建标准是智慧输电线路建设的根本要求。

（2）实时感知：应用高可靠性监测传感技术，以及空天地立体监测、协同巡检等综合手段，实时掌控本体状态、通道环境，为开展自主预警及智能处置提供可靠的数据支撑。

（3）全息互联：设备状态、通道状况、人员情况全景监控，基础数据、监测数据和运行数据互联互通，具备开展自主预警以及智能处置的平台化基础。

（4）自主预警：借助于人工智能、数字孪生等技术，深度融合多源数据，统筹开展线路状态评估，实现对线路故障、缺陷和隐患的主动判断并根据实际情况做出客观预警，指导一线人员高效快速处置。

（5）智能处置：利用无人机、图像识别、智能穿戴等技术开展隐患、缺陷及故障处置的智能辅助及安全防护，提升故障、缺陷和隐患的处置效率，最大化保障作业人员的安全。

智慧输电线路通过电力传感器、无线传感网、人工智能、边缘计算等技术手段的应用，实现设备立体感知、通道全景监控、数据云端处理、状态辅助预判、安全智能管控、运维检修效益提升，实现坚强智能电网和电力物联网在输电专业的深度融合和落地应用，无疑为基于智慧输电线路开展线路动态增容辅助决策系统建设提供了扎有力的支持条件，也是智慧输电线路建设的主要方向之一。根据智慧输电线路建设功能需求，典型输电应用场景可分为五大类 22 项，其中线路温度监测及动态增容应用场景位列第一大类第 1 项，充分说明了该项工作的重要性及必要性。智慧输电线路典型应用场景分类详见表 4-2。

表 4-2　　　　　　　　　智慧输电线路典型应用场景

场景大类	场景小项
线路状态实时感知与智能诊断（4 项）	（1）线路温度监测及动态增容。 （2）故障智能诊断与异常放电主动侦测。 （3）线路外绝缘状态感知预警。 （4）共享铁塔安全智能监测
自然灾害全景感知与预警决策（8 项）	微气象全域监测与辅助决策等 8 项
空天地多维融合与协同自主巡检（4 项）	全业务智能移动巡检等 4 项
线路检修智能辅助与动态防护（2 项）	多元辅助智能检修等 2 项
高压电缆全息感知与智能管控（4 项）	电缆状态多维感知与诊断决策等 4 项

线路温度监测及动态增容应用场景，其实质就是在输电线路导线、耐张线夹、引流板等处加装低功耗无线测温传感器，并适当部署环境温湿度、风速、雨量及日照强度等多参量传感器，实现全天候感知导线和连接金具温度及周围气象信息，通过自组网全面汇集相关监测信息。以线路为单元，对监测数据、实时运行数据进行增容计算和智能分析，对温度超限线路及时发送告警信息，帮助运维人员实时掌控重超载线路、老旧线路运行状态，指导开展精准运维。通过在应用层利用模型计算导线最大负荷状况，预测线路允许最大载流量，指导电网运行部门合理调配线路输送容量，安全、科学、经济地开展动态增容。

（1）导线稳态长期增容热稳定电流计算。经过多年研究，导线稳态长期热稳定输送能力计算方法已有多种，不过各方法推演基础和计算原理依据均是输电线路热平衡公式，即稳态时导线发热等于散热。基于此，引入摩尔根简化载

流量计算公式，推导可得

$$I = \sqrt[2+\tau]{\frac{9.92\theta(vD)^{0.485} + \pi sDk_e[(273+t_c)^4 - (273+t_0)^4] - \gamma DS_i}{\xi R_d}} \qquad (4-1)$$

式中　　I——安全热稳载流量；

　　　　v——风速；

　　　　θ——导线载流温升；

　　　　D——导线外径，mm；

　　　　k_e——导线表面辐射系数；

　　　　s——斯蒂芬－波耳兹曼常数；

　　　　S_i——日照强度；

　　　　t_c——导线温度；

　　　　t_0——环境温度；

　　　　γ——导线吸热系数；

　　　　R_d——导线直流电阻；

　　ξ和τ——均为常量，不同导线选取不同常数。

式（4-1）工程应用解读：导线及允许最高运行温度确定后，则实时环境温度越低，风速越大，日照强度越小，其允许热稳载流量越大。

（2）导线暂态安全电流计算。根据热平衡原理，引入暂态过程，推导出导线热稳定暂态方程

$$Q_J + Q_S = MC_p \frac{dT_C}{dt} Q_J + Q_R + Q_F \qquad (4-2)$$

引入摩尔根简化载流量计算公式，完成离散解析，则

$$t_c(i+1) = \left\langle \begin{array}{c} \xi R_{20}\{1 + \gamma[t_c(i)-2]\}I^{2+i} + \\ \gamma DS_i - 9.92[t_c(i)-t_0] \end{array} \right\rangle (vD)^{0.485} - \qquad (4-3)$$
$$\pi sDk_e[(273+t_c)^4 - (273+t_0)^4]\frac{\Delta t}{mC_p} + t_c(i)$$

式中　　$t_c(i)$——当前时刻导线温度；

　　$t_c(i+1)$——Δt时间后导线温度。

式（4-3）工程应用解读：

1）$t_c(i+1) = t_c(i)$时，导线温度不再增长，意味着暂态过程结束，进入新稳态。如果导线温度不超过最高允许运行温度70℃，导线具备安全运行条件。根据此时的实时温度和对应电流，可计算出新稳态下导线热稳定输送能力。

2）导线的新稳态温度超过最高允许运行温度 70℃时，导线不具备安全运行条件。这时，需要计算出导线温升至 70℃对应的时间 Δt，在这个有效时间内完成电网紧急调整处置，实现输送潮流降低，确保线路温度稳定在 70℃以下。

（3）导线热稳定动态增容具体应用计算项目。按照规程，传统线路热稳定输送能力限额核算时，设置导线最高允许运行温度为 70℃，环境气温为 40℃，风速为 0.5m/s，光照为 1kW/m²，这一条件是考虑严苛气象条件下线路维持对地安全距离要求而设定的，线路实际工作环境的真实气象条件常常远好于这一设定。相比传统方法，基于智慧输电线路的动态增容系统掌握有计算所需的实时数据，可以更为科学地评估核算线路热稳定输送能力。

1）输电线路实时允许载流量计算。通过式（4-1），代入经过预处理的线路实时运行环境参数（温度、风力、日照等）及导线当前运行实际温度，计算得出导线实时实际允许热稳定载流量，推算出动态增容空间，指导潮流调整。

2）导线最大热稳定输送能力动态评估。通过式（4-3），代入规程允许最高温度（70℃）、线路实时运行环境参数（温度、风力、日照等）及导线当前运行实际温度，即可计算出当前气象条件下导线允许的最大热稳定输送能力，该能力可用作线路最大转移潮流的评估标尺，指导处置方案辅助制定。

3）事故处置安全运行时间评估。周边输电线路发生故障跳闸时，潮流会发生大容量转移，部分重载线路热稳定输送能力将可能超越最大输送能力，并造成导线温度超过规程允许最高温度 70℃。通过式（4-3）可以计算出达到规程允许最高温度 70℃所对应的时间 Δt。其含义是告知运行控制人员，事故发生后 Δt 时间内导线温度将超过 70℃，运行人员必须在安全时间 Δt 内进行有效处置，才能维持输电线和电网安全。

基于智慧输电线路的在线监测智能增容系统从实际生产运行角度出发，通过实时采集导线温度和微气象等参数，科学计算线路动态增容能力，基于安全的前提，充分挖掘利用线路客观存在的输送能力裕度空间。进一步，建立专家辅助决策模块，智能、实时、友好地形成电网热稳定输送能力管控辅助决策建议。系统架构及主要信息交互简图如图 4-29 所示。

系统主要由四个功能模块构成。

（1）现场在线监测装置：硬件主要有导线温度传感器、微气象监测装置等，软件主要有现场单片机采集处理程序。

（2）信息收集及网络云汇集平台：硬件主要有数据采集、传输、网络云平台等，软件为配套支持系统。

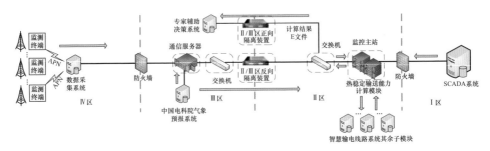

图 4-29 系统架构及主要信息交互简图

（3）监控主站及热稳定输送能力动态计算系统：硬件主要含监控处置主站系统，软件配套开发数据预处理模块、热稳定输送能力计算模块等。

（4）专家辅助决策系统：硬件主要包含相关主站系统，软件配套开发辅助决策分析模块，完成电网基础数据、控制策略、专家规则等信息的汇集及处置建议决策。

其中现场在线监测装置可以实现各类实时数据采集（导线温度和微气象数据等），装置总体框架如图 4-30 所示。

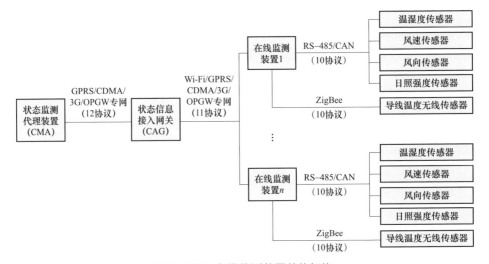

图 4-30 在线监测装置总体架构

装置主要功能流程如下：

（1）导线温度传感器完成导线温度采集。

（2）在线监测装置完成各类微气象信息收集，通过短距低功耗无线技术完成导线温度数据召唤。

（3）在线监测装置将导线温度及微气象参数等数据通过汇聚环节传输到监控主站。

另外监控主站及热稳定输送能力计算模块是系统主要模块，通过应用层融合，实现现场监测装置的各类参数及导线温度情况收集和数据的预处理，将坏数据予以甄别和修正，然后送入热稳定输送能力计算模块进行相关计算。通过在线监测装置采集及计算后的实时数据结合数字孪生技术构建一个可以表征输电线路的模型，可以对输电线路的健康状况进行实时监测及诊断评估，从而加强对设备全生命周期的管理。

结合数字孪生的通用架构，可以构建出数字孪生面向输电线路系统的架构，基于电力物联网云、管、边、端的整体架构和输电线路系统的特点，将架构分为 5 部分：感知层、边缘计算层、物联层、数字孪生层和交互层，如图 4-31所示。

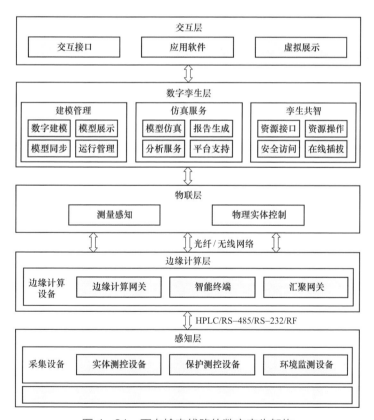

图 4-31　面向输电线路的数字孪生架构

大量数据从输电线路物理实体目标设备中产生，通过感知层中的采集设备进行采集，然后在边缘计算层进行汇聚和分析；边缘计算层通过边缘计算设备将数据以光纤或无线网络的形式传送给云端物联层；物联层将数据流转到数字孪生层，通过建模管理、仿真服务、孪生共智后进行数据整合和模拟运算；交互层以虚拟和显示的方式实现人机交互，交互指令可以发送至物理层对物理设备进行控制，并实现以"沉浸式"方式给用户虚拟展示。

（1）感知层。在输电线路实体目标设备上安装各类传感采集设备，包括实体测控设备、保护测控设备、环境监测设备等。由于输电线路分散的跨度大等问题，采集设备需要支持无线传输模式，在偏远没有信号的地方还需要使用多跳的方式完成数据传输。

（2）边缘计算层。由于感知层设备多、协议杂，且地理位置不确定，边缘计算设备通过有线或无线的方式对感知层的多模异构数据进行采集、汇聚和转发上云，该设备集成了协议解析组件、采集组件、转发组件以及边缘计算应用，即使在云端失联的情况下，也能通过边缘计算应用实现对感知层的采集和控制。

（3）物联层。为边缘计算设备、感知层直连设备提供安全可靠的注册接入、数据采集、协议解析、数据转发、边缘计算应用下发等核心功能，实现输电线路设备标准化接入和采集数据的共享共用，提升平台"全息感知、开放共享、融合创新"的能力。

（4）数字孪生层。数字孪生所构建的输电线路系统仿真模型使用了"模型驱动＋数据驱动"的混合建模技术，采用基于模型的系统工程建模方法学，以"数据链"为主线，结合 AI 技术对系统模型进行迭代更新和优化，以实现真实的虚拟映射。

（5）交互层。基于数字孪生的输电线路系统虚拟模型可实现客户与模型之间的实时交互，也可利用语音、动作等技术，建立客户与智能设备之间的联系。同时，也可为第三方客户提供应用接口，实现数据和功能的共享共用。

通过此数字孪生架构可以实现一系列输电线路健康状况评估应用：

（1）线路全景感知场景实现。基于地图，将输电线路设施资源和重要城市景观，在一张图中进行宏观展示，通过全景展示电网链路关系，并依托摄像头和传感装置展示线路、设施、现场实时情况，实时掌握输电线路运行情况、运行监测情况和影响线路设施的重要因素（温度、风速、外破等），结合大数据、云计算、图像识别算法和缺陷识别等技术手段，实现输电线路状态监测、高风险智能识别以及对线路状态和全景感知。

（2）鱼塘电子围栏与声光告警场景实现。通过对重点区域安装视频监控，划定电力围栏，实时对线路下方的鱼塘和河流进行监控，并将监控视频或图片通过电力专网回传至数字孪生系统中，进行图像识别分析。对穿越电子围栏或在线路下方垂钓情况进行标注识别，在系统中弹出告警，并通过数字孪生系统实时展示。

（3）外力破坏人工智能识别场景实现。根据不同外破监测场景及其运行环境，对建筑工地、道路维修、市政工程等输电线路进行外破关联分析监测，实现输电线路外破场景状态及可视化的分布式在线实时监测及预警。运用深度学习算法，通过大数据分析，对图像中特定目标进行叠进式数据建模，实现较小运算资源下的精确分类和检测。利用图像智能分析方法，检测电缆线路附近大型机械、现场施工等情况，利用图像识别实现更加精准的外破识别。通过智能化外破感知终端、高位全景视频监测数据等软硬件的自动关联，实现智能巡视、外破类型智能判别，提升防外破巡检效率。

（4）导线温度监测预警场景实现。利用贴附在导线、耐张线夹、接续管、引流板等处的高精度温度传感器采集导线温度，从而实现对导线温度的实时监测，并适当部署环境温湿度、风速、雨量及日照强度等多参量传感器，全天候感知导线和连接金具温度、周围气象信息，可使运营部门及时掌握导线发热情况及发展趋势，从而科学安排输电线路在线增容，提升经济效益，提高线路安全运行及信息化管理水平。

（5）树木距离监测告警场景实现。通过数字孪生系统建设，并对重点区域安装视频监控，实时对线路沿线进行监控，计算树木和线路的距离，并在数字孪生系统中展示线路和树木的距离，方便巡检人员实时查看树障情况，一旦树木和线路的距离达到阈值，会触发系统报警，提示运维检修人员需要进行树木清理。

（6）塔基鸟巢监测告警场景实现。通过在杆塔上加装摄像机的方式，实时对杆塔本体进行监控，监控影像通过电力专网回传至数字孪生系统中，通过系统内置的人工智能图像识别算法，分析杆塔上是否存在鸟巢，若存在则发出告警，并在杆塔的数字孪生模型中标出，提示用户进行处理。

2. 基于数字孪生的输电线路故障诊断模型

在获得输电线路的健康状况数据之后，需要对其故障情况进一步诊断，确定具体的故障类型，以便指导现场运维人员进行有针对性的检修。传统导则以及标准中使用的方法在实际应用中均存在一些问题，相关的研究学者一方面对传统方法进行了改进，另一方面基于智能算法提出了新的诊断方法。

以柔性直流线路的数字孪生模型为例。对柔性直流线路进行合理假设简化：① 地线（避雷线）全长为地电位；② 正、负极线路参数对称。

对于假设①，架空线路的地线在每座杆塔处接地，而 3 座杆塔之间的跨度一般为 350m 左右，因此一般认为如果考虑的频段在 350kHz 以下，即可假设地线全长为地电位。保护的采样频率一般为 10kHz，最高不超过 50kHz，远小于 350kHz，因此第一条假设是合理的，通过这一假设可以简化阻抗矩阵的维数。对于假设②，正、负极线路参数对称对于直流线路是容易满足的。在这条假设前提下，相模转换矩阵为常数矩阵，可将相互耦合的两极解耦成相互独立的 $0-1$ 模分量，在模域内建立孪生模型。

$$T = \frac{\sqrt{2}}{2}\begin{bmatrix} 1 & 1 \\ 1 & -1 \end{bmatrix} \quad (4-4)$$

后续的分析如无特殊说明均表示模域，且不再明确指出线模或地模。由于线路参数呈现频变特性，首先在频域内进行分析，线路一端的前行波 $F_n(\omega)$、反行波 $B_n(\omega)$ 与端电压 $U_n(\omega)$、端电流 $I_n(\omega)$ 之间的关系如式（4-5）所示

$$\begin{cases} F_n(\omega) = U_n(\omega) + Z_c(\omega)I_n(\omega) \\ B_n(\omega) = U_n(\omega) - Z_c(\omega)I_n(\omega) \\ Z_c(\omega) = \sqrt{[R(\omega) + j\omega L(\omega)] / [G(\omega) + j\omega C(\omega)]} \end{cases} \quad (4-5)$$

式中　　　　　　　　　n ——线路两端名称，$n = k$、m；

$Z_c(\omega)$ ——线路特征阻抗；

$R(\omega)$、$L(\omega)$、$G(\omega)$、$C(\omega)$ ——分别为线路单位长度的电阻、电感、电导、
电容，均为频变参数。

线路两端前行波与反行波之间的关系为

$$\begin{cases} B_k(\omega) = A(\omega)F_m(\omega) \\ B_m(\omega) = A(\omega)F_k(\omega) \\ A(\omega) = e^{-\gamma(\omega)l_e} \\ \gamma(\omega) = \sqrt{[R(\omega) + j\omega L(\omega)][G(\omega) + j\omega C(\omega)]} \end{cases} \quad (4-6)$$

式中　$A(\omega)$ ——衰减函数，是一个复数；

$\gamma(\omega)$ ——线路传播系数；

l_e ——线路长度。

将式（4-5）和式（4-6）联立可得

$$U_k(\omega) - Z_c(\omega)I_k(\omega) = A(\omega)F_m(\omega) \quad (4-7)$$

上述频域内公式通过递归卷积公式转换到时域，可得直流线路模域内依频模型等值电路图，如图 4-32 所示。等值电路图中受控电压源为本端的电压反行波

$$E_k(t) = b_k(t) = \int_{\tau}^{\infty} f_m(t-u)a(u)\,\mathrm{d}u \qquad (4-8)$$

式中　τ——最快行波在全长输电线上的传播时间。

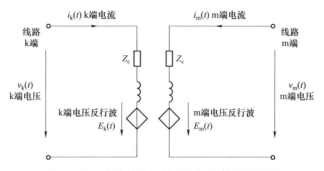

图 4-32　直流线路模域依频模型等值电路图

递归卷积定理可对于指数函数的卷积直接通过历史值进行计算

$$\begin{aligned} s(t) &= \int_T^{\infty} f(t-u)\,de^{-\alpha(u-T)}\mathrm{d}u = \\ &\quad ms(t-\Delta t) + cf(t-T) + q\,f(t-T-\Delta t) \end{aligned} \qquad (4-9)$$

式中　d、α、T——已知常数；

　　　Δt——采样间隔；

　　m、c、q——均为常数，由 d、α、Δt 计算获得。

当利用递归卷积时，被卷积的函数必须是指数函数之和的形式，因此需将频域内的特征阻抗和衰减函数拟合成有理式的形式

$$\begin{cases} Z_c(s) = l_0 + \dfrac{l_1}{s+p_1} + \dfrac{l_2}{s+p_2} + \cdots + \dfrac{l_n}{s+p_n} \\[2mm] A(s) = \left(\dfrac{l_1}{s+p_1} + \dfrac{l_2}{s+p_2} + \cdots + \dfrac{l_n}{s+p_n} \right)e^{-s\tau} \end{cases} \qquad (4-10)$$

综上，根据推导的依频模型以及递归卷积定理，可获得直流线路在时域内的数字孪生模型。

在孪生模型建立后，另一重点是如何判别区内故障。这里可以校验线路两端电气量与所建立孪生模型是否匹配，如果匹配则说明所保护线路的物理结构是完好的，不匹配则表示线路发生了区内故障。具体校验方式是利用动态状态估计方法对孪生模型进行估计，根据估计残差的大小进行判别。

结合孪生模型以及测量量与状态量，建立系统测量方程。以 k 端为例，测量量分为真实测量量与虚拟测量量两类。真实测量包括模域内线路端点处的电流与电压 $[i_k^1(t)$、$i_k^0(t)$、$v_k^1(t)$、$v_k^0(t)]$ 可通过极电流和极电压利用相模转换矩阵得

到。虚拟测量量代表孪生模型所满足的关系，例如线路上 k 侧电压反行波等于 m 侧电压前行波乘以衰减函数：

$$0 = E_k(t) - \int_\tau^\infty F_m(t-u)A(u)\mathrm{d}u = E_k(t) - $$
$$m_2 E_k(t-\Delta t) - p_2[2v_m(t-\tau) - E_m(t-\tau)] - \quad (4-11)$$
$$q_2[2v_m(t-\tau-\Delta t) = E_m(t-\tau-\Delta t)]$$

式中 τ——最快行波在全长输电线上传播的时间；

0——根据物理规律确定的值，因此可作为虚拟测量量。

由式（4-11）可知，当计算 k 侧的电压反行波 $E_k(t)$ 时，仅需要 m 侧 τ 时间之前的数据，这为通信延时补偿提供了可能。

对于状态量，包含线路端点处的线模和零模电压 $[v_k^1(t)$、$v_k^0(t)]$、受控电压源的值和端口的电压反行波值 $E_k^1(t)$、$E_k^0(t)$。

根据上述测量量与状态量，建立测量方程：

$$z_k = h(x_k) + v_k = Y_k x_k + C_k + v_k \quad (4-12)$$

式中 k——线路端名称；

z——测量列向量，包含真实测量值与虚拟测量值；

x——状态列向量；

Y——关系矩阵，由线路参数提前获得，为已知量；

C——测量量与状态量的历史值矩阵；

v——测量误差列向量。

由于上述测量方程的测量量个数大于状态量个数，因此需要利用状态估计方法进行估计，采用加权最小二乘估计法。加权最小二乘估计的目标是将残差归一化的平方和最小化，以得到最佳估计的状态量：

$$\min J(x) = [z - h(x)]^\mathrm{T} W[z - h(x)] = r^\mathrm{T} W r = \sum \frac{r_i^2}{\sigma_i^2} \quad (4-13)$$

式中 W——权重矩阵，反映每个测量量的噪声水平。

权重矩阵 W 为对角阵，对角元素为相应测量量的标准偏差平方值的倒数。

当线路参数已知，$h(x)$ 为线性函数，估计的状态量为

$$\hat{x} = (H^\mathrm{T} W H)^{-1} H^\mathrm{T} W(z - C) \quad (4-14)$$

式中 H——$h(x)$ 的雅克比矩阵。

获得所有最佳状态量估计值后，可计算得到测量量的估计值 $\hat{z}$ 与归一化残差平方和 ζ：

$$\hat{z} = h(\hat{x}) = Y\hat{x} + C \tag{4-15}$$

$$\zeta = \sum_{i=1}^{m} \left[\frac{\hat{z}_i - z_i}{\sigma_i} \right]^2 \tag{4-16}$$

通过残差归一化平方和可以判别是否发生区内故障，如果线路无故障（孪生模型与物理线路一致），所有测量量的残差均符合高斯分布，则估计的残差归一化平方和 ζ 将符合卡方分布 $\chi^2(K)$。卡方分布的概率密度如式（4-17）所示，其中 K 为卡方分布的自由度，Γ 表示伽马函数，图 4-33 显示了各种自由度的概率密度曲线。

$$f(x) = \frac{x^{(K-2)/2}e^{-x/2}}{2^{K/2}\Gamma(K/2)}, \ x > 0 \tag{4-17}$$

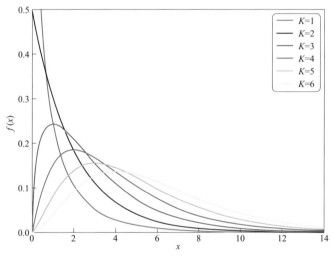

图 4-33　卡方分布的概率密度曲线

当卡方分布大于某个值的概率，可由式（4-18）计算。由卡方分布的概率密度曲线可知，当卡方分布大于某一较大的值的概率是较小的。

$$P[\chi^2(K) \geqslant \chi_\alpha^2(K)] = \int_{\chi_\alpha^2}^{\infty} f(\chi^2)\, d\chi^2 = \alpha \tag{4-18}$$

因此，当 ζ 的值很大时，意味着 ζ 符合卡方分布的概率极小，反而言之是有较大的概率发生了线路内部故障。合理设置残差归一化平方和 ζ 的门槛可检测区内故障。

因此，设置如下故障判别门槛：

$$\begin{cases} T_{\text{rip}}(t) = \begin{cases} 1, & \int_{t-T_{\text{set}}}^{t} P(\tau)\,\mathrm{d}\tau \geqslant S \\ 0, & \int_{t-T_{\text{set}}}^{t} P(\tau)\,\mathrm{d}\tau < S \end{cases} \\ P(t) = \begin{cases} 1, & \zeta \geqslant \zeta_{\text{set}} \\ 0, & \zeta < \zeta_{\text{set}} \end{cases} \end{cases} \tag{4-19}$$

式中　T_{set}——判据窗长，提高保护的可靠性；

　　　S——保护动作的阈值；

　　　ζ_{set}——残差判别阈值。

其中，$T_{\text{rip}}(t)=1$ 表示继电器发出跳闸信号，被保护线路断路器应立刻跳闸；$P(t)=1$ 表示可能发生了区内故障，而 $P(t)=0$ 表示所保护线路是正常运行状况。

例如残差判别阈值 ζ_{set} 设置为 5.991。根据卡方分布表可查，$\chi_{0.05}^{2}(2)=5.991$，即当残差的归一化平方和 $\zeta \geqslant 5.991$ 时，则认为有 95% 的概率发生了内部故障（不符合卡方分布）。但这并不意味着保护将有 5% 的概率发生误动，因为保护多次判定后才出口。对于 4 次以上判定，误判概率已降到 0.00001 以下，如此小的概率只具有统计意义。综合考虑可靠性与灵敏性，确保区外故障时保护可靠不会误动作，区内故障时保护灵敏动作，判据窗长 T_{set} 取 1ms，保护动作阈值 S 取 5。保护原理流程如图 4-34 所示。

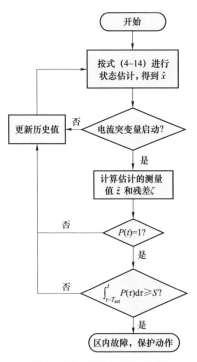

图 4-34　保护原理流程图

为了解决在处理某些故障案例时出现误判等问题，在输电线路故障诊断数字孪生模型中，可以采用基于深度信念网络的自决策主动纠偏诊断方法来诊断输电线路故障，流程如图 4-35 所示。利用稀疏自编码器（sparse autoencoder, SAE）将故障案例映射到高维空间中，以凸显故障类别之间的差异性，并将故障类型之间的稀疏自编码差异度作为深度信念网络的误差对训练过程进行调整，根据训练过程中短期和长期的损失函数变化率以及训练次数等情况制定引入误差修正决策单元的策略，实现自决策主动纠偏诊断。

考虑到在故障诊断过程中不仅要对故障类型进行判断，而且需要对故障的严重程度进行判断，因此待区分的类别较多，且类别之间的边界不够明显，使用单一深度信念网络无法实现准确区分。基于此，提出了基于组合深度置信网络的诊断模型实现对故障类型和严重程度的分层诊断，诊断流程如图 4-36 所示。该方法构建了两层深度信念网络，分步实现了对故障类型和故障严重程度诊断。

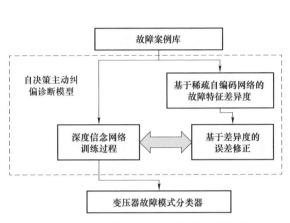

图 4-35　基于自决策主动纠偏诊断模型的
输电线路诊断方法流程图

图 4-36　基于组合深度信念
网络的输电线路故障诊断流程图

设备故障诊断数字孪生模型同样通过数据实体设备的实时数据建立数字孪生模型，该数字孪生模型不仅与设备实时数据进行交互，而且记录了该设备的所有历史故障案例数据。此外，基于前文所述的面向群体设备的数字孪生模型可以获得更多的故障案例数据。根据这些案例数据，结合深度信念网络以及稀疏自编码器可以构建故障模式分类器，并通过分层诊断的模式实现对设备故障的精确诊断。在该设备故障诊断数字孪生模型中，实体设备的历史案例数据用来构建状态量与故障模式之间的映射关系，而实时数据驱动诊断模型获取诊断结果，并将诊断结果作为设备数字孪生体的特征，对诊断模型进行优化迭代。

3. 基于数字孪生的输电线路环境致灾预测建模

输电线路作为人类生产生活的重要的生命线，一旦输电塔架或线路遭到环境重大自然灾害的破坏，如山火、覆冰、雷击等，就会导致电力输送网络的瘫痪。因此，基于数字孪生技术对输电线路及设备进行环境致灾的预测以防御自然灾害的影响是十分关键的。

对设备未来的运行状态进行预测是输电线路状态评估的重要内容，基于设备的全景式数据建立输电线路状态预测数字孪生模型提前掌握设备未来一段时间的运行状态，可以辅助现场运维及调度人员制定停电检修计划，从而保证输电线路以及电力系统安全稳定运行。传统的输电线路状态预测方法建立关键状态量随着时间变化的拟合模型实现对关键状态量的预测，并基于状态量预测结果判断设备状态。这种方法用材料的老化规律来预测设备的状态或者寿命，缺乏对其他状态量的考虑，且拟合过程中需要大量的试验数据，数据的多少直接影响拟合模型的准确性。而试验数据通常来自于特定种类和属性的设备，导致拟合模型泛化能力较差，无法进行大规模的现场应用。

为了克服传统拟合模型的缺陷，结合数字孪生技术中数据挖掘、深度学习等方法，对输电线路的关键状态量在时间维度上的变化规律进行学习，获取关键状态量随时间变化的规律，对未来时刻状态量进行预测，再基于诊断方法实现未来时刻状态量与未来时刻设备运行状态之间的映射，从而构建设备状态预测数字孪生模型实现设备状态的预测。

输电线路覆冰作为冬季影响我国输电线路运行的重要因素，严重威胁着社会平稳运行以及人民财产安全。在低温雨雪天气里，相对湿度高，大量水汽易凝聚在输电线路表面形成覆冰，造成电力系统的冰冻灾害。当覆冰杆塔两侧的张力不平衡时，会出现由于荷载过重而引起的输电杆塔倒塌现象；覆冰的输电线路遇冷会收缩，在强风作用下易引起震荡，同样会造成输电杆塔倒塌现象。此外，舞动时间过长也会使输电线路、杆塔和绝缘子等受到不平衡冲击而造成损耗。由覆冰、舞动引起的倒杆（塔）、断线及跳闸事故会给电力系统的输电线路造成重大的损害，更会威胁到电网的安全稳定运行和供电系统运行的可靠性。覆冰过程不仅受到天气形势（北方寒潮和南方水汽）和微地形的控制，还受到局地风速、液态水含量和输电线路走势等多种因素的共同影响。

影响输电线路覆冰的要素较多：从大尺度的天气环流，到局部气象要素、局部地形要素和覆冰算法，均对覆冰结果有显著影响，如图4-37所示。

覆冰荷载是输电杆塔结构倒塌的主要原因之一。对于覆冰荷载的模拟，常采用下列三种方法。

（1）增加密度法。增加密度法是通过改变线路的密度实现覆冰荷载的模拟。线路覆冰后导线和覆冰之间不产生相对滑移，可以用增加和减少导线密度来模拟覆冰，并且可以通过减少密度的方法来实现导线脱冰。

（2）附加冰单元法。附加冰单元法是将线路和覆冰作为两种材料分别建模并划分网格，通过单元的生和死来实现导线的覆冰和脱冰。一般冰单元的极限抗拉强度均定义为0.7MPa。

（3）附加力模拟法。附加力模拟法是通过对导线节点施加等距的集中力来模拟覆冰，通过释放集中力来模拟脱冰。这种方法需要大量的实测数据，通

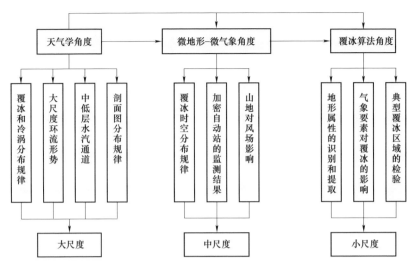

图 4-37　输电线路覆冰成因、特征和模拟研究路线

过对一定长度杆件上剥下来的冰进行称重，并换算为等距的集中力施加在杆件上。导线覆冰后截面形状与气候环境、地形特点、导线悬挂点高差及线路方向等因素有很大关系。

微风振动的危害是导线疲劳断股，损坏防振装置、绝缘子和金具，振动使螺栓变松、磨损导地线。高压架空线路导线微风振动是由于风的激励作用而引起的一种高频率、小振幅的导线运动，在高压架空线路上普遍存在，是引起导、导线疲劳断股等事故的主要原因。现在世界上任何地区，几乎所有的高压输电线路都受到微风振动的影响和威胁，在我国微风振动危害线路的事例也很普遍。尤其在大跨越，因档距大、悬挂点高和水域开阔，风向风速，温度等微气象条件的影响，使风输给杆塔、导线的振动能量大大增加，导线振动强度远较非大跨越普通档距严重。

微风振动的基本原理将导线看成一水平圆柱体，根据流体力学原理，风横向吹过导线时，在导线的背风侧会产生许多气流旋涡，称为卡门旋祸，如图 4-38 所示。在经过导线后的一段距离，卡门旋涡在上侧和下侧交替地脱离导线而消失，其结果是对导线施加了一个上下交互的作用力，当该力振动的频率与导线的固有频率一致时，导线便出现了微风振动现象。

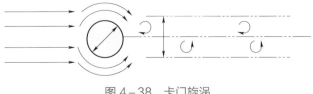

图 4-38　卡门旋涡

当气流稳定时，导线背侧的卡门旋涡有稳定的频率，由司脱罗哈给出的流体中圆柱体的旋涡频率的经验公式见式（4-20）。

$$f_s = \frac{Sv}{D} \qquad (4-20)$$

式中　f_s——旋涡策动频率；

　　　　v——流体速度（即风速垂直于导线方向的分量）；

　　　　D——导线直径；

　　　　S——斯托罗哈数。

导线固有振动频率按照弦的振动方程进行推导可得近似公式如式（4-21）。

$$f_d = \frac{1}{\lambda}\sqrt{\frac{Tg}{m}} \qquad (4-21)$$

式中　f_d——导线固有振动频率；

　　　　λ——振动波长；

　　　　T——导线张力；

　　　　g——重力加速度；

　　　　m——导线单位长度质量。

影响微风振动的因素：

1）引起导线产生微风振动的均匀自然风，风速 0.5～1.0m/s，风向与导线的夹角大于 30°，夹角越接近 90°越易于产生微风振动。

2）线的自阻尼特性：与导线本身的结构有关，自阻尼特性好的导线可以减轻微风振动。

3）线的分裂根数及间隔棒设计：通常分裂导线的振动次数及在悬垂线夹处的振动应力均比单导线小，并随分裂根数增多而减少。

4）导线的平均运行应力：应力越大则导线自阻尼吸收能量越小，易于产生微风振动。

5）档距：档距越大则接收到风的策动能量也越大，易于产生微风振动。

6）环境：有利于发生均匀风速的环境为经过河流、湖泊、海峡、旷野上空的开阔地带以及导线的悬挂点很高时。

7）天气：导线覆冰雪之后则吸收风能增大，易于产生强烈的微风振动；雨天容易在大风下产生不规则的低频率的振动。

系统监测参数及判断危险振动的标准：

1）环境参数：气温，湿度，风速，风向。

2）振动参数：弯曲应变间接反映导线的相对振动幅度，振动频率。

3）导线温度：协助监视线路运行工况。

4）仪器参数：主板温度、湿度。

关键监测参数动弯应变参照 IEEE 测振标准取峰峰值 150με 为允许值，当测量值在±75με 范围内认为是安全的，超过该值则给出报警。

微风振动监测子系统由导线振动监测仪和线路监测基站组成。该系统采集导线的弯曲振幅、频率和线路周围的风速、风向、气温、湿度等气象环境参数，运用后端专家系统软件在线分析判断线路微风振动的水平和导线的疲劳寿命，对已经出现疲劳损坏的导线进行故障追踪，确定疲劳损坏故障原因，进行针对性改进以防止更大损坏，并协助运行部门建立合理的检修时间间隔和预防性维护计划。

输电线路在线监测系统采用二级网络结构，如图 4-39 所示，由线上（或塔上）监测装置、线路监测基站和当地监测中心组成，其中线上监测装置包括导线振动监测仪、导线温度监测仪、气象环境观测站和线路监测基站安装在杆塔上，当地监测中心设置在中心本部机房。

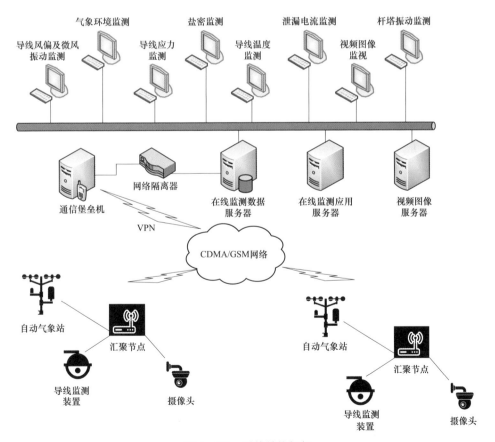

图 4-39　系统结构框架

监测装置和气象环境观测站等将采集到的各种线路运行参数按无线传感器网络的方式发送给线路监测基站，线路监测基站再将处理后的数据通过发送给当地监测中心，当地监测中心对各线路运行状态参数进行在线分析，完成多参数预警、趋势分析、统计报表等功能。

光纤复合架空地线（optical fiber composite overhead ground wire，OPGW）是集通信及避雷线功能于一体的特种光缆，利用电力系统特有的资源作为输电线路在线监测的信道，结合网络现状特点，可以极大提高在线监测数据传输的质量以及数据的准确性、实时性。其作用包括：

（1）监测导线温度变化过程，发现导线温度超出预警值时，发出报警信息，结合微气象环境参数分析导线温升过高原因，积累运行资料，为提高线路运行负荷提供数据和理论依据。

（2）发现导线振动水平超标，可以采用相应的补救防振措施，将振动的幅值降低到一定程度，阻止导线产生或加剧疲劳断裂，延长导线的运行寿命，以避免更换价值昂贵的新导线。

通过分析覆冰与微风振动等环境灾害对输电线路体系的影响，对于致灾预测更加有针对性。结合在线监测机制与数字孪生技术，可以对输电线路的环境致灾进行实时预测。基于支持向量机、长短时记忆网络、深度信念网络以及组合模型等预测方法已经得到了广泛使用然而，实际应用表明，循环神经网络、长短时记忆网络等没有很好地克服误差问题。而融合多种预测算法的组合预测模型本质是简单的算法叠加，缺乏理论支撑，无法从根本上克服预测算法的缺陷。目前应用较好的深度信念网络在实际应用时，在时间尺度上存在"时移误差"，在幅值尺度上存在"幅值误差"，如图 4-40 所示。这些误差是随着预测时间的增加，网络对时间序列数据时序上的表述能力减弱所导致。为了克服该问题，基于深度递归信念网络（deep recurrent belief network，DRBN）的设备状态预测数字孪生模型被提出，实现了对覆冰荷载与微风振动疲劳等的预测，其拓扑结构如图 4-41 所示。

基于深度递归信念网络的数字孪生模型在传统深度信念网络的基础上增加了自适应延迟网络来表征覆冰荷载在时间维度上的相关性，以提升网络对时间序列数据的表达能力，从而达到减小"时移误差"的目的。自适应延迟网络的拓扑结构如图 4-42 所示，在构建过程中，通过计算实体输电线路相关数据的自相关系数确定时间延迟通路和延迟单元的个数，从而将相关数据时序上的相关性进行表征。

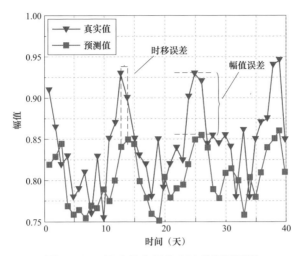

图 4-40　深度信念网络方法的预测误差

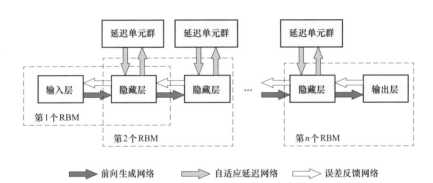

图 4-41　深度递归信念网络拓扑结构

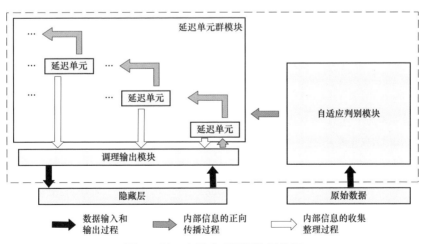

图 4-42　自适应延迟网络拓扑图

现场的实际应用表明，深度递归信念网络可以很好地解决"时移误差"，以实现对相关数据的准确预测。

在实现对未来状态量的精准预测之后，利用状态量的诊断方法可以实现对未来状态的预测。目前，通过状态量预测＋状态诊断的方式是输电线路状态预测数字孪生体中的主要方法，然而，尽管众多研究学者对状态量预测方法以及状态诊断方法进行了深入的研究，但还是无法彻底解决状态量预测方法误差与状态诊断方法误差相互叠加的问题。为了解决上述输电线路状态预测数字孪生体中的误差叠加问题，提出基于态势量和强化学习的输电线路健康状态预测数字孪生模型。在该模型中，提出了用于进行输电线路致灾预测的态势量，该态势量融合了实体输电线路运行过程中的多种关系，包括：表征状态量在时间维度上变化规律的状态量时序关系、状态量之间的关联关系、传统导则中状态量与状态之间的关系、状态量与实际运行状态间关系、评价结果与实际运行状态间关系。

输电线路的态势量中不仅考虑了状态量时序上规律以及状态量之间的关联规律，同时，考虑了传统诊断经验以及基于传统经验进行判断的结果与实际运行结果之间的不确定关系，上述规律和关系共同对状态量与运行状态之间的映射关系进行了约束。

基于关联分析方法以及生成模型等方法提取上述规律与关系，形成输电线路态势量。之后，选用合适的预测方法直接预测得到未来某一时刻的态势量，而预测得到的态势量中即已经包含了输电线路的运行状态，直接对态势量进行解析即可得到输电线路在未来某一时刻的状态，因此预测方法可选用长短时记忆网络、深度递归信念网络等同时，引入强化学习机制，选择合理的损失函数以及奖励机制对网络进行训练，可以获得更加精准的预测结果。

基于态势量和强化学习的输电线路健康状态预测数字孪生模型不再构建传统状态诊断模型的显性映射关系，而用隐性的概率分布关系表达输电线路状态量与实际运行状态之间的关系，直接使用预测方法对态势量进行预测，有效解决了传统输电线路状态预测模型中，预测误差与诊断误差相互叠加的问题，显著提高了输电线路状态预测的准确性。在设备状态预测数字孪生模型中，实体设备的历史数据被用来表征设备运行规律，而实时数据被用来表征当前运行状态。将设备运行规律与当前状态相互融合，构建设备运行态势量，并引入深度递归信念网络等机器学习方法构建设备状态预测数字孪生模型，可以实现对设备未来运行状态的准确预测，克服传统诊断模型误差叠加的问题。

另外在第 2 节中的柔性直流线路数字孪生模型，也可以用来对环境致灾进行预测。输电线路常受雷击干扰影响，在此模型中雷击干扰可以等效为在雷击点叠加 1 个电流源，由于雷击干扰未引起线路绝缘破坏，因此没有入地通道。以此可分为 2 个阶段来讨论雷击干扰的影响。第一阶段，在雷击干扰的等效电流源存在时（雷电存在时），实际线路与孪生模型间出现了差异（在雷击处多 1 个电流源），因此动态状态估计的残差结果可能不再符合卡方分布。第二阶段，在雷电消失后，虽然雷击干扰的暂态过程仍然存在，但是实际线路与孪生模型一致，所以此阶段所提保护不受雷击干扰的影响。因此，雷击干扰对所提保护的影响主要在第一阶段。而此第一阶段时间非常短，IEEE的标准雷电波波头时间为 1.2μs，半波时间为 50μs。因此保护的判据窗长足以躲过雷击干扰的影响。

4.3.3　数字孪生在输电领域应用及技术发展方向

1. 数字孪生在输电领域应用的现有案例

以中国南方电网有限责任公司为例，下面列出几个在输电领域运用数字孪生的案例：

"十四五"期间，南方电网在智能输电建设方面，将加快提升输电智能化水平，推进输电线路智能巡视和智能变电站建设。到 2025 年，35kV 及以上线路实现无人机智能巡检全覆盖。

（1）输电通道三维数字化应用案例。三维数字化通道，是数字输电的典型应用，以南网智瞰地图服务为基础，通过激光建模技术、模式矢量化技术开展架空线路信息建模，信息模型融合在线监测、机巡等数据。三维数字化通道，是数字输电的基础与载体，支撑线路智能验收、强化数字赋能、开展无人机自动驾驶、提升空间距离监测。输电通道架构如图 4-43 所示。

目前全网已完成 500kV 及以上线路数字化通道建设 5.7 万 km，500kV 及以上线路外部隐患风险点安装智能终端 3700 余套，输电线路无人机巡视 80.8 万 km，机巡业务占比首次超 70%。输电通道三维展示如图 4-44 所示。

（2）昆柳龙直流工程数字化建设案例。中国南方电网有限责任公司超高压输电公司依托世界首个特高压多端混合直流——昆柳龙直流工程开展"数智管控"研究工作，形成了南网跨区域输电工程基建"数智管控"典型案例，如图 4-45所示。

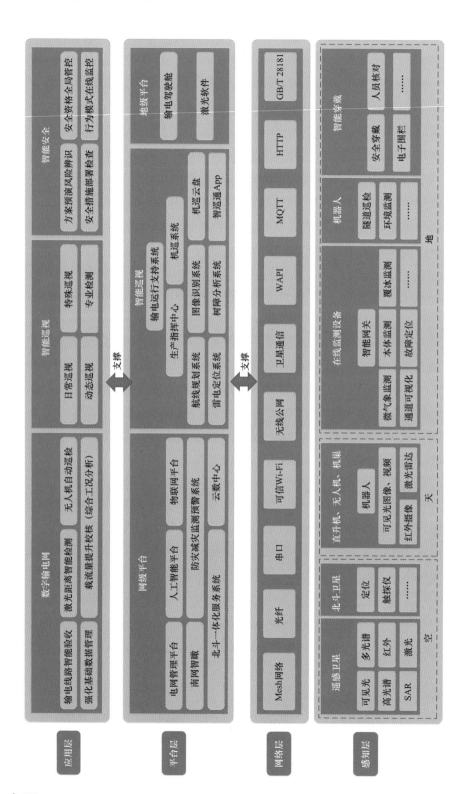

图 4-43 输电通道架构

图 4-44 输电通道三维展示

图 4-45 昆柳龙直流工程三维展示

昆柳龙直流工程打造了电网工程数字化资产全生命周期管理，服务全域上层应用，以设备为核心，精准关联工程属性、设计属性、设计图纸、现场照片、台账层级结构，并在竣工投产阶段全面接入调度实时运行、生产在线监测、周边气象环境等动态数据，解决特高压复杂电网数字化建设难题，对新型电力系统建设具有重要的推广意义。

2. 数字孪生在输电领域应用的设想

对于输电领域在数字孪生方面的设想，首先要考虑到其具体应用及实现应用所需的相关技术。

（1）环境可视化监控应用。基于数字孪生技术对输电线路及设备的物理环境进行三维全景仿真。结合数字孪生和动态增容技术对输电线路等进行实时监测。利用噪声传感器、温湿度传感器、粉尘传感器及烟雾传感器等构建无线传感器网络并进行全方位环境监测。实现对温度、湿度、噪声、烟雾和粉尘等几大维度的环境数据的实时采集、处理、上传和存储,并进行实时异常分析、告警和趋势分析等。对基建现场进行实时管控,对山区输电通道的致灾管理,包括山火、雷击、沉降、应急作业等以及地下管廊的可视化,包括高压和低压等健康状况监测。数字输电线路及设备根据真实的环境、厂房、道路、设备和管理信息等进行三维建模技术和虚拟显示技术,对输电线路及设备全场景进行三维可视化展现。

(2)远程智能巡视应用。利用一个平台实现众多功能。使用物联网智能感知技术对众多关键测点进行监测,主要以设备为中心,集成相关设备、在线监测、可见光、红外和机器人等数据,结合三维高拟真模型、融合视频,运用人工智能及图像识别技术,实现设备的全景智能巡检。巡视结果通过可见光图片、红外热成像图片等形式进行展示。在三维场景中用户可设定巡视路线、轮巡时间等巡视计划设置。根据定义的巡视路线,以连续变化的大场景融合视频自动巡检。

(3)故障诊断及辅助决策应用。通过全面的数据调用和技术团队集中决策,当设备发生故障或设备状态分析产生告警后,能够自动将设备故障记录(包含故障设备、故障时间、故障类型、故障原因和处理措施等)及故障诊断过程中所产生的设备故障诊断报告、决策报告和预警信息等数据按照设备类型、故障类型保存到数据库中。大幅提高故障诊断和智能决策的及时性和准确性。

(4)智能预警及状态检修应用。在以往的实际生产中,运维人员根据已有的经验对设备异常和故障作出判断,但是主观的认知并不能十分精准反映设备状态变化。通过对设备运行数据的实时监测和智能评估,对设备的运行状态提前预警并提出预防措施,防止出现设备严重故障现象,也有助于科学合理地制订检修计划。

(5)设备仿真及培训应用。构建涵盖各应用及换流站系统的培训知识库、题库学习、仿真培训、在线考试以及培训交流,拓宽运维人员自主学习的途径,大力提升各项业务水平和综合技术能力。通过培训系统,不同站间进行交流,提升和完善同类设备的知识库及异常处置方案。

(6)人员安全作业管控应用。通过全景视频融合对输电线路及设备全区域整体现场的场景进行多角度实时监控。通过和三维空间位置信息的结合,进而实现对人员、设备和车辆的安全作业管控。依托边缘物联管理平台对工作票的全过程安全管控和作业风险提前识别;同时结合 AI 识别算法,进行现场作业过程的状态感知和状态快速分析,实现作业计划管控、作业风险评估等能力。

虽然数字孪生技术难点短时间内无法得到突破,但随着数字化输电线路及设备建设的逐步推进，传感数据的不断补充完善，状态评估预测和故障分析诊断两个方面仍然可以在短时间内实现巨大效益。

在状态分析评估预测方面，可以通过声音、振动、运行温度以及其他参数对设备进行专项评估，帮助运维检修人员深度掌控其设备的内部运行状态。在故障分析诊断预测方面，可以通过实时分析电压、电流、温度和声响等特征量，对设备的电气故障、机械故障进行预测性诊断。

3. 数字孪生输电领域未来技术发展方向

目前，输电线路状态评估中的数字孪生技术架构已经初步建立，众多的研究学者对技术架构中的设备全面感知技术、数据治理技术、模型构建技术进行了研究，取得了阶段性的成果。在实际应用中，山东、广东、甘肃等电网公司已经陆续将物联网技术、5G 通信技术、新型传感技术、大数据分析技术、数据挖掘技术、人工智能等技术应用于输电线路的状态评估中，初步形成了输电线路状态评估数字孪生技术应用体系，且已经落地应用，取得了较好的应用成效。然而，结合实际的业务需求以及现场的各种工况，数字孪生技术在输电线路状态评估中的应用仍然存在一些问题和挑战：

（1）用于感知输电线路各类关键状态量的高稳定、高可靠传感装置仍较少。相关传感装置对材料、组装、封装等要求较高，很难进行批量生产，且部分传感装置仍停留在仿真模拟以及实验室测试阶段，距离现场大规模应用还有较大差距。

（2）输电线路在生产及组装过程中的尺寸、材料、工艺、环境、流程、组装等过程的数据与设备投运时型式、例行、特殊试验数据以及设备的在线监测数据、离线试验数据、运维数据、资产管理数据等均存储于不同业务部门或不同业务系统，存在数据标准不统一、接口协议不一致、数据形式多样、数据结构复杂、种类繁多、时间尺度不一致、体量巨大等问题，使得融合、分析、处理这些数据的困难较大，是构建输电线路数字孪生模型的较大挑战。

（3）在建立输电线路的数字模型时，通常忽略现场特殊的运行工况，如雷击等因素的影响。由于特殊运行工况是偶发的，很难在建立模型时对其进行全面考虑，因此极大程度上影响设备数字孪生体对其运行规律的表达。

（4）如何将输电线路设计、制造、运维过程中的各类专家经验、知识库与数字孪生体进行有机融合，实现基于知识协同、知识图谱的模型构建，是提高数字孪生功能模型准确率面临的挑战。

（5）输电线路结构复杂、部件众多，在数字孪生体构建过程中涉及的技术体系内容较多，因此数字孪生体模型复杂度高，不易被理解。而如何基于可视化技术，将设备数字孪生过程进行直观展示，更高效地服务运维人员和管理人员，是推动数字孪生技术快速发展的重要一环，但同时也是较大挑战。

（6）输电线路的数据众多、体量极大，而数据清洗、模型构建等算法的复杂度较高，给数字孪生体构建过程中的存储能力、计算能力等均带来了较大挑战。

（7）考虑到输电线路的安全直接关系电力系统稳定和能源供给安全，因此完善的数据分享与开发机制和严格数据安全管理也是构建输电线路数字孪生模型需要重点关注的问题。

得益于大数据、云计算、物联网、移动互联网、人工智能等新兴技术的快速发展，成为促进数字经济发展、推动社会数字化转型重要抓手的数字孪生技术已建立了普遍适应的理论技术体系，并在智能制造、智慧城市、智慧交通等领域得到了较为深入的应用。在电力领域，将数字孪生技术应用于输电线路状态评估中，对设备从生产、组装、投运、运行、检修以及退役的全过程数据进行深度感知，对数据进行深度融合与治理，构建输电线路状态评估的数字孪生体，实现指导检修、服务调度、资产管理升级的数字孪生技术体系已经初步形成。而新材料技术、量子通信技术、量子计算、芯片技术、融合人工智能和物联网技术（artificial intelligence & internet of things，AIoT）等前沿技术的持续发展，也必然会推动数字孪生技术不断发展和完善，其在输电线路状态评估中的应用也具有广阔的发展前景，如下：

（1）随着信息安全、数据安全、通信安全技术的不断提升，实现输电线路设计、制造、监测、运维、退役全过程的数据交互与实时反馈将成为可能，将运维过程以及退役过程中的数据与设备设计和制造过程进行交互，实现数据的实时感知和实时反馈，将会有效推动设备工艺升级，从而提升设备可靠性，保障电网安全。

（2）输电线路区别于战机、汽车、人体等单一设备或者个体，其具有相互连接，共同组网的特点，因此随着通信技术、计算能力的不断提升，构建市域、省域、网域甚至是国域范围内的全量输电线路孪生体将成为可能，该全量输电线路孪生模型不仅包含每台单独设备从设计、制造、监测、运维、退役全过程的孪生模型，还囊括了各种设备之间的电气关系、位置关系、关联关系等。这种全量输电线路孪生体将把设备的状态评估推向新的高度，实现全产业链的数字化转型。

（3）打破目前输电线路状态评估的数据、技术壁垒，将脱敏之后的输电线路数字孪生体向第 3 方开放，实现包括设备厂商、电网企业、高等院校、科研院所、互联网技术开发企业等上下游企业间的数据集成以及价值链、技术链的集成，实现价值协同、技术协同，从而进一步推动输电线路状态评估中数据孪生技术的发展，以保证设备状态评价的安全可靠运行。

➤ 4.4　数字孪生在变电领域应用关键点及创新 ◂

4.4.1　数字孪生在变电领域应用的必要性

1. 设备级数字孪生体建立的需求

随着智能电网、能源互联网的大力推进和快速发展，输变电设备的检修方式已经由传统的"计划检修"方式转为"状态检修"。对变电设备进行"状态检修"，须首先基于各种传感器感知反映设备运行情况的状态量，之后，对状态量数据进行分析处理，构建用于评估变电设备运行状态的模型，在此过程中，采用试验模拟、数据驱动等方法不断优化模型，使其状态量数据更加丰富、数据质量不断提升、模型准确性和可靠性不断增强，从而更好地表征实际变电设备的运行规律。变电站内变电设备的稳定运行关系到整个电网主干网及配电网的安全。为实现对变电设备状态的感知与管控，变电站设备的运维巡检一直是国家电网有限公司的重点工作内容之一。现有变电站内设备的巡检工作主要是利用相关检测仪器在变电设备正常运行工作中，测定其设备的裂纹、变形、状态等物理量，量化分析设备的运行状态，定位设备缺陷异常。其中，作为设备状态感知的主要手段，运维工作从早期的人工巡检发展到现在依托于高清摄像头、传感器、机器人等智能化设备的联合运维。

现场实际的变电设备包括变压器、换流变压器、气体绝缘全封闭组合电器等，对应变电设备状态评估中的数字孪生技术架构的物理层。变电设备特殊的运行环境和工况使得其无法在物理空间被实时地分析和运维，因此需要基于各种传感装置感知表征设备运行情况的各种状态量，同时，融合设备的在线监测数据、运行环境数据、工艺制造数据、离线试验/运维检修数据等多维度数据实现输变电设备运行状态和运行环境数据的全方位感知，因此，区别于通用的数字孪生技术架构，在变电设备状态评估的数字孪生技术架构中，物理层之后是用于全方位感知设备运行数据的感知层。在获取到数据之后，考虑变电设备复杂的运行工况和电磁环境，需要对数据进行清洗，以提升数据质量，从而为变电设备数字孪生体的模型提供数据支撑，此过程包括对异常传感装置的评估、对数据进行清洗、选择最优数据等，该过程是通用数字孪生技术架构中的数据层，对应变电设备状态评估数字孪生技术架构的数据层。基于变电设备的全景式、多维度数据可以构建输变电设备的数字孪生体，根据实际的业务需求，构建输变电设备的数字孪生体的具体功能模型，主要包括：设备状态评价模型、设备故障诊断模型和设备状态预测模型等。在变电设备的状态评估中，模型与功能是一致的，即基于现场实际的应用业务需求构建相应的模型，实现设备的评估、诊断以及预测功能。如图4-46所示。

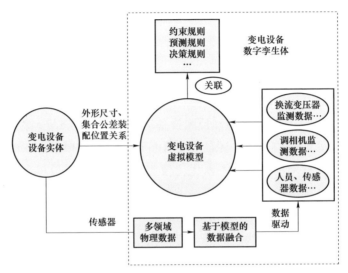

图4-46　变电设备数字孪生体模型

考虑到变电设备在自身属性和运行环境的差异，有必要为变电设备建立差异化评价数字孪生模型，挖掘设备的个性化特征，实现对变电设备的差异化、个性化精准评估。变电设备数字孪生体是指变电站内相关变电物理设备的实际运行状况从真实物理设备空间到虚拟空间的一种实时数据映射，具有虚拟性、唯一性、多模态、多尺度、动态性与双向性的特点，通过对数字孪生体的变电设备进行统计分析，并根据采集的实时数据、运维数据来预测变电站设备下一时刻的状态，使变电设备实现实际变电站内物理层与信息层数据的融合。为变电设备构建设备级数字孪生体可以充分利用数字孪生技术在物理空间与信息空间虚拟仿真优势，未来可为电网供配电系统的运维提供更加安全、可信的运维服务，如图4-47所示。

对于体积庞大、设计复杂的变电设备，在出厂时建立设备级数字孪生体，通过对变电设备建立高保真度、高稳定性、高可视化的实时数字孪生模型，实现实际物理设备与虚拟仿真设备之间的映射。将在线数据与设备仿真模型相融合，实现基于变电设备模型的实时在线分析，并通过3D交互技术进行交互展示，

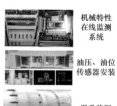

机械特性在线监测系统

油压、油位传感器安装

温升监测

GIS系统级场景（区域）

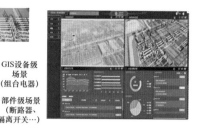

GIS设备级场景（组合电器）

部件级场景（断路器、隔离开关…）

开展GIS设备附加传感器方案设计、现场施工及数据接入	开展精细化设备内外部三维模型建模，动画及渲染设计，场景建立、呈现及互动设计	开展GIS设备高级应用App设计，包括设备状态分析和设备诊断分析两部分功能

图 4-47　设备级数字孪生体构建

把设备的"设计域知识"带到"设备运维域"，实现实物与孪生模型伴生，从而更好地服务变电设备智能运维。相对于在运行现场构建的设备数字孪生体，理想的设备级数字孪生体是出厂时由生产厂家构建，作为设备技术资料一起提供，设备级数字孪生体既包括设备及关键部件的精细化几何模型，也包括基于出厂试验数据基础调校后的电气设备载荷模型、绝缘模型、温度模型等，实现设备行为特性的真实映射。变电设备状态评估中的数字孪生架构如图 4-48 所示。

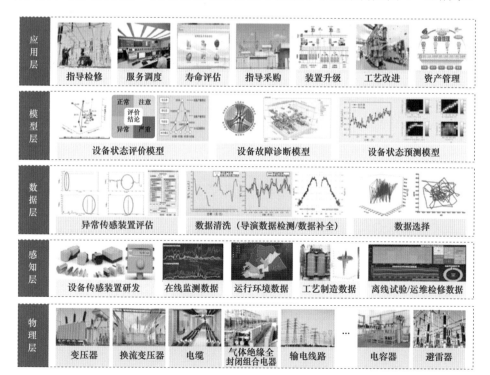

图 4-48　变电设备状态评估中的数字孪生架构

2. 厂站级储能模型建立的需求

将数字孪生技术应用于交直流变电站、换流变电站，构建厂站级消防系统、阀控系统等数字孪生体模型，实现数字化厂站级储能模型构建，提升变电设备状态评估水平。厂站级数字孪生体是多源数据整合、多门类技术集成和多类型平台功能贯通的面向新型数字化智能电网的复杂技术和应用体系，通过与现有虚拟电厂管控平台结合，将有效支撑电网数字化。厂站级数字孪生体的典型结构由设备层、用户层、厂站层和应用层组成，结合物理机理与数据驱动建模的优势，通过有机融合实现虚拟电厂物理资源到虚拟空间的完整映射，构建数字孪生体，形成精确的数字化仿真模型。基于数据驱动建模的厂站级储能模型如图 4-49 所示。

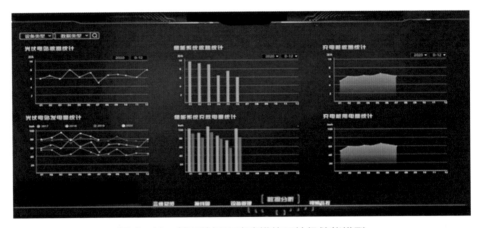

图 4-49　基于数据驱动建模的厂站级储能模型

储能能够显著改善负荷的可用性，而且对电力系统的能量管理、安全稳定运行、电能质量控制等均有重要意义。厂站级储能数字孪生基于储能设备三维模型，融合实体的监测数据、状态数据、环境数据等全息感知信息，并将多维信息映射到实体模型中，构建储能场的数字孪生模型，一方面以数字形式展示当前储能场储能设备的最大容量信息及当前储能量，实现储能存储/消纳实时动态展示及数据预估，动态展示当前储能的存储/消纳实时数据及实时速率，根据实时速率预估出满载/清空储能所需时间，为储能运行计划和运行优化提供数据和决策依据；另一方面实时展示储能设备运维状态数据，实现储能设备缺陷预警、风险评估和全寿命周期健康管理，以提高储能安全性，延长储能设备寿命。储能设备运维状态主要展示储能场设备及部件运维相关的设备状态信息，展示设备实时运行状态、历史运行状态，预测未来设备运行状态，如采用基于神经网络的机器学习算法预测未来一个月内设备及部件的设备状态。储能场设备状态包括：储能单元或 PCS 待机/运行/停机状态、储能单元或 PCS 的运行模式、故障信号等。

　　储能是智能电网实现能量双向互动的重要设备，其作用包括：减小峰谷差，提高设备利用率，提高电网可靠性和电能质量。对储能系统进行数字孪生建模，可以将发电与用电中储能系统的作用进行统一，减小新能源发电间歇式输出功率对供电系统稳定性的影响，提高电网收纳间歇式可再生能源的能力，使电网供电压力得到缓解的同时，获得更多收益。在风电储能领域，数字孪生技术已经与储能技术进行了初步的结合。影响风电场出力的环境因素有风速、温度、空气密度、气压等。仅依靠历史功率数据进行预测，预测结果精度低、外推能力差。尽可能多地考虑影响风电场发电功率的因素可以提高预测表现，但过多地考虑对风电场发电功率影响较小的因素也会对模型产生干扰。因此，对风电功率进行准确预测的关键是选择模型输入数据。将数字孪生技术应用于混合储能，综合考虑风电并网波动、预测模型误差和储能设备的使用效率，构建数字孪生混合储能模型。针对风电场出力的波动性和预测的不准确性，构建了风电数字孪生模型。该模型主要负责对物理实体的充放电计划进行仿真、优化和评估，并对充放电过程进行实时预测、监测和调控。数字孪生混合风电储能原理如图 4 - 50 所示。

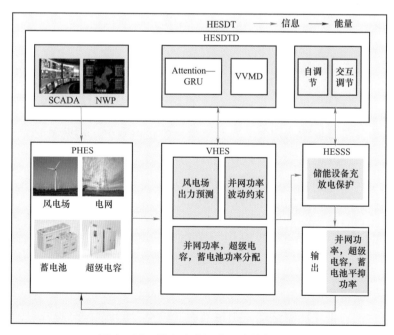

图 4 - 50　数字孪生混合风电储能原理

以平抑风电并网功率波动的同时优化混合储能（hybrid energy storage，HES）的运行效率为数字孪生混合储能的服务目标，由风电场、电网、蓄电池和超级电容构成物理混合储能（physical hybrid energy storage，PHES），现场状态和运行数据经数据采集与监视控制系统（supervisory control and data acquisition，SCADA）和天气数值预测系统（numerical weather prediction，NWP）上传至混合储能数字孪生数据（hybrid energy storage digital twin data，HESDTD）；由引入注意力机制的门控循环神经网络（attention-gated recurrent unit，Attention-GRU）和变分模态分解模型（variational modal decomposition，VMD）构成虚拟混合储能（virtual hybrid energy storage，VHES），用于对风电场出力进行预测和虚拟初级分配；由 VHES 的自调节和交互调节控制构成混合储能服务系统（hybrid energy storage service system，HESSS），以 HES 充放电保护作为 HESSS 的优化服务目标。HESDTD 包括 PHIES 的现场状态数据、VHES 的仿真模拟数据以及 HESSS 的评估优化数据，通过不断对自身更新与扩充，实现 PHES、VHES、HESSS 之间的交互。最后，由 HESSS 模拟输出得到最终并网功率和蓄电池、超级电容的平抑功率，并生成对应的控制指令反馈给 PHES 执行。

数字孪生模型可以有效降低风电波动预测误差，指导风电并网功率分配，可以使风电波动达到目标并网功率标准，提高系统整体平抑效果。同时，通过提高预测模型的精度，可以一定程度增强系统运行的稳定性，从而提高储能的利用效率。此外，当数字孪生技术在新能源储能行业得到大规模应用后，可以实现不同储能系统的数据互通，形成大范围的数字孪生模型，实现电网的平稳运行。通过构建数字孪生综合能源系统，能够实现对系统整体状态及各设备状态的全景监测。能够基于各建筑的用能数据，进行能效分析，进而为能源的精益化管理提供科学依据。例如，在数字孪生光伏电站中，实现了对光伏电站的全景监测、指标分析、积尘分析等功能，以及对升压变压器、逆变器、光伏组串等设备运行数据和告警信息的实时展示，从而支撑工作人员开展虚拟巡视。数字孪生综合能源系统如图 4−51 所示。

4.4.2　数字孪生在变电领域应用关键点

1. 变电设备个性化模型构建

基于关键状态量无法实现对设备状态的全面评估，且变电设备部件众多，并明确其整体运行状态无法满足现场的实际要求，因此需要对变电设备各个部位的性能进行更加细化的评估，构建精细化的评估模型。在深入研究设备故障诊断和基于数据驱动设备故障诊断的理论与技术体系基础上，基于各种传感

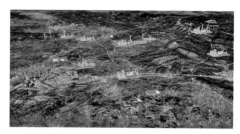

图 4-51　数字孪生综合能源系统

装置与运行记录装置感知并记录变电设备运行情况的各种状态量，融合设备的在线监测数据、运行环境数据等多维度数据实现变电设备运行状态和运行环境数据的全方位感知，构建变电设备的数字孪生个性化模型。

为了实现对变电设备个性化数字孪生模型的精确构建与状态评估，需要为其安装各种传感装置，以实现对其各个方面状态量的全面感知。如超声流速传感装置、光纤压力传感装置、油中溶解气体传感装置、微水传感装置、油中电场传感装置、特高频传感装置、SF_6 传感装置、接地电流传感装置等。充分利用变电站设备运行状态的物理模型、变电设备监测传感更新数据、历史数据等，集成变电设备运维系统、监测系统多物理量、多尺度、多模态的仿真过程，完成变电设备实体空间到数字孪生体虚拟空间的映射，实时反映变电设备实体的整个运行过程。

高精度传感器数据的采集和快速传输是整个变电设备数字孪生系统体系的基础，温度、压力、振动等各个类型的传感器性能都要最优以复现实体变电设备的运行状态，传感器的分布和传感器网络的构建要以快速、安全、准确为原则，通过分布式传感器采集系统的各类物理量信息以表征系统状态。同时，搭建快速可靠的信息传输网络，将系统状态信息安全、实时地传输到上位机供其应用具有十分重要的意义。数字孪生系统是物理实体系统的实时动态超现实映射，数据的实时采集传输和更新对于数字孪生具有至关重要的作用。大量分布的各类型高精度传感器是整个孪生系统的最前线，为整个孪生系统起到了基础的感官作用。变电设备个性化数字孪生体构建如图 4-52 所示。

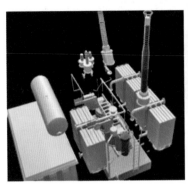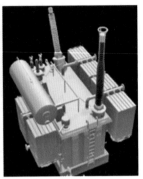

图 4-52　变电设备个性化数字孪生体构建

　　对于重要的变电设备变压器而言，油中溶解气体传感装置是监测其运行状态和故障情况的重要装置。目前，除了已经被广泛使用的基于热导检测器、基于氢离子火焰检测器等的油中溶解气体传感装置之外，基于光学技术的油中溶解气体传感装置由于具有非接触测量、抗电磁干扰等优势而被广泛研究。而对变压器的局部放电进行监测，也是实现其状态评价和故障诊断的重要手段，在监测局部放电信号时，基于特高频信号的局部放电监测装置由于具有较好的灵敏度以及抗干扰能力等优势，已经在现场进行了实际应用，而基于光学技术的局部放电监测装置也是目前的研究热点。为了获取换流变压器内部的复杂电场情况，研发基于 Kerr 电光效应的电场测量传感装置，实现了复杂油脂绝缘结构内部空间电场的非接触式测量。为了在高温复杂电磁环境下，测量变压器内部压力，基于光纤光栅结构的压力传感器已经完成研发，实现了在不影响原有绝缘结构的前提下，直接测量变压器内部各个位置的压力。为了测量变压器油中的水分体积分数，基于新型微纳光纤的变压器油中微水传感装置也已经被设计和研发。

　　除了变压器之外，在监测气体绝缘金属封闭开关设备（gas-insulated switchgear，GIS）的运行状态时，SF_6 气体密度、湿度、分解气体成分以及开关触头温度监测装置也已经广泛应用。除此之外，用于监测电气设备接地电流的监测装置也已在现场获得广泛应用。随着材料技术、光学技术、新型通信技术、集成电路技术等的快速发展，以及光学、化学、生物学、电子学等学科深度渗透和融合，为研发高精度、高可靠、快响应、智能化、微型化的输变电设备状态传感装置提供了技术支持，而微功耗以及无源化、自组网、多传感器融合也日益成为输变电设备传感装置的重要研究方向。得益于上述各类新型传感装置的研发和广泛应用，对输变电设备运行状态进行全面感知成为现实。面向输变电设备运行状态感知的各类传感装置如图 4-53 所示。

图 4-53　面向输变电设备运行状态感知的各类传感装置

在输变电设备各类传感装置获取到设备的实时运行数据之后，结合运行环境数据、设备工艺制造数据、设备的离线试验以及运维检修数据、故障案例数据等，并基于多源数据融合技术实现对输变电设备状态进行多维度、全过程、全景式、全链路的深度感知，为变电设备状态评估中的数字孪生技术提供数据保障，从而搭建变电设备的个性化数字孪生模型。设备个性化模型是实现设备全生命周期内镜像的基础，并需要根据空间维度和大尺度时间维度的变化相应调整。设备个性化模型实现的重点在于物理模型与行为模型的个性化构建，基于出厂试验数据基础对电气设备载荷模型、绝缘模型、温度模型等进行调校仅仅是实现设备行为特性的个性化的第一步，在运维阶段根据设备负载、地域、环境等运行工况，基于传感器数据对设备模型关键参数进行实时修正和实现进化是设备全生命周期内模型个性化的重要内容。

2. 数据驱动与物理模型融合的状态评估

采用数据驱动的方法利用变电设备的历史和实时运行数据，对物理模型进行更新、修正、连接和补充，充分融合系统机理特性和运行数据特性，结合变电设备的实时运行状态，获得动态实时跟随目标系统状态的评估系统。综合多种变电站内设备物理状态、多种数据模态、多属性等参数虚拟仿真模型，可以用于模拟、预测、监测及诊断变电站正在运行的设备状况，且随着对历史数据模型的分析与模拟，可以通过使用包含射频识别技术（Radio Frequency Identification，RFID）等多种技术在内的网络传输模块不断与变电站内相关设备进行数据交互，采用机器学习、迁移学习和深度学习等方法，以及大规模并行处理、数据挖掘技术、分布式文件系统、分布式数据库及云计算等技术手段，实现异常状态识别、缺陷关联规则挖掘、状态变量差异化预警值计算、设备状态评估和故障诊断预测等，以提高大数据分析效率逐步提升对变电站内设备运维的效率。变电设备数字孪生体与运维设备实体映射如图4-54所示。

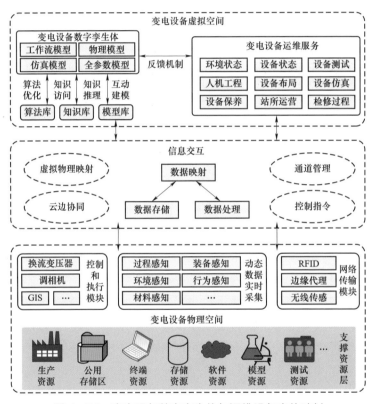

图4-54　变电设备数字孪生体与运维设备实体映射

通过变电设备实体运维系统与变电设备孪生模型的反馈机制，集成变电设备数字化运维与分析系统，变电设备孪生模型与实际的变电设备实体系统进行融合，实现变电设备虚拟与实体间仿真模拟的无缝集成和同步，从而在变电设备数字孪生运维系统中看到实际物理变电设备的实时运行状态。通过贯穿整个变电设备运行周期的实体运维系统，与变压器、调相机、绝缘金属封闭开关设备（gas insulated switchgear，GIS）等变电设备的监测、分析与运维高度集成统一，形成变电设备的数字孪生仿真，完成从仿真系统运维到实际运维系统的反馈。变电站 GIS 设备数字孪生运维系统如图 4-55 所示。

图 4-55　变电站 GIS 设备数字孪生运维系统

基于变电设备的状态量数据构建数字模型，从数字模型中挖掘表征设备运行状态的特征，并基于这些特征对设备运行状态进行评估，是目前最广泛使用的方法。例如，在国际电工委员会（International Electrotechnical Commission，IEC）制定的用于评估变压器运行状态的标准从世界范围内的 25 个电网中获取超过 20000 台变压器的油中溶解气体数据，构建数据的分布情况，并预设 90% 的数据为正常，从而获得用于评价变压器状态的阈值。在获得变电设备的运行状态之后，需要对其故障情况进一步诊断，确定具体的故障类型，以便指导现场运维人员进行有针对性的检修。传统导则以及标准中使用的三比值法、大卫三角形法等在实际应用中均存在一些问题，相关的研究学者一方面对传统方法进行了改进，另一方面基于智能算法提出了新的诊断方法。在相关的研究中，基于深度信念网络的诊断模型被认为具有较好的准确性。然而，在将其应用至实际数据中时，由于深度置信网络结构本身存在的随机误差修正、批量处理误差、梯度弥散等问题，将导致网络在处理某些故障案例时出现误判的情况。为了解决此问题，在变压器故障诊断数字孪生模型中，采用基于深度信念网络的自决策主动纠偏诊断方法来诊断变压器故障，流程如图 4-56 所示。利用稀疏自编码器（SAE）将故障案例映射到高维空间中，以凸显故障类别之间的差异性，并将故障类型之间的稀疏自编码差异度作为深度信念网络的误差对训练过程进行调整，根据训练过程中短期和长期的损失函数变化率以及训练次数等情况制定引入误差修正决策单元的策略，实现自决策主动纠偏诊断。

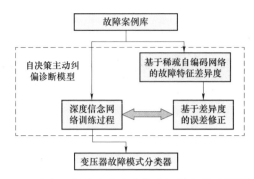

图 4-56 变电设备数字孪生体状态评估与故障诊断流程图

3. 基于数字孪生的变电设备全寿命周期演进

基于变电设备数字孪生体，在状态检修工作流程中，首先对设备状态进行评估和诊断，得到设备发生某一类型故障及其可能性后，再进行设备风险评估，最后结合不同维护方案，完成整个设备状态检修的风险决策与完整的设备状态检修决策流程。在状态检修过程中结合寿命周期成本管理的思想和方法可以将变电设备的使用与维护成本最小化。从时间维度以及现场实际的需求出发，变电设备状态评估的数字孪生模型主要实现对变电设备当前的运行状态进行评估以及对未来的运行状态进行预测两个功能。在对当前状态进行评估时，首先对异常状态进行快速检测，之后对存在异常的设备进行差异化评估，随后对设备进行精细化的评估，进一步对设备的故障进行诊断。变电设备数字孪生体全寿命周期演进流程如图 4-57 所示。

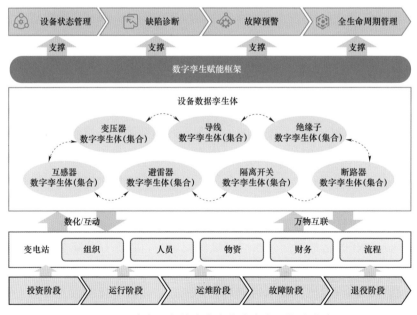

图 4-57 变电设备数字孪生体全寿命周期演进流程

　　数据孪生不仅是面向对象的，也是面向过程的，变电设备数字孪生体在投资阶段、运行阶段、运行维护阶段、故障阶段以及退役阶段的价值链条上，在保证合理规划、优质工程、安全生产、可靠运行的前提条件下，要追求全生命周期最优目标。例如，进行变压器设备健康状态评估，难点在于要求评估的对象能够细化粒度到全网、厂站端、设备、部件和原子零件等不同层级，因此需要以面向变压器设备运维与故障分析的设备全生命周期推演为例，设备从设计、采购、安装、检修、台账、故障记录等所有过程性数据按时间线进行建模与存储（设备数字孪生体），采用知识图谱建模方法，对实体、事件的语义关系与关联关系进行组织、模拟与存储，当设备发生故障并触发相应事件后，运维检修人员可根据警报内容获取当前设备及相关部件的生命周期进程数据，如什么时候进行过检修，更换零部件情况，出现严重隐患与故障情况，每次抢修的过程与解决方案等。通过对设备的生命周期进行分析与推演，帮助运维检修人员快速获知设备的安全隐患与功能故障，从而高效快速地完成风险控制与故障维修工作。

　　基于仿真模拟技术的工程驱动模式，通过各种传感设备的布置以及相应的物联网应用将温度、振动、碰撞、载荷等各项数据与数字孪生体进行同步，反映现实世界产品实际的质量、性能、使用以及维护情况，形成在形态和举止上都相像的虚实映射关系，帮助企业分析特定的工作条件并预测故障点，从而在生产和维护优化方面节约成本。对变电设备通过一系列可重复、可变参数、可加速的仿真实验，来验证、预测变电设备在不同外部环境下的性能和表现；数字孪生电网通过读取变电设备上布置的传感器或者控制系统的各种实时参数，构建可视化的远程监控，并给予采集的历史数据，构建层次化的部件、子系统乃至整个设备的健康指标体系，并使用人工智能实现趋势预测；基于预测的结果，对维修策略以及备品备件的管理策略进行优化，将数字电网与物理电网的整个生命周期联系在一起。基于仿真技术的数字孪生变电设备全寿命周期演进是目前大多数行业发展的主流方向之一，但是却也存在一定的适应性障碍和技术实施挑战，例如电网不同元器件联结带来的高复杂度故障分析定位等问题、无法积累对象跟外部事件的关联知识、传感设备的布置以及相应的物联网建设需要有更大的资金投入和建设周期等。

　　4. 变电设备状态参数的可视化呈现技术

　　通过对变电设备的实时运行数据以及历史数据采集在数字镜像上以可视化的方式展示出来，实现变电设备操作的可见性，以及信息互联系统的可见性。将变电设备的制造、运行、检修状态以超现实的形式给出，对复杂设备的各个部件进行多领域、多尺度的状态监测和评估,将智能监测和分析结果附加到变电设备的各个子系统与部件,加强数据分析可视化的性能和效果。形成变电设备运行维护设备监测、故障报警、故障预判以及故障节点可视化虚拟化系统,通过对变电站设备运行状态、状况的监测数据感知与孪生数据的分析,实现对变电设备监管和运维系统更新。例如,基于三维建模、VR以及视频融合等技术,构建开关站虚实同态的数字孪生开关站,在三维模型的基础上引入监控视频流,全方位掌握开关站的现场环境信息。虚拟现实数字孪生开关站系统如图 4-58 所示。

图 4-58 虚拟现实数字孪生开关站系统

在变电设备数字孪生运维系统中,首先对变电设备感知建模,然后对变电设备运行状态进行分析推理,最终实现变电设备运行体系的准确模型化描述。所构建的变电设备数字孪生运维系统能反映变电站内监测运行设备对象从微观到宏观的所有特性,展示变电设备运行周期的变化过程。例如,以换流变压器、调相机、GIS 这 3 类设备为重点研究对象,将接入的换流变在线监测数据、调相机在线监测数据、各类针对 GIS 设备的监测数据反馈回运维模型,形成对应的数字孪生模型。通过变电设备数字孪生运维模型的构建,变电站设备不仅可以在运行设备出现状况时被动预警,而且可以依据变电设备运行时规则库、知识库以及推理算法,实现变电设备的主动预警。通过数字孪生运维系统的建设,由之前各类变电设备运维系统的被动预警走向主动运维的更高效、更快捷过程。整个变电设备运维的数字孪生模型内容包括:变电设备数字孪生运维系统的物理结构、变电设备孪生体与远程运维物理实体映射、数字化反馈机制。

变电设备状态参数的可视化呈现应基于不同业务需求,可实现场站、区域、设备、部件分级展示和导航切换功能。提供设备全量监测数据,实现设备多维信息汇集与展示,基于设备三维模型,以文字和图表等方式展示系统综合运行指标、设备整体状态、场地环境、天气状态、评估数据、出厂数据等信息。将变电设备的制造、运行、维修状态以超现实的形式给出，对变电设备进行多领域、多尺度的状态监测和评估，在完美复现设备实体的同时将数字分析结果以虚拟映射的方式叠加到所创造的孪生系统中，从视觉、声觉等各个方面提供虚拟现实平台，对于监控和指导重要变电设备的安全运行以及运维具有重要意义。变电站内设备状态参数的可视化呈现如图 4-59 所示。

图 4-59　变电站内设备状态参数的可视化呈现

4.4.3　数字孪生在变电领域应用及技术发展方向

1. 变电设备全程数据交互与实时反馈

变电设备区别于汽车、人体等单一设备或者个体，其具有相互连接，共同组网的特点，因此随着通信技术、计算能力的不断提升，构建出市域、省域、网域甚至是国域范围内的全量变电设备孪生体系，将使变电设备设计、制造、监测、运维、退役全过程的数据交互与实时反馈成为可能，全量变电设备孪生体不仅包含每台单独设备从设计、制造、监测、运维、退役全过程的孪生体模型，还囊括了各种变电设备之间的电气关系、位置关系、关联关系等。这种全量变电设备孪生体将把设备的状态评估推向新的高度，实现全产业链的数字化转型。

对复杂变电设备的各个关键子系统进行多领域、多尺度的状态监测和评估，将智能监测和分析结果附加到变电设备的各个子系统、部件，在完美复现实体系统的同时将数字分析结果以虚拟映射的方式叠加到所创造的孪生系统中，从视觉、声觉、触觉等各个方面提供沉浸式的虚拟现实体验，实现实时连续的人机互动，使用者通过孪生系统迅速地了解和学习目标系统的原理、构造、特性、变化趋势、健康状态等各种信息，并能启发其改进目标系统的设计和制造，为优化和创新提供灵感。通过简单的点击和触摸，不同层级的系统结构和状态会呈现在使用者面前，对于监控和指导复杂装备的生产制造、安全运行以及视情维修具有十分重要的意义，提供了比实物系统更加丰富的信息和选择。

目前数字孪生系统数据采集的难点在于传感器的种类、精度、可靠性、工作环境等受到当前技术发展水平的限制，采集数据的方式也受到局限；变电设备的全程数据交互与实时反馈要求实时性和安全性，而网络传输设备和网络结构受限于当前技术水平无法满足更高级别的传输速率，网络安全性保障在实际应用中同样应予以重视。随着传感器水平的快速提升，很多微机电系统（micro-electro-mechanical system，MEMS）传感器日趋低成本和高集成度，而高带宽和低成本的无线传输，如 IoT 等技术的应用推广，能够为获取更多用于表征和评价对象系统运行状态或异常、故障、退化等复杂状态提供前提。许多新型的传感手段或模块可在现有对象系统体系内或兼容于现有系统，构建集传感、数据采集和数据传输一体的低成本体系或平台，也是支撑变电设备数字孪生体系的关键部分。

实现变电设备数字孪生体与运维服务的数据模型不断交互与更新。利用数字孪生系统中变电设备的实时数据、历史数据等运行状态数据，将运维过程以及退役过程中的数据与设备设计和制造过程进行交互，实现数据的实时感知和实时反馈，将来自虚拟空间的变电设备孪生体与真实空间的变电设备实体间各种运行状况数据进行映射与关联，两者之间通过各种规则库、知识库以及相应的推理算法模型来实现变电设备运维系统控制信号及信息的交互。利用相关传感器采集换流变压器、调相机、GIS 等变电设备在线监测数据，如压力、油流速度、油中溶解气体、振动信号、磁通量信号、电压、电流信号、温度、运行工况、环境气象等多维监测数据，实现对变电设备实体物理资源的实时感知。

从有序推进的角度可以将变电设备数字孪生体的数据交互与实时反馈分为数字化、网络化和智能化三个标志性阶段，循序渐进、迭代发展。其中数字化阶段针对的是单台变电设备、单系统、单业务的信息化。网络化阶段则是实现多台变电设备、多个系统和多种业务的数据融合、功能集成和作业任务协同。未来在智能化阶段，数字孪生与人工智能技术将全面深度介入电力系统生产活动的各个层次和方面，它具备像人一样的认知、思考、学习和适应能力，将极大提升电力系统状态检修的灵活性。数字化阶段的标志就是针对变电设备各种数字化的传感器、执行器、设备、系统以及各类软件在电力系统中得到普遍应用。

针对大数据技术、泛在物联网技术的发展对状态评估的广泛性、准确性以及实时性提出的更高要求，融入试验数据、监测数据等多源数据作为评估数据对象，体现数据时段实时变化特性，在体系层面挖掘多来源数据的不同信息价值，建立动态评估模型，体现变电设备的物理量变化和指标的数量变化特性，对提升状态评估结果的准确性和智能化有重要意义。目前，各类原始数据中普遍存在数据重复、数据异常和数据缺失等问题，严重影响了评估工作的开展。因此，开展数据治理、数据质量评价等方面的研究工作，提升数据质量，有利于提高现变电设备状态评估水平。

2. 变电设备数字孪生体数据集成

为满足新型电力系统安全可控、灵活高效的要求，实现多源异构数据的跨平台高效获取和存储，进行设备状态与电网运行、检修决策等信息实现全面的高度共享和融合是必然发展趋势。变电设备状态评估的原始数据来源于多个数据管理系统，如生产管理系统、能量管理系统，信息管理系统等。这些数据系统一般由不同单位或部门开发和管理，并且在设计阶段也没有考虑数据的跨系统、跨部门共享和交互，无法满足设备状态评估对多源数据的需求。因此，研究不同地点、类型和功能数据库间的交互机制，打破平台间数据共享的壁垒，实现多源异构数据的跨平台高效获取和存储，是设备状态评估研究领域需要解决的首要问题。随着通信技术、计算能力的不断提升，构建市域、省域、网域甚至是国域范围内的全量输变电设备孪生体将成为可能，打破目前变电设备状态评估的数据、技术壁垒，将变电设备数字孪生体向第三方开放，实现包括设备厂商、电网企业、高等院校、科研院所、互联网技术开发企业等上下游企业间的数据集成以及价值链、技术链的集成，实现价值协同、技术协同，从而进一步推动变电设备状态评估中数据孪生技术的发展，以保证设备状态评价的安全可靠运行。

多领域建模是指在正常和非正常工况下从不同领域视角对物理系统进行跨领域融合建模，且从最初的概念设计阶段开始实施，从深层次的机理层面进行融合设计理解和建模。当前大部分建模方法是在特定领域进行模型开发和熟化，然后在后期采用集成和数据融合的方法将来自不同领域的独立的模型融合为一个综合的系统级模型，但这种融合方法融合深度不够且缺乏合理解释，限制了将来自不同领域的模型进行深度融合的能力。多领域融合建模的难点是多种特性的融合会导致系统方程具有很大的自由度，同时传感器采集的数据要求与实际系统数据高度一致，以确保基于高精度传感测量的模型动态更新。多领域下数字孪生体数据集成如图 4-60 所示。

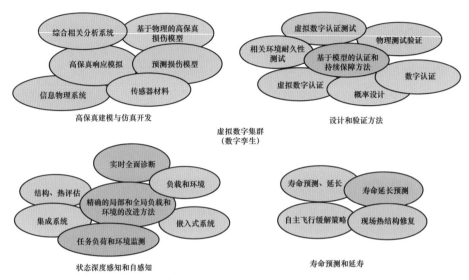

图 4-60　多领域下数字孪生体数据集成

同时，在变电站设备传统的运维模式下，几乎很难实现位于同一变电站内不同变电设备之间的集成和协同维护机制，通常是通过单一变电设备的运行状态来实现不同变电设备之间的协同运维。基于数字孪生技术，通过创建位于同一变电站不同设备的数字孪生体，可以通过与各个物理实体反馈，实现协同运维。数字孪生变电运维系统可管控位于远程变电站的不同变电设备，与操控本地化变电站设备一样，这种协同运维模型更加符合未来变电站内不同设备运维方式，也更适合不同变电站间不同设备的协同运维。变电设备数字孪生协同运维框架如图 4-61 所示。

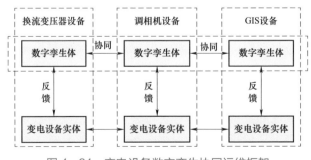

图 4-61　变电设备数字孪生协同运维框架

数字孪生技术目前已经初步应用在变电设备的状态评估中,形成了包括变电设备实体物理层、状态数据深度感知层、状态数据治理层、数字孪生功能模型层、模型应用层的技术架构。目前相关的研究在新型传感装置研发、传感装置有效性评估、状态数据清洗、状态数据选择、设备状态评估模型构建、设备故障诊断模型构建、设备状态预测模型构建等方面均取得了阶段性的成果。研究表明,数字孪生技术在变电设备状态评估方面展现了良好效果,应用前景广阔。

» 4.5　数字孪生在配电领域应用关键点及创新 «

4.5.1　数字孪生在配电领域应用的必要性

随着新能源大规模并网,电动汽车保有量增加,新型用能设施大量接入,负责承接与管理的主要是配电网,当前配电网进一步发展仍然存在诸多技术挑战:在感知能力上,配电网的源、荷不确定性日益突出,为实现对配电网状态的精准态势感知,对配电网精准感知提出了更高要求;在传输能力上,网络连接的广泛性和实时性不够;在数据处理能力上,海量高并发终端接入能力不足;在协同互动能力上,源网荷各要素协调调控手段较为单一,且与用户资源的互动能力不足,难以实现新能源的高效消纳、电动汽车的即插即用。

另外,配电网设备数量多、线路覆盖面广,截至 2021 年底,仅国网范围内 35kV 线路长度 39.3 万 km,6~20kV 线路 452.2 万 km,配电变压器共计 550.9 万台,配电开关 664.7 万台,设备的运维、检修工作量巨大。交直流混合配电网逐渐发展,柔性互联发展需求不断增加,微电网系统建设逐渐广泛,给配电网带来的更多的不确定性。针对配电网点多面广、新设备新技术层出不穷的现状,需要一种合适的技术手段,提高设备状态检测能力,加速故障定位与故障预测能力,减少运维工作量和降低成本。

配电自动化是一项综合数据传输、现代化设备及控制管理各个方面的智能化信息技术。配电自动化设备作为电力系统中的重要元件,一旦发生故障将会给智能电网运行造成重大的经济损失。但在实际运行时,针对配电自动化终端设备采集的大量数据的应用尚停留在设备故障后的检修等初级阶段,未能充分发挥数据提前预警可能故障,避免大范围停电事故的潜在价值,距离配电网运维、抢修、管理的自动化、信息化与交互化目标还有一定差距。为了实现配电自动化终端设备状态评价、故障预判及配电网主动抢修等服务,将配电自动化终端设备采集的数据进行有机整合、深度价值挖掘与精准投放将成为配电网供电服务准确性、安全性、可靠性提升的有效途径。

现有对电网进行研究分析较为成熟的方法主要包括电力系统仿真、电网在线分析和信息物理系统（cyber physical system，CPS）。电力系统仿真通过创建数字图像或案例展示研究对象在一定时刻发生的事件，但其结果是静态的，不能准确描述随时间变化的对象或对当下正在发生的事件进行实时更新和修改。电网在线分析通过实时捕获数字图像或快照技术作为其他模型的输入，但它的数据依旧是静态的，而且数据处理过程通常是线性、预定义的而非事件驱动。现有 CPS 侧重实时操控实体或是该系统与物理系统间的相互作用而非对数据的分析、优化。数字孪生旨在构建复杂物理实体从现实空间到虚拟数字空间的全息映射，通过虚–实信息链接，刻画和模拟出物理系统实时状态和动态特征，从而可在虚拟环境中完成真实世界难以开展的各种分析研究。

通过配电网数字孪生技术的应用，可以将配电变压器、中低压配电箱、线路级开关设备开展精细化模型重构，在配电线路运维检修、配电设备状态监测、故障定位、故障预测等方面开展业务应用，为直流配电网、交直流混合配电网、微电网的发展提供技术支撑。对于新能源汽车行业，数字孪生可通过使用现有数据来实现，以简化流程并减少边际成本。当前，已有汽车设计师通过结合基于软件的数字功能来扩展现有的物理重要性。

数字孪生配电网作为下一代配电网智能化发展的方向，其信息物理系统将会深度耦合，与传统配电网相比，信息侧带来的安全问题也将不容忽视。有必要构建包括信息与物理双侧的安全控制模型，如图 4–62 所示。

4.5.2 数字孪生在配电领域应用关键点

1. 配电网台区数字孪生的技术架构

为提升电网的数字化水平，电网公司已经建成了用电信息采集系统、数据中台、电网 GIS 平台等数字化建设成果，这为配电网台区数字孪生的建设奠定了良好的基础。基于国家电网有限公司数字化建设成果的配电网台区数字孪生技术架构如图 4–63 所示。配电网台区的配电变压器、配电线路、分布式光伏等物理设备构成了数字孪生架构中的物理层；采集装置、传输网络以及数据中台的数据集成层，分别负责配电网台区数据的采集、传输以及存储，构成了数字孪生架构中的数据层；数据中台的分析服务层中封装了一系列计算分析模型，构成了数字孪生架构中的模型层；面向不同功能开发的微应用群构成了数字孪生架构中的功能层；电网 GIS、台区拓扑图以及相关信息系统用户界面构成了数字孪生架构中的展现层。

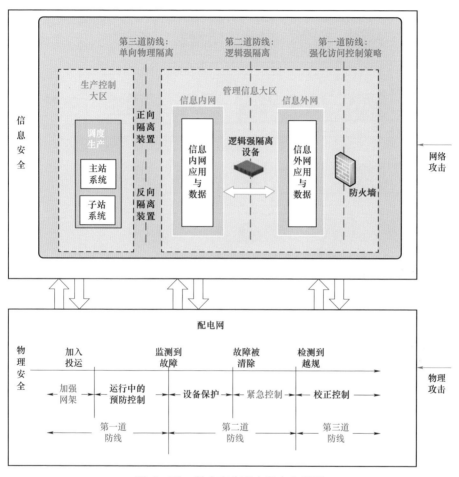

图 4-62　数字孪生配电网安全模型

基于上述技术架构，实现配电网台区数字孪生的关键要素如下。

（1）必要且准确的数据。与配电网台区相关的各类数据是实现配电网台区数字孪生的基础，因此必须安装必要的采集装置，以尽可能全面实现对配电网台区关键物理量的采集，如配电变压器温度、低压断路器的通断、电力用户用电信息等，同时，还应有足够的存储空间，用于存储配电网台区全寿命周期的数据。采集装置、网络通道应稳定可靠，以确保采集到的数据真实准确，另外，还应加强业务流程管理，以确保档案类数据（如设备档案、拓扑关系等）的翔实准确。

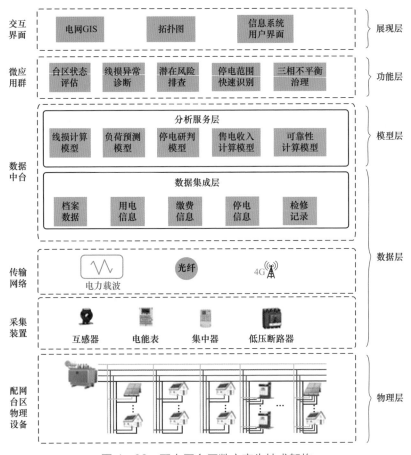

图 4-63 配电网台区数字孪生技术架构

（2）科学合理的分析模型。科学合理的分析模型是实现监测、诊断、预测等配电网台区数字孪生核心功能的前提。因此，应基于电力学的基本知识，充分研究配电网台区的物理特征，同时，还应深入分析各类历史数据，提炼配电网台区的演变规律，以确保所构建分析模型的科学合理。

（3）高性能的计算能力。因配电网台区数量多，要基于配电网台区数字孪生实现监测、诊断、预测等分析，计算量相当庞大，且部分计算分析对实时性要求较高，如停电研判，因此，必须要有充足的硬件资源与合理的部署架构，以提供高性能的计算能力。

2. 基于数字孪生配电业务知识库的建立

配电网台区位于电网末端，是配电网的重要组成部分，其负责直接为电力用户供电。配电网台区的运维管理水平不但关系到电力用户的满意度，而且还与电网安全以及供电企业的运营成本密切相关。因此，做好配电网台区的管理工作，保证配电网台区保持良好的状态，既是供电企业的社会责任，也是其降本增效的有效途径。与配电网台区相关的各类数据是实现配电网台区数字孪生的基础，因此必须安装必要的采集装置，以尽可能全面实现对配电网台区关键物理量的采集，如配电变压温度、低压断器的通断、电力用户用电信息等，同时，还应有足够的存储空间，用于存储配电网台区全寿命周期的数据。采集装置、网络通道应稳定可靠，以确保采集到的数据真实准确，另外还应加强业务流程管理，以确保档案类数据（如设备档案、拓扑关系等）的翔实准确。科学合理的分析模型是实现监测、诊断、预测等配电网台区数字孪生核心功能的前提。因此，应基于电力学的基本知识，充分研究配电网台的物理特征，同时，还应深入分析各类历史数据，提炼配电网台区的演变规律，以确保所构建分析模型的科学合理。因配电网台区数量众多，要基于配电网台区数字孪生实现监测、诊断、预测等分析，计算量相当庞大，且部分计算分析对实时性要求较高，如停电研判，因此，必须要有充足的硬件资源与合理的部署架构，以提供高性能的计算能力。与配电台区中各类采集装置（如电能表、智能开关、温湿度传感器等）应按照一定的规则建立对应的信息模型，通过信息模型将实体终端的关联关系、通信状态进行数字化显示。采集装置信息模型从属性、信息和服务三个维度，分别描述该模型实体自身信息、提供的信息和服务，用于规范数字孪生技术架构中数据逻辑模型的创建、数据交换信息的规范、与业务应用系统的数据关联等。信息模型示意图如图 4-64 所示。

信息模型主要应用于边缘物联代理、物联管理平台和业务应用的三层架构体系中：

（1）业务应用：业务应用从物联管理平台获得模型数据，按物联信息模型对设备台账等数据进行匹配、关联，进行设备档案审核、完整性校验及应用功能验证后，将档案数据按物联信息模型格式发送至物联管理平台。

（2）物联管理平台：物联管理平台提供电力物联终端信息模型的定义、标准化管理和版本监控等功能，对边缘物联代理采集的模型数据，进行分发管理。

（3）边缘物联代理：边缘物联代理对采集的终端数据进行解析，基于电力物联终端信息模型数据格式对采集数据进行过滤、校验、规范格式、档案关联等标准化处置，支撑边缘计算应用和上传物联关联平台。

（4）感知终端：按照感知终端设备采集的属性，匹配已有该类型设备通用物联信息模型，可以对动态属性进行拓展，继承已有设备通用属性，形成新的物联信息模型，在物联关联平台定义后应用。

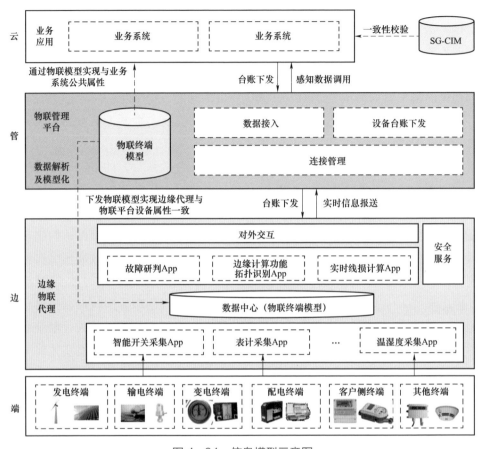

图4-64 信息模型示意图

信息模型整体组成结构示意图如图 4-65 所示，一个电力物联信息模型包含模型标识符、模型描述、公共静态属性、静态属性、公共动态属性、动态属性、公共信息、信息和服务等主题域。其中模型标识符、模型描述、公共静态属性、公共动态属性、公共消息等主题域是必须项，静态属性、动态属性、消息和服务的主题域是可选择项，也可自行定义拓展。

除了信息模型的其属性和关联的数据外，在数字孪生体系中还需要构建三维模型。通常情况下是由智能实体和物理实体构成的数字孪生体，其主要作用是在虚拟空间中完成真实物理实体的镜像复制。物理实体通过数据融合驱动模型、数据驱动模型和物理机模型构成对应的数字孪生体，智能实体通过算法模型获得对应的数字孪生体。

综上，配电台区的设备信息模型、关联数据、业务应用以及物理实体的数字孪生体，共同构成了基于数字孪生配电业务知识库。

图 4-65　信息模型整体组成结构示意图

3. 基于数字孪生的配电设备演变规律及分析模型

科学合理的分析模型是实现监测、诊断、预测等配电网台区数字孪生核心功能前提。因此，应基于电力学的基本知识，充分研究配电网台区的物理特征，同时，还应深入分析各类历史数据，提炼配电网设备的演变规律，以确保所构建分析模型的科学合理。

（1）配电网结构。根据供电区域类型、负荷密度及负荷性质、供电可靠性要求以及上级电网网架结构、本地区电网现状及廊道规划等，电网结构也不同。农村偏远地区可适当简化 35kV 电网结构，线路一般为辐射式，35kV 变压器接入一般采用 T 接方式。各供电区域目标电网结构推荐表见表 4-3。

表 4-3　　　　　　　　各供电区域目标电网结构推荐表

供电区域类型	链式			环网		辐射	
	三链	双链	单链	双环网	单环网	双辐射	单辐射
A+、A	√	√	√	√		√	
B		√	√		√	√	
C		√	√		√	√	
D					√	√	√
E							√

注　1. A+、A、B 类供电区域供电安全水平要求高，35kV 电网宜采用链式结构，上级电源点不足时可采用双环网结构，在上级电网较为坚强且 10kV 具有较强的站间转供能力时，也可采用双辐射结构。

　　2. C 类供电区域供电安全水平要求较高，35kV 电网宜采用链式、环网结构，也可采用双辐射结构。

　　3. D 类供电区域 35kV 电网可采用单辐射结构，有条件的地区也可采用双辐射或者环网结构。

　　4. E 类供电区域 35kV 电网一般采用单辐射结构。

35kV 配电网目标电网应满足下列要求：

（a）结构规范、运行灵活，具有适当的负荷转供能力和对上级电网的支撑能力。

（b）能够适应各类用电负荷的接入与扩充，具有合理的分布式电源、电动汽车充电设施的接纳能力。

（c）设备设施选型、安装安全可靠，具备较强的防护性能，具有较强的抵御外界事故和自然灾害的能力。

（d）便于开展不停电作业。

（e）保护及备用电源自投装置配置合理可靠。

（f）满足配电自动化发展需求，具有一定的自愈能力和应急处理能力，并能有效防范故障扩大。

（g）满足相应供电可靠性要求，与社会环境相协调，建设和运行维护费用合理。

交直流配电网可采用放射状结构、两端拓扑结构、环状拓扑结构和交直流混合拓扑结构，如图 4-66～图 4-69 所示。

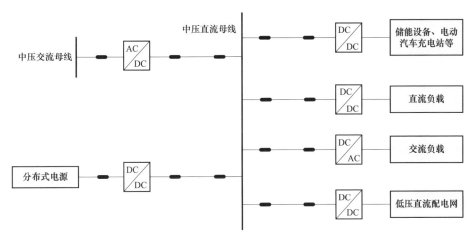

图 4-66　放射状结构

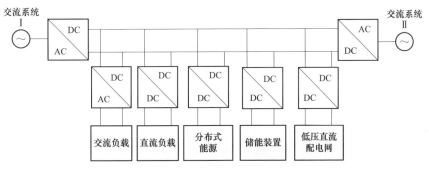

图 4-67　两端拓扑结构

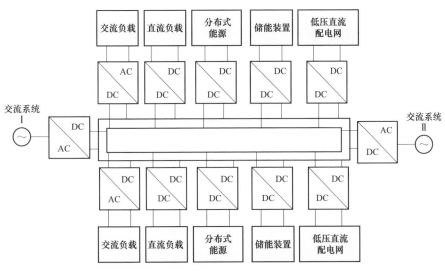

图 4-68　环状拓扑结构

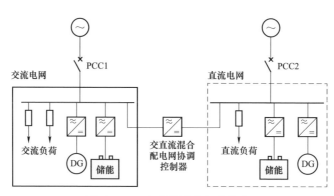

图 4-69 交直流混合拓扑结构

（2）配电网设备群。配电网常见的设备群如 4-70 所示。

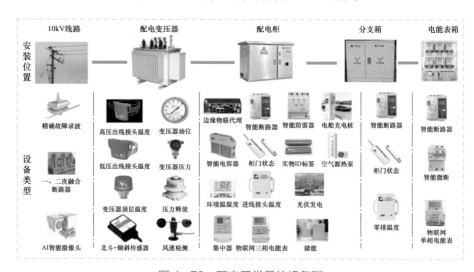

图 4-70 配电网常见的设备群

通过配电设备实现对台区中压、低压侧电气量、状态量、环境量采集。通过数据本地分析，实现风险预警与故障研判、非侵入式负荷分析。通过分布式电源并网智能管控与状态监测、电动汽车充放电有序控制实现设备智能管控。

随着配电网智能设备的标准化发展，箱式变压器、柱上变压器、柱上开关、环网柜、低压开关柜、分支箱、配电变压器监测终端、融合终端、配电终端单元、配电开关监控终端、多功能表、智能低压故障传感器、无功补偿、温控器等越来越多的设备从外形尺寸到数据类型等趋于标准化设计，一定程度上有利于配电设备的数字孪生建模。一些智能化设备自身带有故障诊断分析功能，可以提供一些结果性数据，这也在一定程度上减轻了数字孪生构建分析模型的压力。

4. 高性能的配电系统边缘计算能力

因配电网台区数量众多，要基于配电网台区数字孪生实现监测、诊断预测等分析，计算量相当庞大，且部分计算分析对实时性要求较高，如停电研判，因此，需要有充足的硬件资源与合理的部署架构，以提供高性能的计算能力。

从上述图 4-65 信息模型示意图中可以看出，一些边缘物联代理设备在边层进行了一定程度的数据计算和分析处理，较大地减轻了平台层的计算负荷。边缘物联代理设备是智慧物联体系"云管边端"架构的边缘设备，具备信息采集、物联代理及边缘计算功能，支撑营销、配电及新兴业务。采用硬件平台化、功能软件化、结构模块化、软硬件解耦、通信协议自适配设计，满足高性能并发、大容量存储、多采集对象需求，集配电台区供用电信息采集、各采集终端或电能表数据收集、设备状态监测及通信组网、就地化分析决策、协同计算等功能于一体的智能化终端设备。

边缘物联代理设备是针对低压台区专门打造的边缘计算平台，满足台区设备管理、智能计算、业务支撑等各方面需求。在该硬件平台上，通过从应用中心下载或更新 App 化软件，实现设备功能的重新定义，无需更换硬件即可实现不同的功能，兼具灵活性与便利性。引入容器技术实现设备虚拟化，利用容器的故障隔离功能，实现单个容器内部 App 异常或损坏，不会影响其余容器内的 App 运行状态的目的，增强系统运行稳定性；容器内支持多个 App 安装、运行、卸载等全过程管理，方便运行维护，同时支持多个容器在台区智能终端中运行。边缘物联代理设备以开放的系统架构设计，支持不同厂家 App 同时运行，是配电物联网生态建设的重要支撑。

4.5.3　数字孪生在配电领域应用及技术发展方向

1. 配电网运营管理及优化运行

交直流配电网数字孪生系统可实现对区域配电网的管理从传统的扁平化管理到立体式管理，从万物互联到万物可管再到万物可视。基于对配电网状态的深度感知，数字孪生系统利用大数据、人工智能等技术，实现交直流配电网的精益化管理，并对交直流配电网的运行优化建议，实现源储荷的协调运行。

随着我国经济社会的发展和城镇化水平的提高，对配电网设备、网架、技术和管理以及服务快速响应提出了更高的要求，通过数字孪生技术的应用，有助于推动供电行业配电运营和服务管理能力提升，进一步提升配电网运营效率、提升供电服务质量和企业核心竞争力。

基于数字孪生技术，建立统一数据模型的全网设备，站、线、变、户拓扑链接，进一步可接入生产、调度、计量实时数据，可以为配电网运营管理在电网规划、工程建设、生产运行、营销客服等全业务、全时段提供支撑。

通过数字孪生技术，可以建立支撑电网企业各业务之间协作融合的电网管理平台。整合内外资源实现电网资产的高效运营，实现电网资产全生命周期运营管理，围绕配电网生产运营环节，覆盖电网规划、建设、运行等资产全生命周期运营管理应用，提升设备、项目、物资等电网生产要素管理水平，提升生产作业和运营管理的数字化水平。实现数字化协作应用，以数字技术推动电网员工管理协作模式的转变，支撑包括现场作业、远程会议和移动办公等应用需求，提升工作效率。

通过数字孪生技术，可以建立服务于企业调度运行人员的调度运行平台，支撑智能电网运行与电力市场运营两大核心业务，在生产大区相对独立运行，向企业数据中心提供实时生产运行数据。提供"云边融合"的智能电网运行生态平台，在安全控制体系的基础上，拓展海量、分布式主体接入和监控能力，形成"调度云大脑＋边缘节点"云边融合新业态，通过数字孪生技术与继电保护的结合，实现保障电网安全稳定运行，提高大电网在线分析与自动控制水平，通过大规模、集中式新能源运行管理，提升电网极端条件下的防御和快速恢复能力。此外，还具备支撑电力市场运营的作用，可以实现对电能量及辅助服务市场品种的动态监测。

2. 新能源预测及消纳

相较于传统交流配电网，交直流配电网接入大量清洁可再生能源，数字孪生系统中对区域内接入的负荷及光伏、风力发电机、储能均能进行数字化物理建模，通过各种小微传感器采集设备运行状态及环境数据，通过光纤、5G等通信方式传输至系统；结合后台历史数据、天气预报等数据信息，以及大数据分析技术，可更加精确地预测新能源出力实现区域内源储荷协调，助力园区内清洁能源消纳。

通过数字孪生技术，整合主要配电设备在线监测等存量系统或加装成熟的感知终端、新型物联网传感装置和智能装备，可以有效提升新能源预测消纳的数字化水平，对海量能源运行数据进行采集和深度分析，对智能电网模型、太阳能和风能模型、需求侧数据模型等持续模拟训练，实现了精准的需求侧响应、发电量预测。

在光储柔直运行策略方面，可以通过内置的高效运行策略，按照最优化原则进行调整和切换，通过内置的自学习微电网控制算法模型，提高系统整体收益，在储能电池管理方面，可以远程体检获取储能电池健康数据，为光储充系统生命周期保驾护航，可以实时监测市电、光伏、储能、充电桩、微电网的运行数据。以多维度的数据分析与统计能耗与收益数据，并可视化展示，远程随时随地实时掌控状态，在能耗分析方面，可以支持设备全生命周期管理，分析异常点规律，通过数据的相关性分析，帮助用户找到设备、策略与能耗的关系，最终找到能耗优化点，提升能源转换效率。在智能预测方面，可以支持负荷的预测与调控、需求侧响应分析预测与管理、光伏发电预测分析以及电池充放电模型分析等。在设备管理方面，提供更加高效的管理手段，实现设备的异常与故障及时预警通知、实现集控管理，运行策略下发，更加直观地展示界面，让运维人员更加方便地掌握系统的运行情况。

3. 数字化驱动的运维管理

通过对设备精细化建模及感知设备运行状态，从数据寻找到数据主动展示。在设备出现异常情况时可实现"双向互动"和"循环复诊"，还能利用人工智能分析、大数据分析等核心技术，对动态数据以及历史数据进行实时诊断、分析并告知设备的健康状态以及异常发展趋势，输出差异化、精细化的检修策略，由预防性检修转向预测性检修。以"数据驱动"为核心的设备状态评价体系，可实现设备的精确运维、设备检修精确决策、现场作业精确研判、故障抢修精确处置。

随着智能电网的发展，电力公司可以掌握海量的用户用电信息，利用大数据技术分析用户用电模式，可以改进电网运行，合理设计电力需求响应系统，确保电网运行安全。利用数字孪生技术，在传统的运维应用的基础上增加孪生虚拟功能，通过三维建模，将配电网线路和设备在孪生虚拟系统中进行映射，操作人员可以直接观察到电力设备的运行状况，为设备精准运维提供可靠的数据支撑，同时，系统可以准确地对故障类型和故障位置进行判断，提出正确的指导意见，数字孪生技术在配电网运维中的应用，可以提高运维系统的决策能力、故障快速分析、判定和定位的能力，在规划、运行、建设、检修、运维监测等方面进一步提升系统的安全运行可靠性，提升运维效率。

在规范方面，可以提升负荷预测能力。更准确地掌握用电负荷的分布和变化规律，提高中长期负荷的预测准确度。

在运行方面，可以提升新能源调度管理能力。利用机器学习、模式识别等多维分析预测技术，分析新能源的出力与风速、光照、温度等气象因素的关联关系，更准确地对新能源的发电能力进行预测和管理。

在电力建设方面，可以提升现场安全管理能力。对现场照片进行批量比对分析，利用分布式存储、并行计算、模式识别等技术，掌握施工现场的安全隐患，或者核查安全整改措施的落实情况。

在设备检修方面，可以提升状态检修管理能力。研究消缺、检修、运行工况、气象条件等因素对设备状态的影响，以及设备运行的风险水平，指导状态检修的深入开展。

在运维监测方面，可以提升业务关联分析能力。利用流式计算、可视化和并行处理等技术，实现全方位在线监测、分析、计算。

4. 配电网数字化的转变方向

配电数字化发展的一个主要目的是在设备层面、系统层面和业务层面满足配电系统运行和运营需求。从国内外发展过程来看，配电数字化发展主要经历信息化、网络化和智能化等 3 个阶段。信息化阶段是配电数字化发展的早期阶段，主要为配电网建立实用高效的信息管理系统，将重复性基础性的业务流程固化，提高配电网运行运营的效率效益。例如，该阶段实现了配电网规划运行、设备管理、营销服务等业务从线下到线上的转型。此后，智能电网的发展推动配电数字化步入网络化阶段，配电监测和管控从高压配电网向中低压配电网延伸，配电物联网、工业互联网等技术助力实现各类设备在线感知、远程操作，从而推动配电网安全、可靠、经济、绿色运行和产业链网络化协同发展。智能化阶段是配电数字化的高级阶段，主要由能源互联网、电力物联网等发展推动，这一阶段的配电网将具有自主学习、主动管控、智慧运营等能力，通过对海量数据信息的广泛汇集和高效利用，从而构造一个高保真的孪生电网并实现线上－线下融通的闭环运行与运营。

目前，我国配电数字化发展正处于由信息化向网络化、智能化转变的过程。图 4-71 以某电力企业为例，给出当前的一类配电数字化体系架构，主要包括终端感知层、网络平台层和业务应用层等层次。终端感知层包括故障指示器、智能电能表、视频监测模块等，这些二次设备与一次系统紧密融合，可实现多物理域数据的在线采集，支撑配电网运行监控和关键量测信息高效处理。网络平台层则采用了多种通信技术，包括光纤、电力线通信、无线通信等，可依据不同工程需求实现高可靠、强抗扰、低功耗的通信效果，有利于对大量配电终端进行网络化管理，为各类专业系统的数据汇集和分析应用奠定基础。业务应用层主要包括生产管理系统（production management system，PMS）系统、供电服务指挥平台、地区调度自动化系统（energy management system，EMS）、配电自动化系统（distribution automation system，DAS），这些系统可将终端感知层的数据进行融合应用，从而实现设备在线管控、配电网可靠运行、业务有序运转。

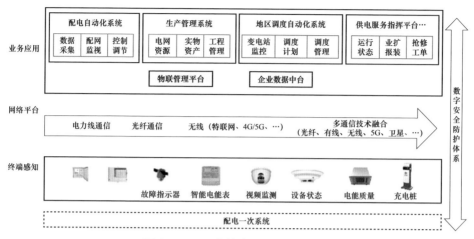

图 4-71　配电数字系统现状示意图

在配电数字化体系中，信息安全防护是保障配电信息安全的关键环节。电力公司一般通过软件安全认证、硬件安全芯片、数据安全传输、边界安全隔离等多重组合措施，构建涵盖电网运行调度和企业运营管理的纵深防御体系。例如，直连式存储采用安全分区、网络专用、横向隔离、纵向认证的防护策略，从而阻断可能发生的信息安全隐患。

5. 数字孪生对透明电网的支撑

2018 年 9 月 7 日，在 2018 城绿色智慧能源大会上，中国工程院院士李立涅提出了"透明电网"的概念，而交直流配电网数字孪生系统在一定程度上体现了"透明电网"的理念，将现实世界中的交直流配电网在计算机中数字虚拟化，并建立两者的深度融合，实现双向实时互动。未来成熟的交直流配电网数字孪生系统将具备交直流配电网状态全面感知、信息深度透明、设备灵活可控、运行高度智能、维护简单便捷、隐私充分保护、风险有力趋零等功能；同时可通过自身对物理世界交直流配电网的深度感知，为电网管理者在宏观分析、顶层分析、基建决策等方面提供参考，为用户在用户用电体验、用户用电决策等方面提供帮助。虽然目前，交直流配电网数字孪生系统的建设仍处于起步探索阶段，但随着大数据、人工智能、物联网等为代表的新一代技术的快速发展，未来成熟的交直流配电网数字孪生系统可实现能量流与信息流的深度融合，数据的双向实时互动，现实与虚拟的互相支撑，深挖交直流配电网数据价值，实现交直流配电网的深度智能化、透明化，从而形成新型能源生态系统，具有灵活性、开放性、交互性、经济性、共享性等特性，使交直流配电网运行更加智能、安全、可靠、绿色、高效。

≫ 4.6　数字孪生在用电领域应用关键点及创新 ≪

4.6.1　数字孪生在用电领域应用的必要性

在社会经济的蓬勃发展，居民物质需求的增长，环保观念的发展等多方因素的作用下，可以预测我国用电需求将逐步走向新的高峰。在新型电力系统建设背景下，分布式新能源、电动汽车、海量终端用户向能量产销者演化，配电网侧消纳及分布式新能源并网服务压力日趋增大。配电网投资全链条管控、供电故障定位抢修、分布式光伏预测等业务，需要在配用电及分布式新能源侧建立统一的数据资源服务，增强配用电应用的灵活性、主动性及分布式新能源接入的动态性、实时性。数字孪生技术的应用有利于实现统一的配用电数据资源服务，完善用电领域在业务上的缺失，数字孪生的必要性体现在：

1. 实现模型级数据融合需求

当前配用电及分布式新能源领域生产、运行、控制、计量等各个业务环节互相保持着一定的独立性，各环节数据资源存在"信息孤岛"问题，数据资源服务体系化程度有待提升；配用电及分布式新能源领域涉及的资源、资产、量测、拓扑、图形等数据具有来源广、类型多、规模大、更新快等特点，而当前多样化的专业固化模型现状导致数据融合困难，数据资源的一体化动态建模技术能力亟须突破；当前"规建运、营配调"等电网一体化数据同源技术路线，主要采用数据表汇聚、主键字段关联等方式实现数据层面的集成，未实现模型级的数据融合。现有技术路线不支持多时态电网应用，数据处理协同性较差，数据贯通效率较低，不利于全局数据的共享与利用。在当下新能源发展的背景下，配电网正接入海量分布式新能源，承载着大量低碳楼宇、电动汽车、空调聚合商等需求侧资源与电网的供需互动，多重不确定性叠加，规划难度与日俱增，需要通过新的技术路线来降低不确定性，辅助规划。

对不同实体的数字孪生系统进行设计，可以将不同的数据归纳于同一数字孪生体模型中，通过资源优化配置可以在大范围内实现多种资源的优势互补。数字孪生根据获取的设备数据建立数学模型，通过对比数学模型与工程设计之间的差距，制定策略管理设备的生命周期。通过物联感知、物理世界实体新要素等，实现虚拟电网修正模型与时空的一致性。还可以通过仿真的方式，针对物理世界变化潜在的风险问题进行全面预警，并给出相应预防措施与解决措施。数字孪生用电数据融合模型如图4-72所示。

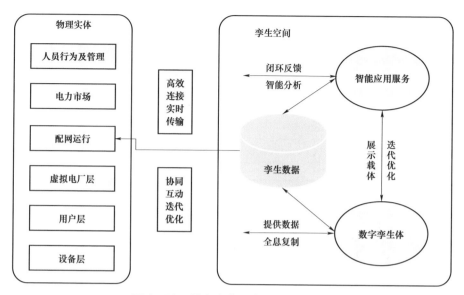

图 4-72 数字孪生用电数据融合模型

2. 用电量准确预测的需求

随着电池储能成本逐渐降低，部分储能制造商和综合能源公司对在用户侧推广电池储能的经济性，因此未来电力用户的用电行为已不单是电力的使用，还包括电力的制造及存储等新型用电行为，进一步增加了电网运行的不确定性。在国家的政策支持及电网削峰的需求下，可预见这类新型用电行为将进一步增加。在对多个用户的多种用电行为进行分析时，传统基于概率模型的方法难以满足用电行为种类增多的情况下的能源监测分析及优化运行的要求，即无法快速地得出最优的能源分配方案。因此需要一种技术，同时对多个用户的多种用电行为进行统一建模，通过不同模型间的信息交流实现将所有用电行为统一纳入考量，增加预测的准确性，减少电网运行不确定性。

数字孪生技术利用传感器、物联网、虚拟现实、人工智能等数字技术对真实世界中物理实体和智能实体对象的特征、行为、形成过程和性能等进行描述和建模，是实现对用户全用电行为实时感知、运行优化及自主进化的理想途径之一。

数字孪生技术能够准确反映用户用电行为，量化了影响用户用电行为的外界环境因素以及自身因素，从而可衡量出历史日和预测日在影响用电行为因素上的相似度，通过数字孪生体更好地表征用户在预测日的用电行为特征。数字孪生辅助储能可以减少电力系统的峰值负荷，降低能量传输、分配环节设备的容量投资。构建多用户协同能源网络，并在物理互联的基础上，进一步通过数字孪生技术推进用户用电的数字化与孪生体构建。基于数字孪生技术构建用电物理实体及用户智能实体的数字孪生体，解决高保真模拟与随时空演变问题。最终实现孪生体互联从而实现多种能源数据开放与共享。用户全用电行为数字孪生框架如图4-73所示。

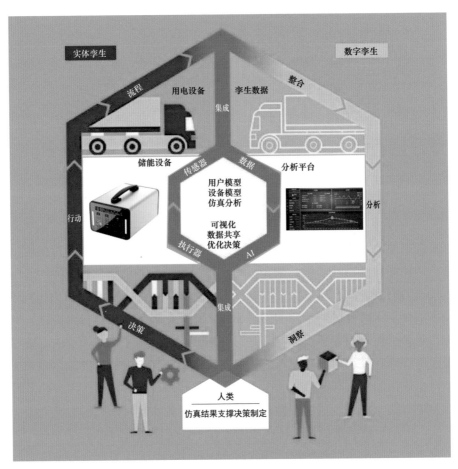

图4-73 用户全用电行为数字孪生框架

数字孪生技术还可以为用电系统提供辅助服务，维持电力系统的安全可靠运行以平抑波动，弥补用户侧储能用电随机性、波动性和间歇性等缺点，从而削峰填谷，在负荷低谷时储能、在负荷高峰时发电，降低电力系统峰谷差，提高电力系统运行效率。针对多用户多要素及其交互过程进行全方位建模与仿真，利用数字孪生技术实现多用户用电从物理实体到虚拟空间的实时完整映射，通过智能实体开展仿真、计算、分析及决策等，实现对物理系统的反馈优化，最终实现新用电行为常态化下的电网平稳运行。

3. 新型用电设备数据整合需求

随着以新能源汽车为代表的大功率新型电器的出现，用电量的波动性将进一步加剧，现有的预测方式无法对这些波动进行有效的观测。使用数字孪生技术对配电侧与设备侧同时进行建模并进行整合，形成新型用电设备有序用电的数据基础，对电力行业的发展意义重大。

与对发电侧的影响在中长期浮现不同，电动汽车无序充电对配电网的影响在当前已经呈现，一些重载的配电变压器系统和集中式大功率快充站所在的配电变压器已经受到影响。在配电网层面，电动汽车无序充电时的充电负荷随机性更大，且随着规模增长，充电随机性的微小变化可能造成本地负荷的剧烈变化，导致配电变压器超容，影响电网安全稳定运行。为了有效避免充电高峰，延时充电、有序充电是目前最有效的解决方案，但这些方案都依赖电网和充电设施的智能通信，目前我国充电基础设施尚未达到这样的水平。数字孪生技术的应用可以通过其在数字世界模拟实验的特点提高决策准确率从而有效减少通信需求。通过建立数字孪生模型，多个用户级用电实体单元根据多能互补特性以及所处的地理位置等实现动态聚合，进而构建区域级数字孪生系统，实现区域内优化调度、市场参与以及能效提升。

当前电网传统在线安全状态难以实时辨识，并且传统的物理机理的建模方法，也难以解决当前电网的源网荷储优化运行难题。数字孪生系统能够实时感知电网状态数据，并在平台层提供离线仿真数据资源。同时应用层嵌入深度强化学习、迁移学习等人工智能算法，支撑电网在线安全稳定状态智能评估与薄弱环节识别。此外，数字孪生系统提供虚拟世界与物理实体的实时连接，使得数据驱动优化方式能够与环境不断交互，通过自主学习，获取最优的策略，从而增强了电网对新用电实体的适应性，提升源荷双侧的匹配度，促进可再生能源消纳。

以往传统电力系统仿真分析多基于工程经验，以用电设备为单元进行系统剖分，该方法依赖物理机理与假设简化，对设备、环境进行了典型化或极端化处理，模型与分析方式较为固化。对于具有结构复杂、模型阶数高、非线性强等特点的电力系统，该建模方式存在很大的弊端：一方面因其误差影响了精确定量分析与设计，另一方面系统解析表达模型往往极为复杂，导致计算量大、效率低。相比而言，数字孪生体是虚拟的，演化主要在数字空间通过孪生模型快速展开，而孪生模型可通过预训练达成，且具有强近似性和高逼真性，并可通过数据实时交互、闭环反馈等机制不断优化。相比于传统的用电设备仿真分析方法，数字孪生方法更具潜力。

现有用电设备系统自动化的智能水平有限，系统性能、控制方法及解决复杂问题能力欠缺，信息利用率与集成化程度不高。未来的用电系统必然是信息、能量、环境等多流融合的复杂系统，需要解决以下问题：电网的连续动态过程和信息网络的离散过程如何融合；如何将异构的信息系统与物理系统纳入融合的建模框架进行描述；闭环控制下，如何定量评估信息流对能量流的影响。而现有的电力设备系统分析控制方法更多局限于物理实体或信息空间本身。因此，数字孪生用电系统的发展内核在于通过建立基于高度集成的数据闭环赋能新体系，生成全息数字虚拟映像空间，并利用数字化仿真、虚拟化交互，形成软件服务系统，数据驱动决策，虚实充分融合交织的智能系统，使得用电设备系统运行、管理、服务由实入虚，可以在虚拟空间的建模、仿真、演化、操控，同时由虚入实，促进物理空间中资源要素的优化配置，实现用电设备系统的模拟、监控、诊断、预测和控制，使其能够解决电力系统规划、运行、管理、任务执行等闭环过程中的复杂性和不确定性的问题。

因此，数字孪生技术对于用电领域不可或缺，凭借其综合预测和直观可视化优势，可以对不同新型用电设备的用电需求做出合理规划，从而配置更高效的电力配给方案。

4.6.2　数字孪生在用电领域应用关键点

1. 基于数字孪生用电行为分析建模

对用户的用电行为进行分析，首先需要明确用户类型，根据不同用户的用电情况进行分析，从而制定相匹配的用电策略。聚类算法是用电行为分析的核心算法，对用户行为数据进行聚类可以得到用电客户的用电特征，以便于对用电客户的用电行为进行深入分析。

聚类分析是将数据集划分为若干个子集的过程，并使得同一集合内的数据对象具有较高的相似度，而不同集合的数据对象则是不相似的，相似或不相似的度量是基于数据对象描述属性的取值来确定的，通常就是利用各个聚类间的距离来进行描述的。聚类分析的基本思想是最大限度地实现类中对象相似度最大，类间相似度最小。聚类和分类是有区别的，分类算法在建立分类模型中，使用的训练集数据必须是存在已知标记的。分类的目的就是从训练样本数据集中提取出分类的规则，用于对其他类型标号未知的数据对象进行标记。在聚类中，预先不知道目标数据的相关类的标记，需要用某种度量标准将所有的数据对象划分到各个簇中。

通过聚类算法，从主网负荷特征分析、电力客户群体用电行为分析、曲线模式匹配、日期匹配等四方面将电力用户用电行为进行分类。分别获取各分类用户信息、电力设备信息以及设备历史用电信息，作为该类用户的用电信息数据集，通过长短期记忆神经网络训练生成用电行为分析原始模型。比较训练数据与实际数据，将均方差值作为矫正因子作用于原始模型进行迭代训练，最终获取得到的模型作为数字孪生体模型。通过训练完成的数字孪生模型对电力用户实时用电信息进行处理运算，生成预测结果，并根据该预测结果生成对应的用户用电分析报告，生成用电建议。现有的数字孪生行为模型主要有：

（1）居民用电数字孪生模型。以居民用电为例，居民用电的最小单位为一户，居民的用电行为有以下几个特点：在一日内变化大、季节变化影响很大，因此随机性强。应用数字孪生技术，对每一户居民的用电行为习惯进行单独建模，可以根据数字孪生体估计的居民习惯用电的累加进行供电，尽可能将随机性的影响减小，从而减少供电损失。

根据用电客户历史用电行为特征、贡献度大小、用电需求等特点，基于大数据分析技术，从行业特点、客户价值、用电需求、成长性等方面刻画用电客户群体特征，采用现代统计分析方法及数据挖掘算法将电力用户分类，包括敏感用户、黏性电力用户和非居民用户等用电形式的用户，针对不同的用户类别建立不同的用户用电模型以及公共设备用电模型，从而对电力消费和调度进行决策支撑，为用电需求侧管理、优化客户服务管理规范提供辅助决策。在电力市场大环境下，对居民用电负荷模型的特性的研究，有利于居民选择更加适合用户本身用电习惯的用电策略，从而给用户更贴心舒适的用电体验，也有利于电网的稳定运行。不同类型电力用户用电负荷调整示意图如图 4-74 所示。

目前，对于居民负荷的建模方

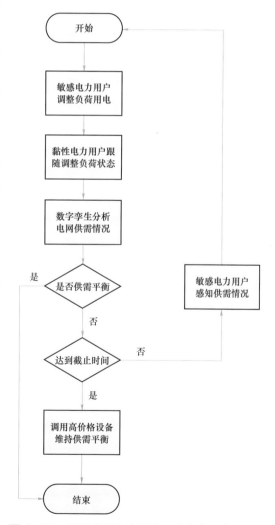

图 4-74　不同类型电力用户用电负荷调整示意图

法主要有：① 自下向上的负荷建模，即以电网终端用户负荷为研究对象，基于单个家用电器的负荷数据建立数字孪生模型，进而组合所有家电的负荷模型得到各层负荷总数字孪生模型；② 自上向下的负荷建模，即以智能配电网顶层系统为研究对象，基于系统测量的负荷数据建立数字孪生模型。相比之下，前者的建模方法虽然所需数据的数量庞大，但其负荷模型精度更高，同时还可以获取系统各层的仿真数据。数字孪生技术凭借其精准映射以及同步处理数据的特点，自上而下构建用户数字孪生模型，通过服务系统准确反映用户的用电行为及用电设备的运行状态，进而做到准确调度。构建的高分辨率预测模型可以准确把握居民负荷用电特性，可区分出不同规模家庭之间以及相同规模家庭之间需求的多样性。用户数字孪生模型如图 4-75 所示。

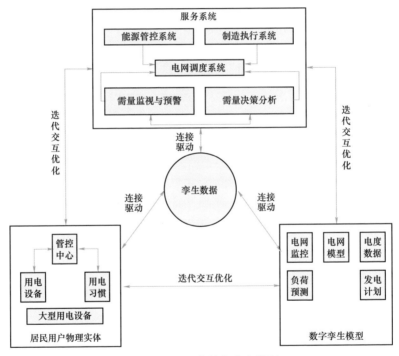

图 4-75　用户数字孪生模型

使用数字孪生技术可以对居民侧用电设备的运行特性以进行深入的分析。实现对居民侧用电设备进行分类，包括不可调节的固定负荷、可调节的柔性负荷以及分布式电源设备。其次，数字孪生模型还可以对用户不同日期以及不同季节的负荷特点进行在线分析，从峰谷差、平均值以及负荷率等角度对其负荷特点进行了数字化构建，并通过虚拟模型与服务系统的数据连接，归纳最优的供电方案。

（2）企业数字孪生建模。以钢铁企业为例，根据电力需量决策分析的数字孪生结构模型，结合钢铁企业电力需量决策分析系统的实际功能要求，构建数字孪生驱动的电力需量决策分析系统，包括虚拟电网调度系统、实际电网调度系统、需量控制与决策分析、电网孪生数据 4 个主要部分，它们之间通过迭代优化和实时反馈完成信息交互和优化调度。

钢铁企业的供配电系统为各个工序、生产过程、生产设备提供了能源供应，与钢铁生产流程及生产工艺密不可分。构建电力需量决策分析的五维数字孪生模型，包含物理实体、虚拟模型、服务系统、孪生数据、连接驱动 5 种关键要素。结合钢铁企业能源系统信息化与监控的特点，实现多种能源的交互融合以及多维虚拟模型仿真计算，抑或是数据知识化分析处理，是电力需量决策分析数字孪生应用的功能实现的关键所在。

对于电力能源来说，"源－网－荷"是一个有机整体，需要利用源源互动、源网协调、网荷互动和源荷互动的内在动力，结合其他能源介质的供需关系，以企业供电关口为控制目标，使用数字孪生技术协调相关的柔性负荷，丰富调控手段和技术方法，切实降低企业的用电成本。钢铁企业用电数字孪生框架如图 4－76 所示。

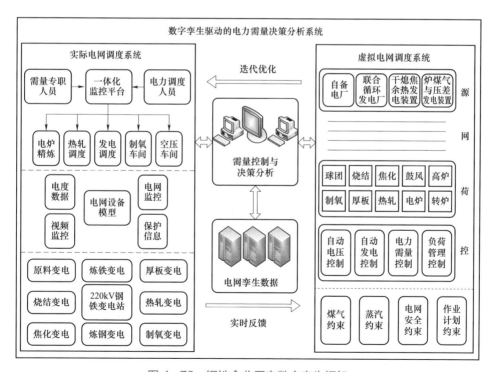

图 4－76　钢铁企业用电数字孪生框架

电网孪生数据是以实际电网调度系统数据和虚拟电网调度系统数据为来源，建立相应的数据库，通过实时反馈和迭代优化不断提高人工电网调度系统的真实性；同时，通过在人工电网调度系统中对需量控制与决策分析相关的演算仿真模拟，最终提升实际电网调度的控制准确性，提高企业的能源利用率。

2. 新型电力系统有序用电建模

有序用电，是指通过法律、行政、经济、技术等手段，加强用电管理，改变用户用电方式，采取错峰、避峰、轮休、让电、负控限电等一系列措施，避免无计划拉闸限电，规范用电秩序，将季节性、时段性电力供需矛盾给社会和企业带来的不利影响降至最低程度。有序用电由各级政府和有关政府部门主导及推动，充分调动供电企业和电力用户的积极性，共同参与和配合。在电力供需不平衡情况下，坚持限电不拉电，确保市民用电不受影响，确保重点企业生产需要，确保城市生产生活正常有序进行。

新型电力系统有序用电，是在以往有序用电模型的基础上，将以新能源汽车为首的新型家用大功率电器纳入考量，结合以数字孪生技术为代表的新一代信息技术，从用户端和配电端进行同步建模，双端互通，从而制定更合理的用电策略。

新型有序用电的目标主要集中在电力和电量的改变上，一方面采取措施降低电网的峰荷时段的电力需求或增加电网的低谷时段的电力需求，以较少的新增装机容量达到系统的电力供需平衡；另一方面，通过数字孪生技术调度，节省或增加电力系统的发电量，在满足同样的能源服务的同时节约了社会总资源的耗费。

目前实际有序用电决策中，对于用户周休日的用电负荷，往往简单设定为工作日典型负荷的保安负荷。通过均值聚类的海量用户用电负荷数据分析方法分析电力用户参与有序用电的潜力大小，从而提取出适合参与有序用电策略的用户类型。然后通过基于周负荷相关性的用户用电行为聚类分析方法可以分析有序用电用户在工作日与周休日的用电行为变化情况，判别是否需要在工作日和周休日分别提取用户的典型用电行为，如对于工作日与周休日用电行为差别不大的用户不适宜安排轮休的有序用电管理措施最终在周时间尺度上制定更加合理的有序用电策略，但海量的用电数据处理的难题并未得到解决。

针对海量的用电数据处理的难题，新型电力系统有序用电建模可以很好地解决这一问题。数字孪生技术通过将用户典型用电负荷进行孪生体构建的方法，提取用户的典型用电负荷形状，然后对典型负荷进行数据构建，建立具有普适性的用户负荷孪生模型库，并通过实例仿真分析，提取用户平均最大负荷以及用户行为稳定性两个特征值，分析不同类型用户参与有序用电的潜力。现阶段研究中一般以用户工作日负荷曲线来代表用户典型用电行为，对工作日与周休日的用电负荷差别往往仅作数量上的简单假设，如此可能大大降低需求管理水平。针对这一问题，基于数字孪生虚拟模型研究用户在周休日的用电行为变化。通过数字孪生仿真详细分析不同类别用户的行为特点，进而可以更加全面准确地掌握用户的典型用电行为。数字孪生可以将参与有序用电的电力用户在工作日与周休日的用电行为差异更清晰化地数字展示，以制定更加合理的有序用电策略。新型有序用电策略制定流程如图 4-77 所示。

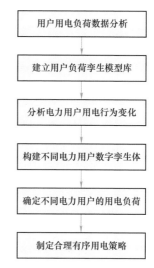

图 4-77　新型有序用电策略制定流程

以新能源汽车为例，新能源汽车作为一种新能源交通工具，具有噪声低、能源利用效率高、无排放污染等特点，已成为我国重点支持的战略性新兴产业之一。能源供给是电动汽车产业链中的重要环节，能源供给模式与电动汽车的发展密切相关。当前，电动汽车的能源供应可分为充电和换电两种模式。随着新能源汽车的普及，新能源汽车的充、换电问题也成了新的热点问题，同时这对电网的容量造成了新的挑战。当前，我国基础充电设施与《新能源汽车产业发展规化（2021—2035年）》提出的新能源汽车发展规划目标相适应，满足以电动化、网联化、智能化为特征的新能源汽车技术转型发展需要，反映出我国未来的新能源汽车规模和充电基础设施将达到一个惊人的数量。新能源汽车规模的急剧增加使得充电站、换电站的数量和位置的规划也成了一个关键因素。充、换电站位置及其充电桩数量会影响在此地充电用户的排队时长和后续充电用户的选择，这会直接影响新能源汽车负荷的分布和电池的荷电状态。

充电模式是指以充电站为载体，站内包括供电系统及充电系统，主要对新能源汽车进行充电的模式。随着新能源汽车的逐步普及，大规模接入电网充电将对电力系统的规划和运行产生不可忽视的影响。其中，重要的影响之一在于大规模汽车充电将带来新一轮的负荷增长，尤其是在高峰期充电将进一步加剧电网负荷峰谷差，可能导致配电线路过负荷、电压跌落、配电网损耗增加、配电变压器过负荷等一系列问题。采用集中控制方式对数量巨大的新能源汽车进行有序充电控制将对电网电动汽车控制中心的计算能力提出很高的要求，同时较大区域内新能源汽车与控制中心的实时通信速度和可靠性也面临挑战。

用户在无任何充电控制策略的情况下对新能源汽车进行充电的行为属于无序充电。出行时间、生活习惯、充电功率、充电模式等是影响用户对新能源汽车充电的主要因素。新能源汽车无序充电时的充电负荷随机性更大，且随着规模增长，充电随机性的微小变化可能造成本地负荷的剧烈变化，导致配电变压器超容，影响其安全稳定运行。同时，随着大功率快充商业化，不同城市在充电类型选择上会呈现异质化。一些大型城市的停车位数量短缺，充电桩建设会面临先天制约，如北京和广州，另一些城市的老旧小区电网容量不足、缺乏配电网扩容条件，如西南地区的城市。因此，无序充电对电网的损耗会随着新能源汽车的发展而不断增加且逐渐变得不可预知。因此，需要通过先进的信息技术手段对新能源汽车充电做出有序引导，同时将新能源汽车与电网进行数字化分析与链接。

针对这一问题可面向有序充电场景建立一系列数字孪生体，将充电行为记录进行有序的能源配给需求反馈给供电端，基于机器学习算法对变压器可开放容量、充电功率等实时和历史数据进行训练，根据训练结果指导规划区域内有序充电业务开展，实现电动汽车的大规模协调充电控制。新能源汽车充电影响因素如图 4－78 所示。

针对充电问题进行数字孪生建模，通过真实数据，获得居民出行分布规律，构建不同的行车路径，并建立出行时间、出行起止位置、出行路径等新能源汽车行驶特性模型；然后以确定性概率建立新能源汽车电池参数模型，并通过分析实际工况环境，建模得到单位里程动态能耗模型，进而判断充电需求，结合理论建立充电站选择模型，最后通过模拟得到充电负荷的时空分布。根据充电行为记录进行有序的能源配给需求反馈给供电端，也可以根据发电端的发电量反馈给用电实体。将发电时间与用电时间同时作为变量纳入数字孪生体之中，将大规模整体数据回传到中心云端进行大数据分析及深度学习训练，根据结果对用电实体进行指导及合理排序，从而解决大规模同时充电产生的容量不足问题。

数字孪生建模方法通过多种累积的数据信息，充分利用大数据等新技术进行行为规律分析，得到基于用户出行数据信息的虚拟出行模型，以此替换传统分析法中的概率模型，得到的充电负荷更符合实际。新能源汽车充电负荷的时间分布和空间分布不是相互独立的，往往存在相互耦合关系，大规模的新能源汽车充电在时间与空间双重维度上的随机并网和无序充电将会严重降低电网运行的稳定性，有必要同时研究其时间分布和空间分布，通过不同数字孪生模型间的信息在线交流，以达成有序充电，减小电网的负荷。充电站数字孪生有序用电体系架构如图 4－79 所示。

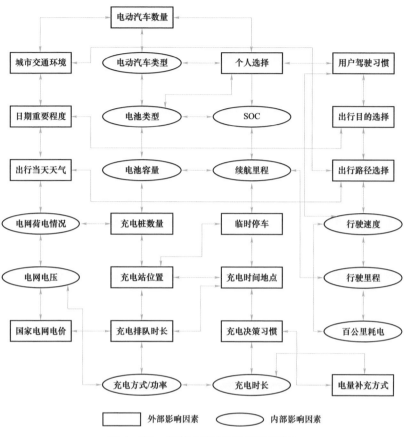

图 4-78　新能源汽车充电影响因素

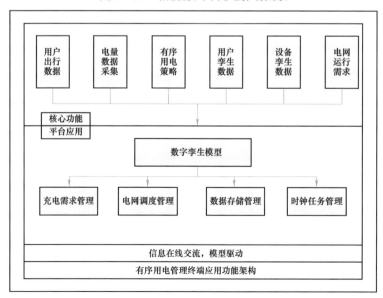

图 4-79　充电站数字孪生有序用电体系架构

　　换电模式是指以换电站为载体，同时具备电池充电及电池更换功能，站内包括供电系统、充电系统、电池更换系统、监控系统、电池检测与维护管理系统等部分。可对电池组和整站分别建立数字孪生体，协助解决电池健康评估、换电站运行效率、换电站选址定容等问题。

　　通过换电站电池管理系统可以获得电池的使用模式、环境条件、当前性能、温度、充电状态等大量原始数据，通过这些数据维度克隆一个完备的电池数字孪生体模型，电池物理本体和虚拟孪生体之间既可以实时联系也可以互相反馈。基于机器学习算法对实时和历史电池数据进行数据清洗和数据筛选等一系列处理，对系统级和零部件级的特征进行定义组合，基于数字化特征模型对电池物理模型特性进行数字化分析、模拟仿真和性能预测，根据预测结果计算可以反馈给电池管理系统的控制参数，形成虚拟电池管理策略，对电池物理模型和实际特征进行优化、调整和优化，确保协同性、全周期性和稳定性，最终实现电池全生命周期管理，了解周期内实际服役情况，评估退役价值。

　　当电动汽车在社会范围大规模运行时，交通状况等原因会使得充电电池和换电车辆在换电网络中的分配具有较强的随机性，可能会造成一部分换电站较为拥挤，而另一部分换电站较为清闲。因此，有必要而且急需解决换电网络这样一个规模庞大、动态性高的分布式系统的优化控制问题。换电站孪生数据选址模型构建过程如图4-80所示。

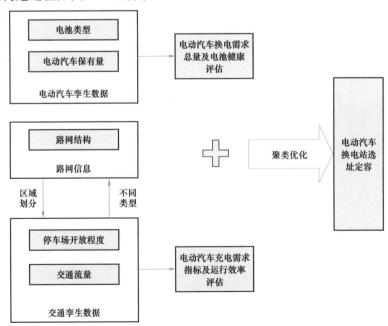

图4-80　换电站孪生数据选址模型构建过程

针对新能源汽车的换电问题，使用数字孪生技术结合换电领域的技术特点进行换电建模，通过换电站容量、电池充电状况、可更换电池状况、换电汽车状况等数据维度建立电池调度数字孪生模型，运用大数据计算实时系统状态，基于算法规划电动汽车充电路线，为新能源汽车换电站的实现及高效运行提供充足的帮助。针对电池的数字孪生建模可以有效地估计电池的使用寿命。针对换电顺序进行电池调度数字孪生建模，选择当前情况下更优的充电方式，可以有效提升换电站的运行效率。根据当地充电行为进行有序建模，可以得到换电站"用户－电池"交互运行的数据，同时该数据可以用于规划电动汽车的路线，实现错峰换电，有序充电。

3. 储能系统对用电影响建模

（1）用户侧储能。电化学储能和电磁储能由于占地面积小、安装灵活、响应速度快，可以实现需求侧管理、降低供电成本、缓解用电压力、延缓一次设备投资，所以在用电侧的应用和发展受到了广泛关注。近年来电化学储能技术不断成熟、成本持续下降，用户侧储能因商业模式成熟，未来最有可能迎来大规模发展，但用户侧配置储能将改变现行用电体系平衡性，对实现调峰进而实现有序用电有较大的促进作用。因而开展用户侧储能合理发展规模等问题研究存在较强的迫切性。

储能的经济性分析侧重于具体的运营商或用户等受益主体，如用户侧电池储能的受益对象为终端用户，主要收益来源为节省的电费。但是，大多数的成本/效益模型未充分考虑储能的类型、技术特性和寿命周期对其价值的影响。在用户侧建立了电池储能系统的全生命周期成本模型，数字孪生技术可在线对比铅酸电池等不同类型电池几种不同类型储能电池在用户侧的收益，通过敏感性分析给出了降低用户侧电池储能系统成本的方法。深入分析了不同储能技术在其寿命周期内获得回报的情况，可以通过数字孪生终端辅助用户进行不同类型储能的决策。

在传统储能提供辅助服务及现有共享储能运营模式中，用户侧缺少主动参与调峰的积极性，数字孪生技术可以将符合电网调峰需求的储能用户进行建模，根据孪生数据对其给出符合电网需求及自身经济效益的用电指导意见。有利于用户主动参与调峰需求消纳新能源，进一步减小电网调峰压力。

以全电力系统的总投资和运行成本最小为目标函数，建立了全系统的数字孪生优化模型，能够评估规模用户化储能在发、输、配多个环节的影响。数字孪生模型可分别对储能配置容量和充放电控制策略进行优化与指导。数字孪生储能模型调峰流程如图 4－81 所示。

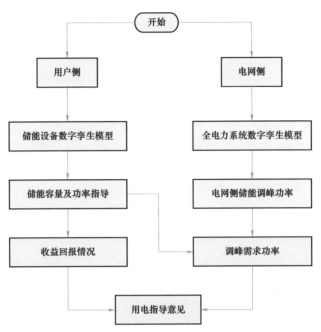

图4-81　数字孪生储能模型调峰流程

　　数字孪生技术有利于实现电力需求侧管理由传统行政调控向经济与行政相结合调控过渡，实现电网削峰辅助服务或需求响应运行策略。数字孪生技术是调配电力负荷最为有效的手段，可以根据数字孪生模型数据以经济激励、价格补偿的方式来实现尖峰时段和紧急事态下的用电负荷削减。在这种情况下，数字孪生技术可以确保多数用户侧储能的充放电策略随着调度的指令执行，减小电网压力，保证电网平稳运行。

　　（2）空间储能。除了用户侧电网储能外，空间电源储能在数字孪生技术下也展现出了新的特点。相比于其他用电系统，空间电源随着航天器在轨运行时，无法依靠现有的手段对电源直接进行状态诊断，仅能依靠外部遥测数据进行评估。针对此问题，上海空间电源研究所联合国内高校开展了基于多功能新型传感器及内埋传感器的新式锂离子电池制备技术研究，旨在通过传感器获取电池具体、精确的内部信息，以进一步完善、优化空间电源的设计和管理。在多维传感器信号的基础上建立空间电源数字孪生模型，实现空间-地面-数字三位一体空间电源系统状态监测体系，准确把握空间电源各项状态，并对空间电源任务需求和风险提供可靠的决策依据。

　　上海空间电源研究所进行了几十年的空间电源技术深耕，拥有自主研发的宇航级空间电源生产线，以空间电源技术国家重点实验室为平台，不断探索空间电源技术发展路线。伴随着数字孪生技术的发展，在传统外部电压、电流、温度等信号的基础上引入内部温度、应力等信号进行空间电源系统数字孪生建模。在未来将空间电源整体过程纳入数字孪生管理范畴，在空间电源材料的研发、生产制造、空间电源故障诊断等方面展开研究，垂直整合空间电源系统，形成一体化空间电源数字孪生体系，缩短产品研发周期，降低生产成本，提升管理效率，提高系统多维度供电能力的可靠性。空间电源数字孪生系统如图 4-82 所示。

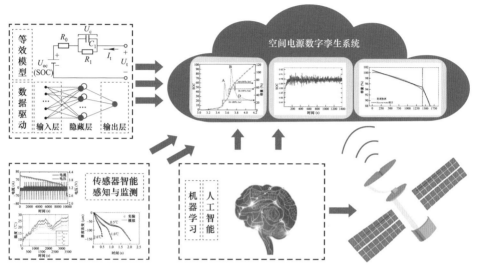

图 4-82　空间电源数字孪生系统

4. 电力需求侧响应及虚拟电厂建模

需求侧响应，是电力用户根据电力价格、电力政策的动态改变而暂时改变其固有的习惯用电模式，达到减少或推移某时段的用电负荷而响应电力供应，从而保证电网系统的稳定性。应用数字孪生技术对供电系统进行建模，凭借其实时性，较为准确地将电价的波峰波谷反馈给用户，从而影响用户的用电行为。同时形成数字孪生体对局部用电的统一管理，做到更合理地分配电力。

需求侧响应引导用户根据价格信号或激励机制改变原有用电行为，促使电力系统安全、可靠、经济、高效运行，从而达到优化资源配置的目的。电力系统规模日益庞大，系统复杂性与地域分布广度也越来越大，系统运行极易受到外部因素的影响，需求响应的手段更多样，组合更复杂，具有极大的不确定性。

虚拟电厂是通过先进通信技术和软件架构，实现地理位置分散的各种分布式能源的聚合和协调优化，参与电力市场和电网运行的电源协调管理系统。其包含的分布式能源可以是分布式发电机组、分布式储能设备，也可以是分布在众多需求侧用户中的需求响应资源。对需求响应的机理和不确定性进行分析，通过算法用户需求侧历史及实时数据进行计算，建立数字孪生体模型，完善需求响应虚拟电厂模型，实现用户需求的实时研判及短期确定性预测，充分利用分布式能源来参与系统能源分配，对负荷曲线进行优化，从而达到削峰填谷和减小峰谷差的目的，利用负荷侧响应提升系统的新能源消纳能力。

数字孪生虚拟电厂构建要同步规划虚拟电厂物理实体与数字孪生虚拟空间，从建模阶段开始构建数据中台，形成静态属性数据库；同时，在运行过程中不断向虚拟空间导入仿真、知识、应用等相关模型与管理数据，不断完善数据中台数据库；并在运营阶段依托智能分析平台实现对虚拟电厂的决策支撑和优化管理。对已建成并投入使用的分布式能源（distributed energy resources, DERs），通过数字化建模和部署物联网设施将其纳入数字孪生虚拟电厂体系中，通过智能感知和数据采集补充完善信息中枢数据中台。在优化运行方面，虚拟孪生空间与物理实体通过高效连接和实时传输实现孪生并行与虚实互动。通过物联网智能感知和信息实时采集技术实现"由实入虚"；虚拟电厂物理实体和虚拟空间通过反馈机制实现虚实迭代，并通过智能决策平台的支撑和实时优化运行控制实现"由虚控实"。

当前针对需求侧多元分布式资源的管理面临状态监测困难、故障诊断与维护复杂等问题。数字孪生虚拟电厂通过对分布式的设备状态与信息的智能感知与采集，构建虚拟电厂物理设备在虚拟空间的孪生镜像，进而通过多源数据接入规范与融合，以及状态评估与故障识别诊断等方法开展虚拟电厂设备健康状况管理与评价。虚拟电厂数字孪生体提供了一种精确描述虚拟电全生命周期的演化、人员运维行为以及与环境等的交互模型，该模型有助于实现虚拟电厂内部设备全生命周期的实时状态监测、故障预判/诊断、现场及远程互动、维修指导等，实现 DERs、配电台区电压、电能质量异常溯因分析，研判异常原因，智能推荐改进措施，以及自动故障分析报告生成等，有效降低虚拟电厂运维成本，提高设备使用寿命。数字孪生虚拟电厂优化调度框架如图 4-83 所示。

4.6.3 数字孪生在用电领域应用及技术发展方向

数字孪生技术的主要用于解决用电实体的不确定性及供电实体配电的复杂性。鉴于数字孪生技术在复杂调度上的优势，可以将数字孪生实体与稳定的储能供电模块相结合，将供电的一部分变为确定，同时应用数字孪生技术进行合理调度，剩余发电需求由数字孪生体先分配至清洁能源发电端，若不满足供电要求，再将剩余需求发送至非清洁能源端，从而减少非清洁能源的使用，实现由用电确定配电，配电确定发电的智能化调度。

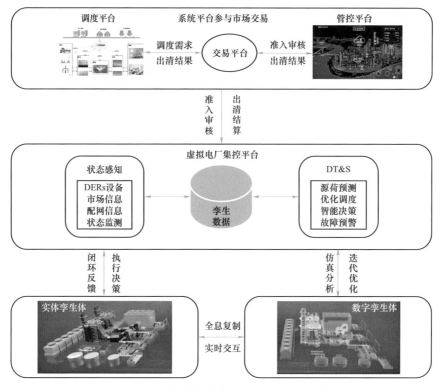

图 4-83　数字孪生虚拟电厂优化调度框架

1. 电动汽车用电功率预测与用能优化指导

电动汽车负荷在配电系统中的分布是随机的，如何求取大量随机分布负荷是数字孪生的一个重要应用方向。电动汽车负荷预测影响因素众多且复杂随机，不仅需要预测理论技术的支持，同时需要专家经验，研究对象包括：日负荷曲线预测、当日剩余点负荷预测、实时超短期预测、连续多日负荷预测、年负荷预测等，由于电动汽车的社会属性，预测工作会受到大量复杂影响因素的干扰，例如：气象、需求、现货、期货、经济、系统、市场、价格、竞争、政策、策略、政治活动、背景、领域、专家经验等，因此需要认真研究和学习负荷预测理论和方法，为电动汽车产业化发展提供理论支撑，为电动汽车接入配电网提供数据支持。

电动汽车负荷预测是智能电网对电动汽车入网实行调控手段的基础，从调度优化等方面考虑，可以减少优化误差，提高优化调控精度，因此电力部门对预测的精度要求越来越高。采用数字孪生技术，在多时间尺度负荷预测的基础上，以实时负荷数据为基础展开电动汽车 AGC 调度，实现大规模电动汽车智能配电网多时间尺度优化调度。提高负荷预测的精度，避免传统负荷预测精度不足的缺点。

基于数字孪生技术研究在不同充电引导模式下电动汽车充电负荷，计算采用无序随机充电、部分有序充电、全有序充电引导策略下的各自功率计算值，结合某市配电网基础负荷数据，与电动汽车不同引导模式下的负荷叠加，得到不同比例有序充电模式下配电网日负荷曲线，考虑工作日、休息日不同充电特性，并研究其在工作日和休息日不同条件下的配电网负荷影响，形成对电动汽车用户有序用电的合理指导。

2. 基于高效用能的非侵入式负荷监测

随着人民生活水平的不断提高，城乡居民用电量快速增长，已成为电网高峰负荷乃至尖峰负荷的重要组成，给电网安全运行带来了挑战。高级量测体系（advanced metering infrastructure，AMI）的建立和智能电器在家庭中的普及为居民用户参与电网调峰等友好互动创造了条件。因此，利用居民用电数据对居民用电行为进行精细化分析是发挥其需求响应潜力的基础。

目前，对用户用电行为的研究主要是对采集到的大量用电数据进行挖掘，从中分析用户的用电特征，数字孪生在数据分析和展示方面均有较为突出优势。利用数字孪生技术，通过对居民日常负荷曲线进行聚类，分析其整体的能耗类型和用电特性，结合非侵入式负荷监测（non-intrusive load monitoring，NILM）技术来分析用户的用电行为，进行负荷识别和用电行为分解得到用户内部各类电器准确的用电信息。NILM 因其可以方便快捷地获得家庭详细的用电情况，在线监测用户的用电行为，实现用户与电网实时双向互动，对居民用户用电行为进行精细化分析。

第**5**章

电力行业数字孪生技术典型
应用实施方案

　　数字孪生在调度、发电、输电、变电、配电和用电领域都有广泛的应用需求，同时在国内电力各行业也有一定应用探索。

　　（1）数字孪生技术在调度领域，可解决目前调度自动化不完善、"大电网"安全调度难度大的技术难题，通过建立数字孪生新型电力调度系统，准确地预测突发情况，提高发电侧、负荷侧调节能力，电网侧资源配置能力，实现各类能源互通互济、灵活转换，降低电网运行能耗水平，提升整体效率。根据全网、广域的数字孪生调度系统，增强调度安全态势感知分析，积极主动地采取机动措施，显著提高调度系统的韧性、弹性和自愈能力。本章在调度领域列举"基于调控云的气象地理环境数字孪生""基于调控云的调度生产运行数字孪生"两个典型应用案例进行详细介绍。

　　（2）数字孪生技术在发电领域，可将发电站/厂进行实景还原，可在电厂实体空间中观察各类生产经营业务，搜索各类信息，实现对电厂的规划、建设以及对电网影响的分析，针对物理电厂建立相对应的虚拟电厂模型，并以软件的方式模拟电厂生产中，人、事、物在真实环境下的行为。将电厂可能产生的不良影响、矛盾冲突、环境影响进行智能预警，并提供合理可行的对策建议，以未来视角智能干预电厂原有发展轨迹和运行状态，进而指引和优化实体电厂的规划、管理，改善生产经营。数字孪生电厂建设，要充分考虑建设发电设备的关键特征统一化数字孪生建模，发电与输变电数字孪生数据联动机制，针对发电侧不同燃料特性，建立不同数字孪生建模，解决分布式能源、储能等新技术的数字孪生模型建设。本章在发电领域列举"某高铁站屋顶光伏可视化数字孪生系统""某热电厂数字孪生化转型案例"两个典型应用案例进行详细介绍。

（3）数字孪生技术在输电领域，可解决分布在地形、地貌、地域等自然条件复杂的地区的线路，架设情况复杂多变，造成了运维、检修过程中的困难和难以达到精细化管理等问题。同时，解决综合输电管廊监控信息种类多，错综复杂的问题，利用物理杆塔、导线、电缆、周界环境等模型，使用各种传感器全方位获取数据的仿真过程，建立基于数字孪生的输电设备健康状况评估模型、输电设备故障诊断模型、输电设备环境致灾预测建模，在虚拟空间中完成映射，从而反映相对应的实体输电线路与通道的全生命周期过程，形成以"城市路网、线路电网、通信环网"三维一体的"输电一张网"。本章在输电领域列举"某新区数字孪生智慧综合管廊示范段""输电数字孪生电网三维全景自然灾害监测预警"两个典型应用案例进行详细介绍。

（4）数字孪生技术在变电领域，应用变电站设备模型、场景模型、人员模型，使用各种传感器全方位获取数据的仿真过程，在虚拟空间中完成映射，建设设备级（关键设备零部件级）的数字孪生变电站，以反映相对应的实体变电站与孪生变电站映射过程。可实现变电站的内主设备和辅助设备的监控、诊断、控制。全方位获取变电站设备状态信息、辅助监控信息，结合变电设备、二次系统、设备场站等模型，将变电站全要素数字化、全状态实时可视化、运行管理智能化。本章在变电领域列举"变电站设备全景状态感知""变电站视频融合及作业管控"两个典型应用案例进行详细介绍。

（5）数字孪生技术在配电领域，将解决错综复杂的配电网功能问题，实现包括架空线路、杆塔、电缆、配电变压器、开关设备、无功补偿电容等配电设备及附属设施在内的配电网系统在虚拟数字空间的完整映射，在智能高效、调度灵活、融合互补的能源互联网体系下，实现配电网运营管理及优化运行，提升清洁能源消纳能力，实现分布式能源、柔性负荷、储能设施等多元负荷"即插即用"，采用数字化驱动设备的运维管理，建成强简有序、开放互动、各级电网协调发展的坚强智能配电网。利用数字孪生技术，在传统的运维应用的基础上增加孪生虚拟功能，通过三维建模，将配电网线路和设备在孪生虚拟系统中进行映射，操作人员可以直接观察到电力设备的运行状况，为设备精准运维提供可靠的数据支撑。数字孪生技术在配电网运维中的应用，可以提高运维系统的决策能力，故障快速分析、判定和定位的能力。本章在配电领域列举"数字孪生配电网应用平台""重庆数字孪生配电网三维可视化应用平台"两个典型应用案例进行详细介绍。

（6）数字孪生技术在用电领域，已用于电网用户侧楼宇、体育场馆、科研设施、机场、交通、医院、电力和石化行业等诸多领域的高/低压变配电系统中。利用 GIS 数据、电网拓扑数据、电力用户信息、用电数据和负荷信息，结合用户、行业、时间等多维度信息进行用户用电行为分析，针对新型电力系统开展有序用电建模。实现用电负荷在地图实例化、动态化、多形态可视化展示，解决用电实体的不确定性及供电实体配电的复杂性。本章在用电领域列举"负荷聚类智慧互动数字孪生平台""虚拟电厂运营管理平台"两个典型应用案例进行详细介绍。

5.1　数字孪生在调度领域典型应用案例及评价

5.1.1　调度领域需求

随着"双碳"与构建新型电力系统的战略推动，"十四五"期间新能源将呈现跨越式发展。跨区域联动电网配送与电网智能化升级改造并行，在"大电网"背景之下的自动化调度管理，面临电网自动化调度控制系统整体不完善、自动化远程调度控制效能不足、电网安全调控的难度增大等多方面的挑战。需要依托数字孪生技术，实现对海量增长的电网运行数据管理以及电网运行状态的精准孪生感知，突破电网设备、运行信息、外部环境、用户等信息多源异构存储与三维建模渲染可视化表达难题，提供电网自动化调度控制的全面、透明、多层次的调度观测与推演视角。

目前，数字孪生思想已在地理信息导航系统得到具体应用，地理信息导航系统已实现现实气象环境、地理环境、运行数据与数字电力调度系统的有效映射，以发电厂、变电站、输电线路、电力设备为基础电力单元，成为集实时数据、运行数据于一体的信息综合展示平台。地理信息导航秉承"一模一源一图"的理念，结合电网专业应用需要，承载从 1000kV 特高压到 35kV 电压等级的电网地图，分层叠加天气气象、电网运行信息等，支撑国分省、省地县的协同监视、调度、事故处置。

未来数字孪生技术将进一步探索在电力调度领域的发展，实现基于数字孪生的具备双向演化能力的实时仿真系统，赋能新型电力系统调度建设与运行管理，通过数据全域标识、状态精准感知、数据实时分析、模型科学决策、智能精准执行，实现电力调度系统的模拟、监控、诊断、预测和控制，提高电力调度系统的物质资源、智力资源、信息资源配置效率和运作状态。

本节将详细介绍基于调控云的气象地理环境数字孪生与调度生产运行数字孪生实例，聚焦气温、降水、风、雷电、覆冰、山火、台风等气象或灾害天气基于调控云的孪生集成展示，以及基于调控云进行实时信息（拓扑着色、电压分布）和实时事件（故障、检修、预警、重载、越限）的集成与孪生展示，构筑电网调度生产运行直观可视的虚拟空间实例。

5.1.2 典型应用案例1：基于调控云的气象地理环境数字孪生

1. 案例背景

自 2018 年以来，基于调控云的气象地理环境应用已陆续在北京、天津、河北等多个省级调控云部署，实现各类气象及或灾害天气的孪生集成展示，结合地理信息及电网设备模型建模，建立气象环境与电网模型运行数据的关联融合，对可能受到外部环境影响的电网区域及设备根据受影响概率进行建模计算，基于 AI 评价体系实现环境综合监测告警与预警，形成大电网运行关键指标体系中外部环境指标数据，自动分析故障的环境诱发因素，调阅应急预案、接线图等，实现恶劣天气下的电网运行趋势预警及预处置。

2. 技术路线

基于调控云数据库与利用泛在传感网络获得的海量系统状态数据，构建地理环境、气象及灾害信息孪生展示，支持天气、三跨信息集成与综合环境告警应用。综合 BIM、GIS、CAD 等技术手段，实现地形、铁路、水系、区划等具象化孪生呈现，并进行区域地图动态拼接。通过 BIM 技术整合建筑物的图形以及非图形信息，用虚拟三维实景的方式呈现，并建立信息流模型，减少信息在建筑各阶段传递过程中的流失，配合 GIS 技术整合及管理建筑外部环境信息，将微观领域的 BIM 信息和宏观领域的 GIS 信息进行交换和相互操作，满足查询与分析空间信息的功能。通过地理底图与发电厂、变电站、输电线路、电力设备等基础电力单元耦合，结合标点、等值线图、播放器等展示形式，呈现气象及灾害天气信息的空间分布、演变趋势及影响范围。在此基础上，从场景、时态及信息多层面，全面展示电网的构成及运行，从而实现对电网外部运行环境、恶劣天气分析及电网风险预警、综合环境告警等应用场景的支撑，实现对复杂的"信息—能量—环境"耦合动态精确模拟，实现从对历史信息呈现到对未来趋势的感知，实现从宏观到微观的电网设备及其气象地理环境的数字孪生展示，完成气象地理环境层面上的电网物理系统与虚拟数字孪生模型之间的同步。本案例技术路线如图 5-1 所示。

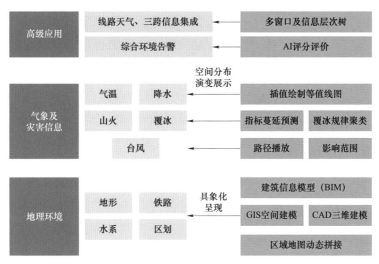

图 5-1　基于调控云的气象地理环境数字孪生技术路线

3. 案例实施效果

（1）电网外部运行环境孪生集成展示。基于调控云实时数据平台，通过等值线图、热力图等展示形式，孪生实现气温、降水、雷电、山火、覆冰等运行环境影响因素实时与预报数据在"电网一张图"的分区分层叠加展示，依照时间轴进行气象信息的动态展示。系统接入气象预报数据，实现全省气象点的可视化展示，通过气象符号系统分层级展示不同区域的实时气象情况，实现恶劣天气下的电网运行趋势预警及预处置。支持对实时天气、历史天气及天气预报进行展示，实现在地理信息图上集成展示当前地区天气情况；实现厂站、线路关联最近气象监测点，并以天气图标展示各气象测绘站实时天气情况。电网温度信息展示如图 5-2 所示。

图 5-2　电网温度信息展示

（2）恶劣天气分析及电网风险预警。在电网结构化孪生建模基础上，对极端气象信息进行处理分析，对其进行独立展示、预警推送，准确预测调度领域的突发事件，提高发电侧、负荷侧调节能力，电网侧资源配置能力，实现各类能源互通互济、灵活转换。

实现覆冰线路情况展示，可查看当前覆冰线路，线路通过白光闪烁进行提示，可在功能区查看覆冰线路电压等级、覆冰类型、覆冰厚度等详细数据。

实现山火情况展示，可查看山火实况信息、山火告警信息、山火预警信息、山火预测报告，通过黄光闪烁进行提示。电网山火信息展示如图 5-3 所示。

实现雷电气象显示，可查看雷电实时告警信息、雷电 24h 预测信息、雷电实时预警信息。展示包括雷电原始数据（电场强度、磁场强度、到达时间、角度等）；雷电定位数据（时间、位置、雷电流峰值和极性、回击次数等）。

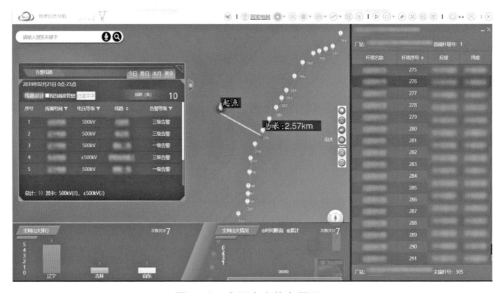

图 5-3　电网山火信息展示

（3）台风路径及影响范围分析。以 GIS 地图为孪生展示基础，构建台风路径及影响范围分析模块，默认依据时间轴播放台风路径，包括台风风圈、过境城市/电网，预测过境省份、主要城市、到达时间，过境城市在地图上依据台风时间轴动态表达。实现以列表及地图方式展示台风实时和预测路径，自动计算电网（厂站线、负荷曲线、重要负荷）受影响范围并在地图上可视化展示，实现各级电网各电压等级跳闸情况统计汇总，跟踪抢修情况。台风信息综合展示如图 5-4 所示。

图 5-4　台风信息综合展示

（4）综合环境告警/预警。依托历史运行、外部环境和物联感知数据等动态信息，呈现灾害气象可视化移动轨迹，实现全场景的映射仿真，通过对电网设备外部运行环境关键指标进行仿真模拟计算，拟合推演出高风险电力设备及故障线路范围，展示受影响杆塔及数量、线路外部运行环境告警预警等级及具体数值，对各类电力事件的风险进行预测。综合环境告警展示如图 5-5 所示。

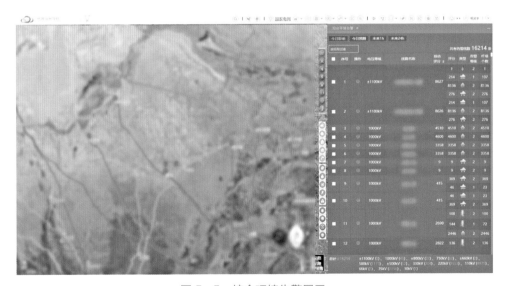

图 5-5　综合环境告警展示

4. 案例评价

本案例提出了基于调控云的气象地理环境数字孪生场景应用，聚焦于外部环境对电网影响的孪生展示、恶劣天气分析及电网风险预警、台风路径及影响范围分析、综合环境告警/预警等功能。实现气温、降水、雷电、山火、覆冰等运行环境影响因素实时与预报数据在"电网一张图"的分区分层叠加展示，实现对极端气象信息的处理分析与独立展示、预警推送，针对极端气象台风依据时间轴播放路径及影响范围，呈现灾害气象可视化移动轨迹，感知线路及变电站外部环境变化，通过一系列可重复、可变参数、可加速的仿真实验，预测电网或设备在气象地理环境影响下的未来发展趋势，进行综合环境告警及风险等级评价。本案例通过构筑物理维度上的实体电网外部环境和信息维度上的虚拟电网外部环境同生共存、虚实交融的电网发展形态，实现从气象地理环境的孪生映射到电网运行与外部环境交互的未来态感知，通过全息模拟、动态监控、实时诊断、精准预测反映物理实体电网在现实环境中的状态，适应受外部环境影响的新型电力系统的调度需求，为调度运行分析提供可视决策支持。

5.1.3 典型应用案例2：基于调控云的调度生产运行数字孪生

1. 案例背景

目前，基于调控云的调度生产运行数字孪生应用已在华北、华东等多个地区的省份部署，聚焦于电网调度生产运行环节，基于调控云进行实时信息（拓扑着色、电压分布）和实时事件（故障、检修、预警、重载、越限）的集成与孪生展示，构筑电网调度生产运行直观可视的虚拟空间，全景、全态、全息动态孪生展示电力系统特征、运行轨迹和实时信息，展示拓扑状态、检修、故障、重过负荷的拟真数字化模型。

2. 技术路线

基于调控云数据库，整合孪生对象的基本信息、管理信息、统计信息和量测信息等全息信息，双向且动态展示电网调度生产运行过程，基于数据实时渲染技术，实现调度生产运行数据实时图形可视化、场景化以及深度交互，全面、集中、动态地展示电力系统特征、运行轨迹和实时信息。通过电气关系和关联图谱建立电网对象之间的关联和匹配，以电网运行和调控管理业务需求为导向，实现联络线、断面、发电曲线、负荷曲线、三维模型等运行管理信息的孪生集成，以及基于位置的自动计算，实现密集通道、跨区线路、电网分区、基于位置的系统图自动生成等功能。

基于调控云的调度生产运行数字孪生技术路线自下而上进行，包括 IaaS 层、

PaaS 层和 SaaS 层，并配置云安全防护功能。IaaS 层实现资源虚拟化，构建计算资源池、存储资源池和网络资源池。计算资源池主要通过对服务器虚拟化提供计算资源；存储资源池包括服务器、集中式存储等设备，通过存储虚拟化提升资源利用率；网络资源池主要包括路由器、交换机等设备，通过网络虚拟化提升网络流量的转发和控制能力。PaaS 层集成了核心组件，包括公共组件、源数据端、模型云平台、运行数据云平台、实时数据云平台和大数据平台等。SaaS 层实现应用服务化，典型应用包括数据查询与可视化、电网分析类、大数据分析决策类、仿真培训类应用，应用可随需求而扩展。本案例技术路线如图 5-6 所示。

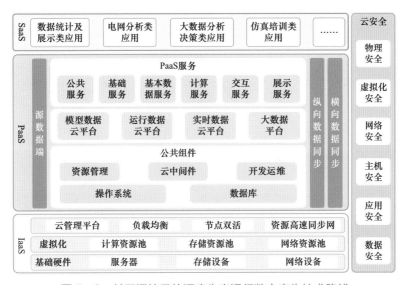

图 5-6　基于调控云的调度生产运行数字孪生技术路线

3. 案例实施效果

（1）拓扑着色设备状态展示。拓扑着色模块通过对接调控云实时数据平台（实现多个数据源切换），获取设备实时状态，展示处于充电和停电状态的设备列表，并在地图上以不同颜色明显区分，通过颜色表达线路图元状态，实现按不同电压等级在地图上分层显示各电压等级的充电或停电情况。拓扑着色功能展示如图 5-7 所示。

（2）检修及故障多源信息协同。在检修模块中，实现地图操作与列表区有机联动，通过点击相关设备列调用电网信息卡片，通过点击列表区设备名称调用检修详情卡片，实现检修详情及电网信息查看。

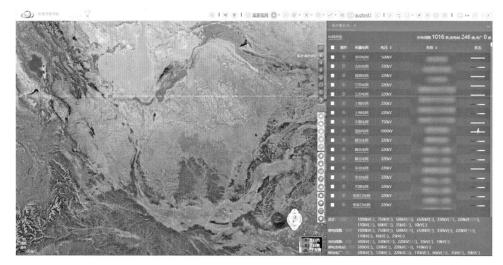

图 5-7　拓扑着色功能展示

　　在故障模块中，实现按时间、设备维度的故障信息集成，根据测距数据快速定位故障位置，孪生展示故障点天气、地形、三跨信息，关联调阅告警数据、故障录波、WAMS 和事件化分析结论，实现地理信息图、电网系统图上故障信息的双图联动。故障功能展示如图 5-8 所示。

图 5-8　故障功能展示

　　（3）重载及越限分层展示。在越限模块中，实现针对主变压器、线路重载及越限进行统计展示，实现重载及越限信息列表与地图联动。重载越限统计功能展示如图 5-9 所示。

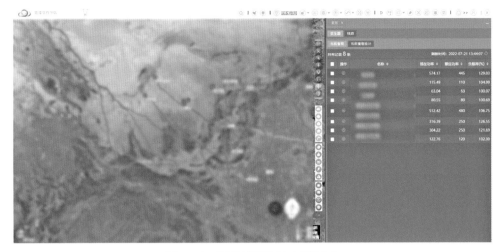

图 5-9　重载越限统计功能展示

（4）断面路况。在断面路况模块中，实现电网断面运行数据统计，以左图右表的形式在地理信息导航地图上进行可视化展示，实现地图与断面路况信息列表联动，实现在地理图上显示断面路况图标、断面限额、实际值、裕度数据，按照断面实际值对图标颜色进行区分渲染。断面路况功能展示如图 5-10 所示。

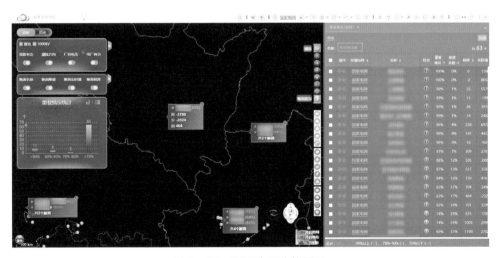

图 5-10　断面路况功能展示

（5）高风险设备判别及事故预案推送。针对高风险设备，运用多种动态安全稳定分析手段，逐一校核获取的每一个断面的静态、暂态和动态安全稳定性及辅助决策信息，自动分析故障的环境诱发因素，调阅应急预案、接线图等，实现恶劣天气下的电网运行趋势预警及预处置。基于气象环境影响范围及气象依时间的演化具体路径与电网设备拓扑分布，进行不同时间节点下气象对电网影响范围判断，考虑多种气象因素叠加下导致的电网故障，定量分析各种气象因素的影响程度，结合电网故障前后拓扑变化、潮流、交流供电频率推理出适合当前故障的处置措施，构建电网可靠性评估与事故预案的逻辑关联关系，实现事故预案自动推送。

4. 案例评价

该案例聚焦于电网调度生产运行环节，依托调控云实现电网调度生产运行的孪生过程呈现，基于调控云获取电网基本信息（发/变电概况、联络线、断面、密集通道、三跨）、实时运行数据（拓扑、潮流、重过负荷、检修、故障、电压、预警）及历史运行数据（负荷曲线、发电曲线、电量棒图等），构筑全景式、全过程、多维度的数据融合和建模过程，实现拓扑着色设备状态展示、检修及故障多源信息协同、重载越限、断面路况、高风险设备判别及事故预案推送等功能，实现电网调度生产运行与物理电网系统的孪生双向信息流通，以虚拟空间孪生展示支撑电网调度生产运行决策，实现设备实时状态、检修及故障、重载越限、断面路况等信息的虚实交融展示，通过对物理实体对象的状态进行反演、前推和动态预测，在物理实体对象的数字化模型基础上，实现高风险设备判别及事故预案推送。推动电网全要素数字化和虚拟化、全状态、实时化和可视化、电网运行管理协同化和智能化，实现仿真与分析无缝协同，助力电网调度生产运行的智能化、精益化管理。

» 5.2　数字孪生在发电领域典型应用案例及评价 «

5.2.1　发电领域需求

随着数字孪生技术与能源行业的加速融合，领域间的壁垒日益凸显。2016年国家发展和改革委员会、国家能源局、工业和信息化部共同发表《关于推进"互联网＋"智慧能源发展的指导意见》，促进能源和信息的深度融合，清洁高效地推进煤炭电力生产，智能发电站的概念也是通过国家能源转换提出的能源互联网产生的。目前国内智能发电站的建设和应用更侧重于智能信息集成展示，对提高节约能源、提高效率的作用不强，偏离了智能生产的初衷。同时，许多项目计划和实施往往是局部信息化系统、自动化系统的简单积累，缺乏系统之间的紧密联系。

数字孪生技术能够交互地在智能发电系统中的物理实体和虚拟表示之间建立双向联系，综合利用工业物联网、大数据、人工智能、云计算、虚拟现实等新一代信息与通信技术，以自感知、自学习、自适应、自决策为目标，实现电厂物理和虚拟两个维度的统一，提高发电厂安全性、环保性、效率和经济性，被认为是实现能源转型发展的重要手段。

目前，数字孪生在发电领域的研究与应用尚处于起步阶段，尤其在应用环节存在一些需要解决的关键问题，如发电设备的关键特征统一化数字孪生建模、发电与输变电数字孪生数据联动机制、发电侧不同燃料特性数字孪生建模、分布式能源数字孪生模型、集中式新能源发电数字孪生模型、发电侧储能系统数字孪生模型等方面。

本节以数字孪生在发电领域的实际应用案例为载体，从技术路线选定、应用效果、案例评价三个方面，介绍数字孪生技术在发电领域的应用与取得的成效。

5.2.2　典型应用案例 1：某高铁站屋顶光伏可视化数字孪生系统

1. 案例背景

某高铁站屋顶光伏发电项目布置在屋顶两侧屋面，铺设面积约 4.2 万 m^2，总装机容量 6MW，年均发电 960h、580 万 kWh 电，采用"自发自用，余电上网"的并网模式。同时，为了实现光伏电站精细化管理与运营，依托城市智慧能源管控系统（CIEMS）的数据处理和融合能力，综合运用 BIM 建模、物联网、数字信息、大数据挖掘等技术相结合，把运维、监控的每一个环节都实现数字化，形成三维可视化数字平台，具备故障研判、精准定位和智能化运维能力，有效降低运维成本，提升光伏电站管理水平和经济效益。

2. 技术路线

项目总体架构自下而上分为 3 层，最下层为感知层，通过安装感知设备和采集终端，实现对配电室、办公楼、能源站、新能源系统等的数据采集和管理；中间层为通信层，采用有线和无线网络实现数据传输至 CIEMS 平台；最上层为应用层，通过 CIEMS 实现全景监测、配电监控、光伏电站管理、能源分析、能源服务、可视化运维等功能。整体架构如图 5-11 所示。

为支撑综合能源服务相关业务，平台中的数据除从终端感知设备采集外，另一部分需要从项目已有系统采集，该项目中平台分别与光伏发电本地监控系统、智能电力监控系统、用户能源站就地控制系统、区域能源站就地控制系统、储能系统、楼宇自控系统实现数据集成，实现数据采集和控制策略下发。采用有线方式，利用 OPC、WebService 等方式实现信息交互，根据业务能力规划整体系统应用架构。应用架构如图 5-12 所示。

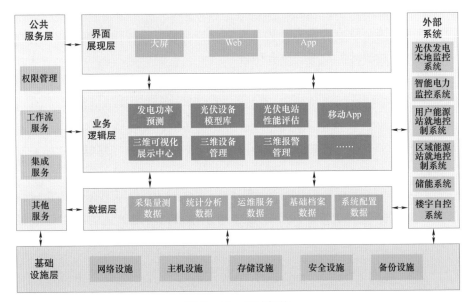

图 5-11　整体架构

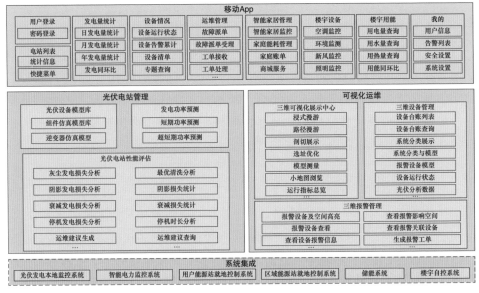

图 5-12　应用架构

根据某高铁站屋顶光伏可视化系统的实际业务分析，数据架构依据数据分层、领域数据逻辑独立、数据按类型分离、安全性、可管理性、易用性的原则进行设计。应用数据主要包括业务数据和支撑数据。根据数据的结构化定义，可分为：结构化数据和非结构化数据。结构化数据包括账户数据、气象预测数据、组件模型数据等。非结构化数据包括配电室视频数据、光伏电站视频数据、光伏电站报警图片、运维数据报表等。同时从光伏发电本地监控系统、智能电力监控系统、用户能源站就地控制系统、区域能源站就地控制系统获取数据。数据架构如图 5 – 13 所示。

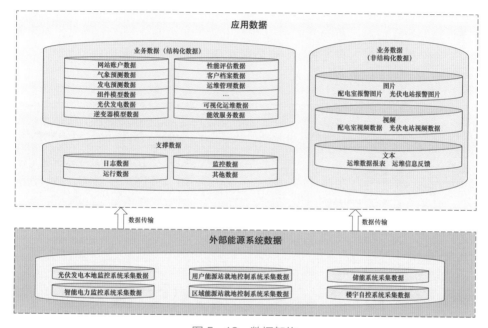

图 5–13　数据架构

系统安全按照 GB/T 22239—2019《信息安全技术　信息系统安全等级保护基本要求》及国家电网有限公司"分区分域、安全接入、动态感知、全面防护"的安全策略对信息系统的物理安全、边界安全、应用安全、数据安全、主机安全、网络安全及终端安全进行安全防护设计。系统安全防护能力需达到信息系统安全三级防护要求，即系统安全保护等级为三级。

3. 应用效果

（1）CIEMS＋BIM 综合技术应用。为了实现光伏电站精细化管理与运营，依托 CIEMS 打造了包含：光伏电站管理、可视化运维、支撑综合能源服务的移动应用、发电功率预测、电站性能评估、可视化运维等功能的光伏 BIM 可视化运维监控系统。系统大量采用 BIM 建模，分别对整个光伏系统的全量设备、高铁站外立面、屋顶等各细节进行建模。以 BIM 模型为基础将设备实时数据、历史数据、属性信息、分析数据等不同维度数据进行数模融合，深挖数据可视化着力在数字孪生的能源服务业务中探索，打造标杆光伏电站管理平台。同时，以末端用户需求为出发点，充分发挥万物互联、数据共享理念构建光伏电站管理、可视化运维、综合能源服务移动 App 等智能化应用，提升光伏电站管理水平和经济效益，提高发电站管理水平和用户体验。

（2）可视化。以高铁站屋面模型为基础清晰展示整个光伏电站运行综合信息，包括经济收益、发电量、逆变器效率、综合效率、天气情况、节能减排、故障报警等数据信息。可提升光伏电站发电效率和运维效率，实现光伏发电系统的全生命周期高效运行管控，支撑公司对项目风险把控。屋面模型如图 5－14 所示，能源设备逆变器监测如图 5－15 所示。

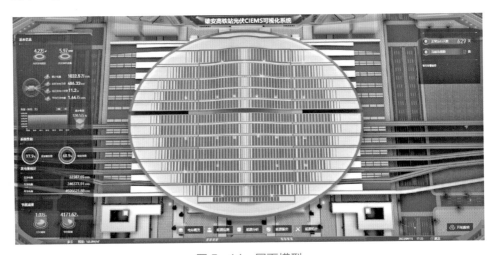

图 5－14　屋面模型

图 5－15　能源设备逆变器监测

（3）外部环境监测与预测。基于多家气象预报数据，打造高分辨率天气预报模型，实现短期预测及超短期预测。以图形和文字的方式展示实时室外温度、风速、辐照强度展示实时天气情况。存储和查询历史预报信息和实测室外气象数据，便于依据历史气象掌握气象趋势，同时获悉预测与实测室外温度的偏差，可自动查询历史记录获取查询时段内室外平均温度值等，并以曲线的形式展示历史天气情况。并将数据进行整合、处理、大数据分析形成发电功率预测与长短期天气的预测情况，短期天气预测以图形和文字的方式展示未来 72h 天气预报，包括整点室外温度、风速及辐照强度。超短期天气预测以图形和文字的方式展示未来 4h 的天气预报，包括温度、风速及辐照强度等。

（4）基于算法与模型的功率预测。基于人工智能算法和光伏设备模型库，准确识别设备状态和性能指标，通过高精度数值模型，准确评估光伏电站理论出力。短期功率预测以图形和文字的方式展示未来 72h 光伏电站理论出力。超短期功率预测以图形和文字的方式展示未来 4h 光伏电站理论出力。通过积累屋顶光伏发电规律模型，最终解决光伏发电随机性的问题。

（5）3D 模式下的综合管理。为支撑综合能源运维管理，将空间信息、物联网应用与动态的数据信息相结合，形成 3D 模式下的综合管理，实时查看重要数据与信息，及时地通知管理人员，协助管理人员找到最佳的解决方案与解决思路，提升建筑的反应能力，提高工作效率。实时展示光伏系统设备升压变、逆变器、组串、气象站等设备的实时数据和属性信息，并展示摄像头的实时视频流数据。同时将现场设备和主题模型相结合，融合展示重要数据，如发电功率通过曲线图形式对每天的功率进行展开显示。能源设备组串监测如图 5-16 所示。

图 5-16　能源设备组串监测

（6）光伏电站性能评估。结合实时与历史等综合大数据分析形成光伏电站性能评估工具，形成灰尘分析、阴影分析、衰减分析、停机分析等模块。灰尘分析以光伏组件为最小颗粒度通过同等辐照度、光照度、温度等条件下的发电功率数据等关键性数据指标分析各个逆变器灰尘累积率，综合考虑灰尘损失及组件清洗成本，分区域生成最优清洗策略，最大化投资回报率。阴影分析通过以往发电功率对比实时发电功率等数据形成阴影检测算法可识别不同类型阴影，包括植被阴影、行间阴影、外物遮挡阴影等，基于逆变器动态应发电量模型，评估阴影损失。衰减分析结合光伏组件材料、使用年限、区域环境等因素构建光伏发电衰减曲线、结合出厂监测功率衰减曲线以及大数据分析衰减曲线结论，对比分析结论和衰减曲线深度挖掘衰减原因。停机分析提供逆变器停机损失对比分析，停机时长分析，快速发现故障逆变器，针对实际情况给出处理建议，明确停机损失的原因及责任，促进合理运维考核。

（7）智能运维。实现智能识别设备性能异常情况提前告知，防患于未然，针对设备原始告警过多、逆变器频繁启停等问题，均能根据分析自动产生运维建议。运营指标分析以标准化发电、运维指标，高效管理光伏电站，涵盖实际发电量、计划发电量、计划发电完成率、发电小时、系统效率等发电指标，设备故障率、故障处理时长、发电量损失分析等运维指标，公平考核电站运维效率。运维流程如图 5-17 所示。

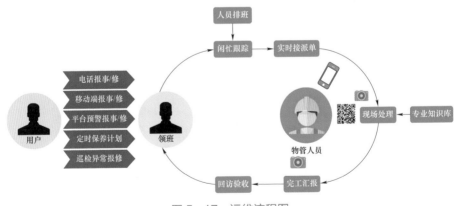

图 5-17　运维流程图

（8）移动应用。基于 CIEMS 平台，采用"互联网+"的理念，提供能源服务信息发布、能源数据、远程控制等多元化的移动应用服务。为运维人员、终端用户提供统一的综合能源服务项目移动应用，实现多角色多环节的一体化运营管理模式，完善综合能源服务生态圈应用体系建设。某高铁站屋顶光伏可视化系统拥有 PC 平台端、移动端、在线客服端多种运维解决方案，基本维保流程为保修、闲忙跟踪、实时接派单、现场处理、完工汇报、回访验收。报警报修途经多样化，即移动端报修、平台报警、巡检异常报修、电话报修等。设备基础资料管理及设备维修保养线上工单两大模块，方便设备维保人员通过网页端及手机客户端完成线上维保业务工作。实现维保业务的平台化管理，提升日常维修工单及保养巡检计划管理水平，提高对设备应急故障的响应速度。

4. 案例评价

本节介绍了一起高铁站屋顶光伏可视化数字孪生系统，对该数字孪生系统功能进行详细分析后，通过对光伏电站实行智能化管理，可以实现光伏功率准确预测，减少电站罚款损失，实时了解电站异常信息，有效防止故障蔓延，大幅降低故障损失；对电站发电精准化分析，提升光伏电站发电效率和运维效率，有效提升光伏电站管理水平和经济效益；系统综合运用物联网、大数据等技术，面向光伏发电、可视化、智慧运维等场景，构建光伏电站管理、可视化运维、移动 App 等智能化应用，提升光伏电站管理水平和经济效益，提高运行维护管理水平，提高工作效率和用户体验。同时，推进 CIEMS 在某新区的示范应用，促进能源流与信息流的深度融合，助力绿色智慧新城建设。

运维管理过程中，将空间信息、物联网应用与动态的数据信息相结合，形成 3D 模式下的综合管理。实时查看重要数据与信息，及时通过 App 通知管理、运维人员，协助运维人员找到最佳的解决方案与解决思路，大大提高工作效率。同时，通过三维模型直观展示相关信息，大幅提高用户的使用体验。通过采用高效建模与混合仿真，完成对光伏电站物理信息模型的搭建，基于地理定位信息，构建结合物理信息和电气特性、气象规律的完整光伏站点模型。

然而，数字孪生光伏电站作为互联网技术所涉及的新兴领域，目前仍处于示范性应用阶段，因此在孪生建模的准确性、可靠性及实用性方面有待进一步提升，需从国家政策引导、经济扶助、互联网技术的研究等多个角度出发，不断完善数字孪生光伏电站建设，逐步攻克从前期建设到后期运维的多个难题，最终达到孪生共智的目的。

5.2.3　典型应用案例 2：某热电厂数字孪生化转型案例

1. 案例背景

随着热电厂企业精细化管理要求的不断提高，现有传统的信息化系统已不能满足管理需要，主要体现为：业务覆盖不全，系统未横向打通，数据利用率低，数据缺乏挖掘分析；生产、经营、燃料等管理标准还未能融入各业务系统，"两票三制"等关键管理制度管控标准化、流程化、智能化水平存在较大差距，执行效率还不高，安全生产和业务管控还存在风险点；部门间、专业间、岗位间协同化运作无支撑平台，还有较大潜力可挖。本节以某热电厂企业为例，介绍其数字孪生化转型的具体内容。

2. 技术路线

某集团公司基于热电厂的实际需求和作为集团公司窗口电厂对外展示的需要，结合集团公司安全生产环保工作新要求，利用云计算、大数据、物联网、移动应用、人工智能等前沿信息技术，在充分利用集团信息化规划建设成果的基础上，按照"云边结合"的理念，开展某热电厂数字化转型建设，支撑企业生产管控、业务运营的安全、高效、集约、规范和智能运作，提升企业的科学分析、决策和预判能力，提高设备可靠性，促进机组安全、经济运行。某数字孪生热电厂模型结构如图 5-18 所示。

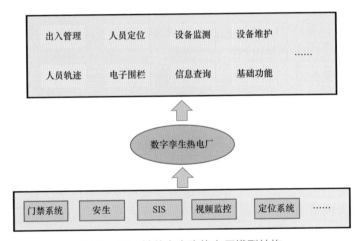

图 5-18　某数字孪生热电厂模型结构

整个系统架构从逻辑上分为数据采集处理层、数据层、平台支撑层、服务层和应用层来组织。系统软件设计采用分层架构技术，以通用性、稳定性定层次，同一层次以功能划分包，以上层服务为导向，逐级设计，逐步细化平台组件的颗粒度。

数据获取处理包括新建及对接两类，其中影像数据、地形数据、点云模型、人工模型、业务标绘为新建数据，工业电视画面点位、门禁点位属性、人员定位信息、设备实时测点数据、检修等业务专题数据、物联网数据为对接数据。

通过上述数据搭建三维可视化数据层，对系统模块提供遥感影像 GIS 数据支撑，三维地形场景支撑，三维模型数据支撑，电厂设备数据空间展示支撑，电厂运行数据空间可视化。

三维可视化应用系统，主要通过搭建三维基础应用平台，通过对接人员定位系统，实现工作现场作业人员监督管理的应用场景。同时对接 SIS 重点设备测点数据、视频、门禁系统，面向安生业务系统提供部分支撑。某电厂数字化转型框架如图 5-19 所示。

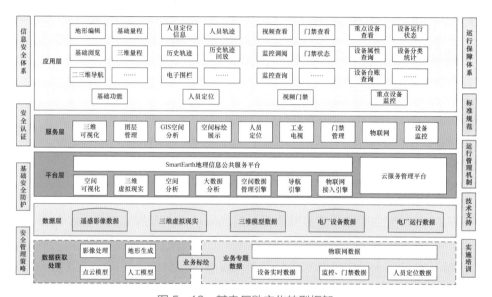

图 5-19　某电厂数字化转型框架

3. 应用效果

（1）电厂数字孪生实用化。

1）数字化：借助覆盖全厂的网络平台实现生产数据的实时采集，快速掌握生产运行情况，实现生产环境与信息系统的无缝对接，提升了管理人员对生产现场的感知和监控能力。

2）模型化：基于工厂模型构建煤化工的各类工艺、业务模型与规则，并与各种生产管理活动相匹配。如图 5-20 所示为磨煤机健康度分析模型。

3）可视化：根据提供的设计图纸搭建了三维可视化工厂，并与生产工艺、设备信息、作业票、应急演练等功能进行集成，为生产操作和管理人员提供直接的业务场景展示。

4）自动化：建设了覆盖全厂的 DCS、SIS 等系统，实现对整个工艺过程的监测与控制。

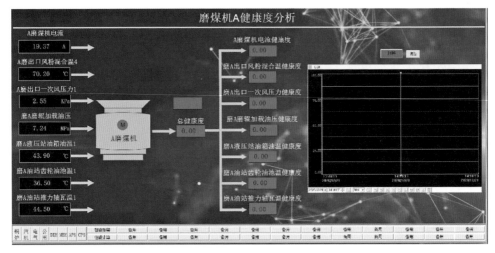

图 5-20 磨煤机健康度分析模型

5）决策科学化：利用大数据技术，对各应用系统的数据进行集中存储和分析，协助公司领导层及时发现问题、分析问题原因、进行风险预警，实现决策的科学化。

6）集成化：建设了企业信息集成平台，以 MES 为核心，向上支撑企业经营管理，向下与生产过程的实时数据高度集成，将各自独立的信息系统连接成为一个完整可靠和有效的整体。

（2）多层级融合建模技术，构建高精度数字孪生热电厂。三维建模是描绘和理解物理世界的一种手段，是数字孪生的前提。它能够利用大量数据，检查资料的连续性，辨认资料真伪，发现和提出有用异常，为分析、理解及重复数据提供了有用工具，对多学科的交流协作起到桥梁作用。三维可视化既是一种解释工具，也是一种成果表达工具。项目根据热电厂现场和现有数据情况，采用多种建模手段，融合多种数据成果，构建与现实物理世界等比例、且具有高精度的数字孪生电厂。

（3）基于数字孪生热电厂实现设备全生命周期管理。针对传统电厂运营管理和设备资产管理相对独立、跨部门数据集成度和利用度低等问题，研究基于数字孪生热电厂的智慧电厂设备全生命周期管理技术，利用三维模型语义化、属性语义扩展，完成设备几何信息、业务信息的信息融合，实现设备安装、运行巡检过程中的三维仿真和实时互动功能。在智能电厂的各个层级实现针对全厂设备的全生命周期管理，实现全程可视化和全生命周期管理透明化。运行管理人员可以在三维虚拟平台中用直观高效的一体化方式综合浏览热电厂各类信息，包括热电厂本体、接线逻辑以及运行、检修状态等，同时可利用这些信息对热电厂设备的实时状态和历史状态进行对比分析，预测设备运行趋势。

（4）基于数字孪生编码技术，构建现实热电厂搜索引擎。以数字孪生热电厂为基础，索引并归档物理热电厂中的对象，并以知识图谱为基础构建对象之间的逻辑关系，从而提供便捷完善的搜索方式，包括关键字搜索、编码搜索、空间关系搜索、时序关系搜索和逻辑关系搜索等，实现快速定位和精准获取所需内容。

（5）实现高精度人员定位，满足安全管控要求。结合对人员管理的实际工作要求，在高精度数字孪生热电厂基础上，实现全厂工作人员的精准定位，采用超宽带（UWB）精准定位技术、图像识别、人脸识别、大数据分析等新技术，打造工业复杂环境下分米级定位的三维安全管控系统。高精度人员定位模块通过 PC 端和移动端 App 相结合方式，实现对整个厂区人员活动轨迹的监控，并以此功能深入拓展，实现智能点巡检、智能两票管理系统等，一方面能降低由人为原因造成的安全事故，另一方面也可大大提高生产管理安全，实现有效管控，实现智慧电厂全方位安全生产管理。

（6）实时视频监控，加强厂内安全监管。在数字孪生热电厂环境下，接入并融合监控视频，可实时调用并查看视频。同时，可针对摄像头位置进行分析，保障重点区域实现监控全覆盖，从而加强对重点监控区域的监察管理。

4. 案例评价

该案例通过将数字孪生和新一代信息技术融入工厂全过程管理，构建数字化、信息化、智能化的管理平台，全面提升了发电生产、管理、运营的信息化、数字化、智能化水平。通过全面的信息感知、互联，以及智能分析模型，智能判断热电厂设备运行工况，实现一、二类故障全覆盖，早期预警预判达到 85% 以上，提高了设备的可靠性，实现了促进机组经济运行，促进安全生产，减员增效，为管理提升、高品质绿色发电、高效清洁近零排放电站建设提供技术支撑。

≫ 5.3　数字孪生在输电领域典型应用案例及评价 ≪

5.3.1　输电领域需求

电力输电线路是电力系统重要的基础设施，输电线路运行状态的全面感知与智能分析，可以提高输电线路运维检修的时效性与智能化程度，减少现场人工定期检查，提升工作效率。目前，高压电缆专业信息化应用普遍存在"数据模型不完善、信息维护困难、数据格式与通信规约不统一、通道管理功能单一、分析诊断功能薄弱"的现状。当前，随着物联网、大数据、人工智能等新兴技术的迅速发展和普及应用，信息化、智能化的技术手段正在深刻影响电网的业务模式和管理效率，同时高压电缆专业难题也随之得到解决。

为适应电网发展方式转变要求，有效提升大电网管理能力及集约化、精益化管理水平，需要依靠科技手段提升对大电网的安全生产运行管理水平。需要强化各业务系统信息与服务的整合，直观展示电网设备，提高电网故障及灾害应急处置的决策效率，以提升电网安全运行管控能力。并在充分保证电网安全运行的条件下，有效整合空间地理信息、电网三维模型以及电网业务应用数据，全面真实再现实体电网及其运营态势，同时有机融入故障预警、应急保障多元核心业务，实现电网管理手段由平面化到立体化的转变，促进电力行业跨部门、跨专业"大协同"运作机制的不断健全。

下面通过地下管廊和架空线路两个方面的典型应用对数字孪生输电领域进行介绍。

5.3.2　典型应用案例 1：某新区数字孪生智慧综合管廊示范段

1. 案例背景

依据相应规划纲要，综合管廊将成为某新区城市管网主要方式，综合管廊电力舱有别于普通电缆沟道，舱体埋深较大，运行环境更为复杂。综合管廊一般不与用户直接相连，多是通过与简易共同沟等进行配合，增加了舱内高压电缆线路的运行复杂程度。并且管廊各系统数据接入规范不统一、无法满足《电力设备无线传感器网络节点组网协议》、状态数据离散化严重，难以高效利用多源数据实现大数据综合评价。未实现无线网覆盖，视频监控、机器人等人机交互通信不灵活，缺少同时具备微功耗且高速接入功能的通信总线，利用新技术实现可实时感知和交互的移动巡检作业，解决实际工作中这些迫切问题，同时优化传统巡检模式。

综合管廊电力舱智慧运维检修示范工程项目覆盖管廊长度约 14.8km。项目构建了架构清晰、标准统一、设备规范的统一模型，应用了标准的智慧物联体系架构，实现信息全面整合、模型标准规范、内外高效交互、全景实时监控、问题快速处置和分级专业管控。

2. 技术路线

该项目技术路线设计要求是物联网技术与电缆业务的深度融合。

（1）建立物联感知层：实现状态量、物理量、环境量的全面感知。

（2）创新应用智慧传输线：实现感知层宽/窄带数据汇集、语音通信、人员定位、入侵探测多功能一体融合。

（3）试点应用边缘物联代理和物管平台：经边缘物联代理接入物管控平台和统一视频平台，实现物联数据的集约化管理。

（4）高压电缆精益化管理综合系统部署。平台按照中台化、微服务、微应用发展理念构建，推动电缆精益化管控。

（5）数字孪生系统的开发。以"数字孪生"理念构建动态三维场景，以实时感知数据驱动三维场景动态反映管廊内部设备运行与检修作业状态。

按照《输变电设备物联网建设方案》要求，综合管廊电力舱智慧运维总体架构分为应用层、平台层、网络层、感知层四部分。高压电缆专业精益化管理综合平台总体架构如图 5-21 所示。

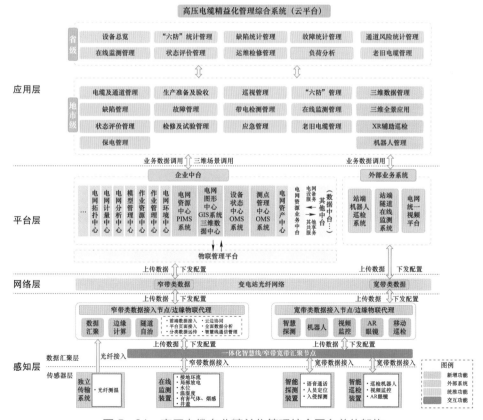

图 5-21　高压电缆专业精益化管理综合平台总体架构

（1）感知层。感知层由各类物联网传感器、智能移动装备、传感器网络、智慧线缆组成，以实现传感信息采集和汇聚，分为传感器层与数据汇聚层两部分。

1）传感器层：传感器层由各类物联网传感器和传感器网络组成，用于采集不同类型的状态参量，并通过传感器网络将数据上传至汇聚节点或接入节点。物联网传感器分为微功率无线传感器（μW 级）、低功耗无线传感器（mW 级）。各种感知终端及传感器，包括电缆本体感知和电缆廊道环境感知传感器、独立传输系统测温光纤、语音通话与定位终端、视频监控摄像头等。微功率无线传感器、低功耗无线传感器与汇聚节点或接入节点之间的传输协议符合《电力设备传感器微功率无线接入网通信协议》，支持 LoRa 通信方式；有线传感器与汇聚节点或接入接点之间的接口符合 RS–485 总线通信协议。

2）数据汇聚层：系统提供多重数据通道，包括国网物联网组网协议数据通道、智能探测网络数据通道、宽带 Wi-Fi 数据通道、独立传输系统光纤通道等。

（2）网络层。智慧线接通过 LoRa、Wi-Fi 收各类监测装置的数据，并将数据通过智慧线接入内网。接入节点接收传感器或汇聚节点的数据，经过边缘计算后，再通过站内电力光纤网络层发送至安全接入网关，经安全接入网关转发至物联网平台层管理系统。汇聚节点与汇聚节点、汇聚节点与接入节点之间的通信协议符合《电力设备无线传感器网络节点组网协议》。

（3）平台层。平台层在互联网部的统一组织下进行建设，与该项目相关的平台包括物联管理平台、业务中台与外部业务系统（站端机器人系统与站端隧道在线监测系统）。感知装置采集的实时状态数据通过物联管理平台上传至电网资源中台。在业务中台可以满足电缆精益化管理系统所需的基础业务数据之后，应用层通过调用电网资源中台的数据服务，获取电网图形类、台账类、专业管理类、检修记录类、电网负荷类等业务数据。在此之前，将通过相关业务系统集成的方式支撑应用层构建。

（4）应用层。基于内网华为云平台以微服务方式构建高压电缆业务应用群，支撑运维检修人员开展缺陷管理、故障抢修等业务，辅助管理人员进行专业管控和分析决策，权限区分地市级平台与省级平台。侧重解决基层单位专业信息化手段欠缺、地市级应用不足等问题。

3. 应用效果

（1）基于智慧线的感知层物联网架构。采用国家电网有限公司统一的物联网协议和标准模型，实现标准化接入边缘物联代理和物联管理平台，并融入人工智能图像识别技术。通过各类感知数据经高级程度的边缘物联代理接入物联网管控平台和统一视频平台，降低了各厂家设备之间的差异化，提升了设备兼容性能，实现了感知层设备即插即用，实现了物联数据的集约化管理。应用具有边缘计算能力的摄像头，实现火焰、人脸等 14 种异常状况智能识别。

隧道中应用的智慧线通信设备利用新型无线组网和直流供电方案，为地下廊道提供宽窄带通信信号与直流电源的投送和覆盖。实现电缆状态多维感知与诊断决策、隧道环境全息感知与远程管控、电缆智能移动巡检与实时管控、电缆故障快速定位与智能抢修等场景应用功能。

该系统可以提供全廊道物联网组网和接入网络、高带宽 Wi-Fi 接入网络、5G 宽带信号耦合接入、信息设备直流供电输出、入侵探测及跟踪、精确人员定位、在线式电子巡查、无线语音通信等服务，实现了多系统、多功能的深度融合，是物联网技术在城市综合管廊电力舱领域的成功应用。感知层物联网架构如图 5-22 所示。

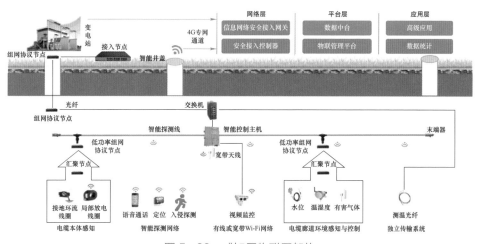

图 5-22　感知层物联网架构

最底层为各种感知终端及传感器，包括电缆廊道环境感知传感器、独立传输系统测温光纤、语音通话与定位终端、视频监控摄像头等。

隧道智慧线通信设备提供多重数据通道，包括国网物联网组网协议数据通道、智能探测网络数据通道、宽带 Wi-Fi 数据通道、独立传输系统光纤通道等。

隧道智慧线通信设备利用智能探测线和智能控制主机接入汇聚所有感知层数据，利用低功耗组网协议节点或有线光纤构建廊道与地面数据传输通道，可以实现数据双向交互。

（2）基于电网资源业务中台的微应用部署。以国家电网有限公司统一企业中台整体架构为基础，构建高压电缆精益化管理综合平台，将电缆基础业务数据下沉至电网资源业务中台，应用层以微服务、微应用方式部署在国家电网有限公司云平台，创新了一系列特色功能应用。高压电缆精益化管理综合平台如图5-23所示。

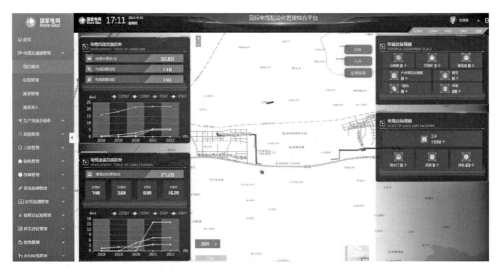

图5-23　高压电缆精益化管理综合平台

实现电缆舱三维全景展示、物联感知、异常告警、自主巡检。直观生动的展示电缆在电力舱的敷设情况、占据层数、复杂位置的弯曲状态等通道断面信息、设备空间占位信息，高效支撑后续的断面规划及断面管理；全面接入电缆台站数据和图纸数据，为基于实物 ID 的台账和图纸查看以及基于 MR 混合现实的远程协助检修提供基础。实现状态量、物理量、环境量的全面感知，有效支撑了智能监控中心的集中监控。数字孪生展示及巡检如图5-24所示。

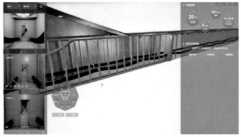

图5-24　数字孪生展示及巡检

（3）物联感知数据的集中监控和预警。通过"在线监测模块"实现电缆设备状态及隧道环境的深度感知、风险预警和全景展示，主动触发多参量和多设备间的联合分析并推送预警信息，有效提升高压电缆状态感知的及时性、主动性和准确性。

（4）全景展示和断面管理。利用参数化建模（规格参数系统建模）与逆向工程建模（激光扫描和 SLAM 全景技术），综合展示管廊内重点设备的分布与运行情况，生动地展示电缆通道断面信息、设备空间占位信息，高效支撑后续的断面规划及断面管理。

（5）智能化主动管控。基于多源异构数据的全景展示和智能分析，对电力舱通道断面监测的图像、视频、运行状态等相关业务数据进行异常分析识别，实现隐患缺陷自动判读，并将分析判读结果在全景仿真模型中形象化展示，借助无线网络控制智能巡检机器人、消防预警灭火系统等智能设备，同时设备间进行数据互传，完成对综合管廊环境、电缆、监测设备的智能化主动管控。

（6）电缆设备"一生画像"和全业务移动巡检。推动 5 类设备全赋码，在工程建设阶段完成实物 ID 编码和二维码配置，实物 ID 高质量贯通建设，实现设备生命大事记，构建电缆设备数字化生态圈，并基于实物 ID 实现电缆全业务移动巡检。

（7）无人（少人）智慧巡检模式。将摄像头及各类泛在物联终端与巡检点位一一匹配，应用智慧线实现非法入侵告警，实时采集隧道各个感知装置运行状态与人员分布情况，一键式机器代人巡检并生成对应成果，有效缓解地下有限空间人工巡检压力。

（8）智慧线功能。

1）状态监测感知：智慧线对综合管廊电力舱全线进行了宽窄带物联网信号覆盖，可以无线接入符合国网规约传感器数据，实时对电缆本体以及廊道环境进行监测。

2）人员定位：工作人员在廊道内，利用其随身携带的标识卡或智能手机可与智慧线高精度定位基站进行实时通信，自主形成联合定位网络对终端位置进行实时定位并显示其行动轨迹，智慧线的定位管理平台可提供多种基于位置信息的服务。

3）实时位置监控：实时追踪、显示和记录系统内终端的位置、身份、数量和分布情况。

4）历史轨迹查询及回放：支持按照姓名、终端编号、时间、区域等条件查询系统内终端的历史位置和活动轨迹，并支持回放功能。

5）区域管理：可以对指定区域设置超员、超时、禁入/禁出限制。

6）考勤统计：自动统计人员出入工作区域的时间、工作时长等信息。

7）异常事件告警：包括超员告警、超时告警、区域告警、设备告警等。

8）入侵报警及跟踪：智慧线主站和基站均具备接入以太网供电（POE）的视频监控摄像机和微波雷达的能力，可以对非法人员活动进行感知报警及追踪。微波雷达可对非法人员入侵方位距离速度进行实时感知，联动视频监控系统可进行智能复核，有效提高报警准确度。

9）无线语音通信：智慧线提供 Wi-Fi 及 5G 宽带接入，可以直接利用智能手机就近接入语音数据。实现全双工的语音通信，保证通信质量。系统采用多点服务的移动性管理策略，实现手机的全网无缝漫游，形成语音通信"专网"。

10）在线式电子巡查：传统的离线巡检，只在综合管廊电力舱常规场所设置离线巡检点，如管廊人员出入口、逃生口、吊装口、进风口、排风口、附属设备安装处、电力电缆接头区等。

11）自监控功能：为保证系统的高可靠性，系统实时监测设备健康状态，出现故障自动报警，并可提供故障定位、排除故障导航等；支持远程诊断、升级和重启等操作。

4. 案例评价

该案例深度融合了物联网技术与电缆业务，打造国家电网有限公司城市电缆智能运维检修样板工程。将光纤测温、局部放电、机器人、人工智能、数字孪生等技术在某综合管廊进行试点应用，创新了技术的应用模式，为综合管廊智慧物联网体系建设以及后续应用拓展与推广提供了示范样本。

一是一体化地打造基建部门、运维检修部门数字化设计成果贯通和应用的工作范本，推动电缆通道规划、设计、建设、运维检修三维技术进步。结合现有成熟软件系统与监控侧多种新型硬件设备的监控统计，为电缆通道运维检修业务提供直观三维可视化支撑技术，为运维检修三维大数据分析、图像融合分析、虚拟现实融合应用、电缆通道环境监测及运维检修模拟仿真等深入管控提供了基础框架，为电网安全稳定运行提供保障，为电力智慧物联网建设树立典范。

二是通过边缘代理终端的应用，提高数据的接入率和利用率，利用边缘计算框架，实现感知数据就地计算，减少数据上送的冗余和带宽的占用，提高了数据上送效率。同时通过站内的智能联动，实现主辅设备智能联动、人机联合巡检、消防隐患治理等典型应用，实现站端的边缘智能和区域自治。

综合管廊电力舱智慧运维检修示范工程项目对推动数字化主动电网及新型电力系统在管廊及电缆专业率先落地具有较高的示范性和推广性。

5.3.3　典型应用案例 2：输电数字孪生电网三维全景自然灾害监测预警

1. 案例背景

智慧数字孪生电网三维全景管控平台通过融合互联网思维，广泛应用大数据、云计算、物联网等技术，推进设备管理专业与物联网深度融合，围绕设备安全、质效提升、优质服务建设设备侧智慧物联网，在智慧物联、资源共享、业务协同上创新实践，实现设备广泛互联、状态深度感知、数据融合贯通、资源开放共享、管理精益高效、源网荷储智能互动。

（1）设备广泛互联：开展电网资源梳理、模型标准化改造，统一终端技术标准和接入标准，强化现场各类终端可靠通信能力，提升安全稳定接入能力，实现不同厂商装备互联互通。利用射频识别（RFID）等物联技术，实现人、设备、装备的有机互联。

（2）状态深度感知：充分发挥边缘计算和区域自治，实现末端链路全打通和泛在物联再延伸。构建智慧变电站、智慧输电线路和配电物联网，深化设备状态感知，提升设备安全管控能力。

（3）数据融合贯通：统一数据模型，整合设备管理专业信息资源，推进全网数据统一标准、统一管理、同源维护，实现"数据一个源"，支撑电网规划、设备管理、营销服务、调度运行等业务高效应用。

（4）资源开放共享：提炼电网资源共性需求，沉淀共享服务，形成电网资源业务中台，支撑规划、运维检修、营销等应用快速、灵活构建。开展设备感知类、资源类、运维检修类等数据价值挖掘，共建公司数据中台，对外提供统一数据共享服务。

（5）管理精益高效：按照岗位、组织灵活定制功能，满足基层作业人员、一般管理人员和高级管理人员需求，构建基础应用、分析管控及决策指挥微应用群，强化全局指挥、全域协同、全景感知，实现专业管理精益高效。

（6）源网荷储智能互动：深度融合物联技术与设备管理专业应用，深度感知源网荷储设备运行、状态和环境信息，实现源端数据聚合、边缘智能管控，促进源网荷储协调控制，满足客户多元用能需求，提高电能在终端能源消费比重，实现智能互动。

2. 技术路线

智慧数字孪生电网三维全景管控平台作为运维检修业务一体化综合展现系统，绝大部分数据来源于外部系统，包括：PMS2.0、ERP、供电电压、OMS、电能质量监测等。接入的数据范围涵盖各项运维检修业务相关业务，包括：人员班组信息、设备台账信息、停电检修信息、设备负荷信息、现场视频数据等。遵循 PMS3.0 总体技术架构，输电全景监控平台进行信息管理大区和互联网大区专题设计，包括应用层、平台层、感知层 3 层。输电全景监控平台总体架构如图 5－25 所示。

（1）应用层（应用）：根据输电全景专业管理需求，在信息管理单位构建 19 项二级应用；互联网大区构建 27 项二级应用。互联网构建 11 项二级应用。

（2）应用层（数据）：确保信息安全前提下，可按需在互联大区暂存数据。所有结构化数据以管理信息大区为准。

（3）平台层：包括跨区服务代理和技术中台。跨区服务代理，提供透明的跨区服务调用机制。

（4）感知层：按"人物分离"思路，移动终端通过互联网接入，各类物联终端通过 IoT 通道接入。

3. 应用效果

结合雷电、覆冰、山火、地灾、污秽、树障、台风、舞动等监测预警技术，实现输电通道自然灾害监测、风险评估、故障预警等为智能抢险和智能调度提供决策依据。

通过对雷电、覆冰、山火、台风、地质灾害、舞动等监测预警技术的攻关研究与推广应用，完善基于输电通道环境监测信息的自然灾害预测预警模型，结合输电通道状态智能感知、微气象在线监测、自动气象站等监测数据，建立统一的数据模型，实现跨专业多系统海量数据融合。应用人工智能技术，开展通道自然灾害的可视化展示、灾害演化的仿真评估和预测预警，通过输电通道大尺度预警和重点通道精细微观化预警的精准推送，逐步实现对通道各类致灾因子监测预警的全覆盖、高精度、强时效，以及灾害预警评价方法由"经验定性"向"标准定量"转变，为智能抢修和智能调度提供决策依据。输电全景观控平台如图 5－26 所示。

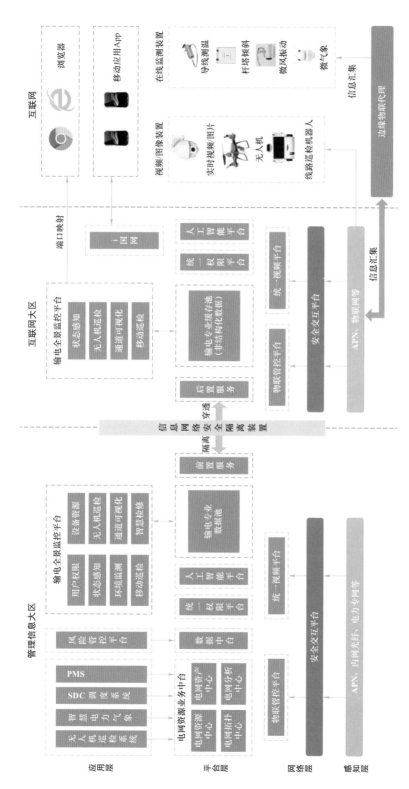

图 5-25　输电全景监控平台总体架构

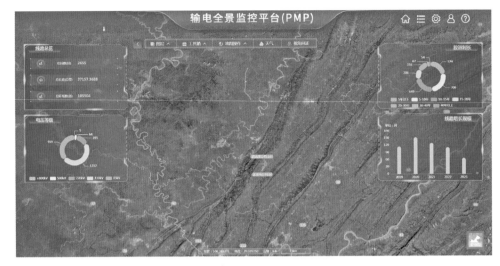

图 5-26 输电全景观控平台

（1）雷电风险评估预警。基于历史落雷大数据和高精度三维影像、雷电探测装置，融合 PMS、气象、保信、分布式行波等多源信息，自动计算杆塔绕击、反击耐雷水平和雷击跳闸率，实现全网杆塔级雷电风险评估、雷击故障的精确定位和诊断。功能包括：探测点渲染、雷电监测、风险评估、故障分析、雷电预警，雷电风险评估如图 5-27 所示。

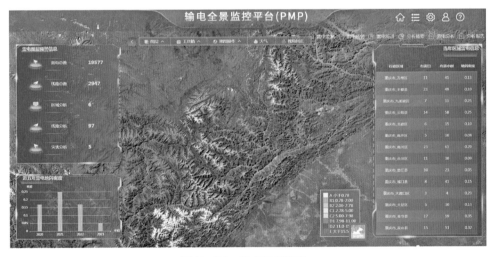

图 5-27 雷电风险评估

（2）覆冰风险评估预警。基于覆冰在线监测装置、气象环境监测数据，建立覆冰监测预警体系，实时获取导地线覆冰厚度，准确研判覆冰风险，及时开展融冰保电工作。功能包括：

1）覆冰监测装置渲染：统计并渲染覆冰监测装置的分布情况，展示监测装置属性信息。

2）覆冰监测，包括：① 今日覆冰按照覆冰厚度进行统计；② 覆冰故障按照时间段、重合情况进行统计；③ 杆塔实时覆冰详表展示。

3）覆冰预报，包括：① 地市天气情况接入及展示；② 受影响区域统计及详表；③ 受影响线路统计及详表。

4）融冰信息，包括：① 融冰按照时间段进行统计；② 融冰详表；③ 融冰流程进度展示。

覆冰风险评估如图 5－28 所示。

图 5－28　覆冰风险评估

（3）山火风险评估预警。根据历年山火分布情况、地形地貌、植被覆盖情况、天气情况，结合山火卫星遥感数据、山火视频在线监测信息，定位火源点，利用典型火势蔓延模型，分析火势发展趋势及其影响范围。功能包括：

1）山火监测，包括：① 按时间段进行火情统计及渲染，以及影响杆塔统计；② 按照火势蔓延路线渲染山火燃烧情况；③ 火源点详表；④ 影响线路杆塔详表；⑤ 山火卫星监测图接入并展示。

2）故障诊断，包括：① 按电压等级进行山火跳闸情况统计；② 线路山火跳闸频次统计；③ 山火跳闸时间分布统计；④ 山火跳闸地域分布统计；⑤ 山火跳闸诊断。

3）山火预警，包括：① 火源时间分布统计；② 地市气象预报滚动播放；③ 高风险线路统计；④ 地域预警详表；⑤ 线路预警详表。

山火风险评估如图 5-29 所示。

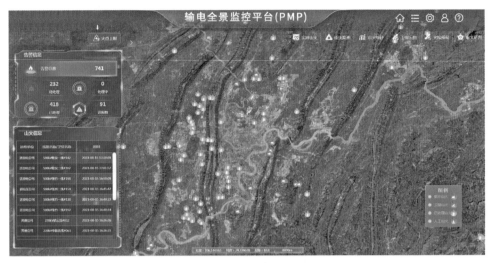

图 5-29　山火风险评估

（4）树障风险评估预警。通过遥感技术提取输电走廊植被形貌、分类与分布，建立植被生长状态演变模型，结合海拔、气候条件等因素提出通道树障风险评估及预警方法，计算树木未来生长高度和树障进入线路危险距离时间。

1）树障分布，包括：① 树障统计及分布情况渲染；② 树障影响线路分析统计；③ 树障属性展示；④ 树木生长曲线预测；⑤ 树障地域分布情况分析及统计；⑥ 树障线路分布情况分析及统计；⑦ 树障电压等级分布情况分析及统计；⑧ 树障树种分析及统计。

2）树障管理，包括：① 树障风险分布情况统计；② 典型树种生长曲线展示；③ 树障详表；④ 树障录入。

3）树库百科，包括：① 树种地域分布专题图渲染；② 树种海拔分布情况分析及统计；③ 树种地域分布情况详表；④ 树种百科详表；⑤ 树种百科录入。

树障风险评估如图 5-30 所示。

（5）污秽风险评估预警。统计并渲染污秽监测装置的分布情况并在三维场景中展示监测装置属性信息，根据监测信息，统计污秽告警情况、影像线路范围、污染源分布情况等并在三维场景中以专题图的形式进行展示。根据统计信息，对塔位的污秽增长历史、季节性分布情况进行评估。实现对输电线路污秽分析与评估。

图 5-30　树障风险评估

结合历史污染源数据、气象数据和污秽在线监测装置数据进行分析，根据线路污区等级情况，判断受影响的线路，指导运维单位进行清扫、水冲洗以及跳爬等准备工作。

（6）地灾风险评估预警。通过对接地灾监测系统，采用气象卫星、雷达卫星、北斗卫星三种技术手段，按照"广域监测、局域监测、单体监测"三种尺度，实现输电线路地质灾害立体化监测预警体系，提高输电线路地质灾害防治水平。

1）地灾监测装置渲染，统计并渲染地灾监测装置的分布情况，展示监测装置属性信息；

2）单体监测，包括：① 按正常、一级和二级进行监测结果分析统计；② 查询杆塔的实时监测结果并展示，包括形变量、累积形变量、形变速率和加速度。

3）滑坡分析，服务器端定时基于滑坡专题图进行杆塔空间分析，计算出受影响的线路及杆塔并保存。

4）广域监测，包括：① 滑坡分析专题图接入并渲染；② 按照风险等级、时间段统计受影响的杆塔并定位渲染；③ 按照风险等级、时间段统计受影响的电站并定位渲染；④ 受影响杆塔详表；⑤ 受影响电站详表。

地灾风险评估如图 5-31 所示。

4. 案例评价

智慧数字孪生电网三维全景管控平台将电网的设备信息、台账信息与设备监测系统进行了整合集成，全网设备的空间场景、离线设备数据、专题成果、在线监测数据、故障预警数据统一接入后，在远端基于上述数据进行分析、评价、决策，特别是在故障抢修、灾害应急方面，形成一套有效的应用模式，切

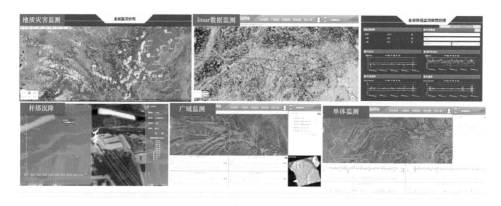

图 5-31　地灾风险评估

实为电网安全生产提供服务保障，从而实现电网设备的可视化服务、基于空间位置的电网分析统计服务、基于现状电网数据及实时运行监测数据的电网预警服务、基于基础地理数据及专题数据的规划设计服务、辅助应急救援服务、基于实景电网的辅助决策服务。

5.4　数字孪生在变电领域典型应用案例及评价

5.4.1　变电领域需求

变电专业由于其设备集中、专业程度高，大多分散在远离人群的地区，同时变电站设备类型繁杂，造成了设备运维、检修过程中管理困难的问题。目前，变电运维工作主要依靠人工，耗时耗力、效率较低。利用物联网感知、移动应用、智能识别、视频融合等技术，构建"无人值守＋集中监控"变电运维管理新模式。

根据"能源互联网"的整体思想，变电侧数字孪生应用开展变电站设备模型、场景模型、人员模型等模型构建，通过各种传感器全方位获取数据，在虚拟空间中完成映射，通过孪生变电站反映相对应的实体变电站运行情况。基于现实场景，通过数字孪生技术，由实入虚，将现实变电站进行虚拟数字化还原，生成数字虚拟映像。通过数据全域标识、数据实时分析、模型科学决策、智能精准执行，由虚入实，实现变电站的实时监控和智能诊断。数字孪生变电站是数据闭环赋能体系，推动变电站全要素数字化和虚拟化、全状态实时化和可视化、运行管理协同化和智能化。

具体需求如下：

1. 设备全景状态实时在线

以电气设备为中心，从业务中台获取电气数据、台账数据、巡检机器人数据、在线监测数据等，从统一视频监控平台获取视频流及云台操控信息，形成自动化、信息化融合的数字化全景。通过接收设备异常告警数据，实时定位并着色高亮显示当前告警设备，实现其场景、数据、告警的可视化。

2. 运维检修监控人机智慧协同

通过变电站内智能巡检机器人、高清摄像机等设备，借助图像识别技术，实现变电站设备监视全覆盖，并根据不同需要，制定相应的巡视任务，完成变电站设备巡视工作，实现机器巡检与人工巡检的智能协同，提高巡检效率。

3. 故障主动识别防御

应用信息、通信和人工智能新技术，实现多维智能联动，根据主控、辅控、在线智能巡视数据进行综合智能分析，实时诊断、研判设备健康状态以及异常趋势，及时预警风险提示，以及引导机器人自动规划路径，自动执行整个巡检过程。

变电侧数字孪生以变电设备为物理主体，运行工况数据为驱动，通过精准的1:1三维构建，实现设备实体镜像孪生。结合大数据分析、图像分析、人工智能等技术实现设备全景状态实时在线、运维检修监控人机智慧协同、作业管控、故障隐患及缺陷主动识别主动防御。变电侧孪生在电网行业应用较为广泛，目前，应用于室外变电站、室内变电站、特高压换流站等实际场景，在生产监督、日常巡视、机器人作业、模拟检修、仿真预演等方面已具备丰富的成功案例。

5.4.2　典型应用案例 1：变电站设备全景状态感知

1. 案例背景

2021年，重庆某公司开展了数字孪生变电站应用，通过设备全景状态感知对电网设备的状态分析与维护。通过对变电站场景、建筑、设备、人员等进行三维建模还原，接入设备台账、量测、履历、画像等多维数据，将设备多源数据映射到孪生模型上，微观地对站内各运行主体设备进行管理，基于三维场景结合实时数据的展示方式，让运维检修人员更直观清晰地看到设备分布情况、设备当前运行情况和告警信息，更便于对设备运维管理。

2. 技术路线

为实现变电站设备孪生还原、设备数据融合展示功能，设置三维建模、模型渲染、数据映射等关键技术。采用虚幻 4 引擎，使用蓝图和 Java 等语言，以"设备状态全感知"为目标，利用安装高清摄像头、数字化表计等智能化设备，采集并上送监测数据，数字孪生系统接入各类监测数据，对设备状态和环境信息实现全监测。

（1）三维建模：利用倾斜摄影、点云扫描等方法，通过 3D max 建模方式，提交给孪生系统，系统通过模型规范化与轻量化，使用虚幻 4 引擎实时渲染构建一个与变电站外观一致、坐标一致、属性一致的数字孪生变电站，实现对变电站的 1∶1 建模还原，打造变电站的云端全景监控中心。

（2）数据映射：需要解决孪生设备模型和现实模型的数据关联问题。在建模还原时，对每个设备模型赋予 ID，通过建立模型和数据的关联关系，将模型 ID 和数据 ID 匹配映射，完成模型和数据的绑定，包含设备台账、履历、画像、遥测、遥信等，以设备为主体对设备数据综合调阅，实现对设备多源数据汇聚展示。

变电站数字孪生架构如图 5 - 32 所示。

3. 应用效果

基于设备的三维模型和数据中台汇集的设备全要素感知数据（包括反映设备物理特性、空间特性的数据，以及电、声、光、化、热等实时测量数据和历史数据），构建结合模型驱动和数据驱动的设备精细化数字孪生模型。通过访问数字孪生模型，能够在远程终端实时获得设备的运行数据、评估设备运行状态、查询设备全寿命周期数据和信息；此外，应用虚拟现实技术和三维可视化展示组件，实时展示设备三维模型，作业人员可以对数字孪生模型进行操作，模拟现场设备操作与控制，实现现场及远程关键设备的快速互动管理。数字孪生变电站展示如图 5 - 33 所示。

（1）设备管理。设备管理定位于电网设备的状态分析与维护。通过三维展示设备分布情况，对设备台账、量测、履历、画像等数据进行融合展示，实现对站内设备运行情况、状态、实时运行数据、是否正常运转等信息及时查看，做到设备状态全面感知。

（2）远程巡视优化。数字孪生技术实现设备虚拟巡检、机器人巡检、无人机巡检，并通过后台的空间坐标位置计算和空间视野分析算法为智慧变电站的在线智能巡视系统部署调试提速，通过对巡检点位的管理、视频点位管理，实现对机器人作业路径规划和导航，提供在线智能巡视系统全新调试手段，简化调试工序、提升调试效率，加快部署速度。

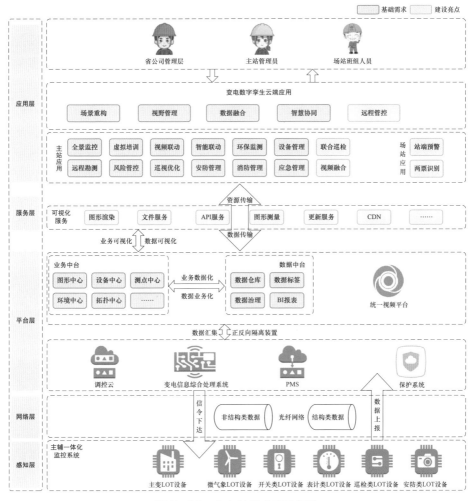

图 5-32　变电站数字孪生架构

图 5-33　数字孪生变电站展示

1）虚拟巡检。借助孪生三维的特性，应用支持对巡检的任务内容、任务时间、巡检点位及路径等设置，将创建的任务派发给人员执行，人员通过任务内容进行虚拟巡检，巡检过程中发现问题，通过填写问题进行问题上报，巡视完成后，自动生成巡检报告。管理人员可对虚拟巡检报告进行查看。

2）机器人巡检。在三维场景中展示机器人视角监控画面及巡视检查信息报告，选择相应的机器人按钮，展示机器人巡视的监控画面及在三维场景中查看机器人巡视轨迹，在对应的日期后面点击报告查看按钮，弹窗显示相应的画面（显示的是实时画面）。

3）无人机巡检。在三维场景中展示无人机视角监控画面及巡视检查信息报告，选择相应的无人机按钮，展示无人机巡视的监控画面及在三维场景中查看无人机巡视轨迹，在对应的日期后面点击报告查看按钮，弹窗显示相应的画面（显示的是实时画面）。

4）巡检点位管理。利用数字孪生变电站三维空间关系，进行巡检点位的标定，标定后利用点位和视距范围，形成设备巡检点位报告，通过对报告的巡检设备数量、类型和距离分析，为机器人作业路径规划和导航提供分析依据。

5）视频巡检范围。利用数字孪生技术和视频成像原理，系统可自动计算全站各类摄像机的视频监控视野覆盖情况，通过色块对监控区域和监控盲区进行区分，并提供新增摄像机布点模拟功能，提高巡视准确度与实用度。

4. 案例评价

该案例提出变电站设备全景状态感知应用，主要运用在设备运维检修管控环节，通过构建与物理世界一致的孪生变电站，实现数据的接入和映射，并通过融合设备设备全生命周期信息，实现设备状态的全面感知，提升设备全景感知能力；同时结合智能巡检业务场景，基于三维场景的特性，对设备巡检情况、巡检点位覆盖情况直观展示，完成变电站远程智能巡视系统巡检点位优化，提升设备运维检修管控质效。

5.4.3 典型应用案例2：变电站视频融合及作业管控

1. 案例背景

数字孪生空间与物理实景空间的感知、更新效率差别，造成操作人员既要检查真实模型，又要查看孪生模型，来确认系统反馈问题准确性，导致实际工作量成倍增加，且无法直观查看现场作业情况，通过操作摄像头查看视频的方式，对现场感知程度低且效率不高。通过视频融合技术，当用户在数字孪生场景中点击某处设备时，即可根据设备 ID 关联的视频设备或辐射区域的视频设备进行图像自动调用，自动完成图形拼接，让操作人员在远端查看实景空间，进行快速、高效对比分析，以便找出可能存在的问题；同时对现场作业情况、人员位置、轨迹直观展示，实现对作业过程的可视化追踪。

2. 技术路线

三维视频融合技术指把一个或多个由摄像机图像序列视频和与之相关的三维虚拟场景加以匹配和融合，生成一个新的关于此场景的动态虚拟场景或模型，实现虚拟场景与实时视频的融合，即：虚实融合。虚实融合，是把视频画面精确融合显示在三维模型对应的空间真实地理坐标位置。

（1）视频图像精准匹配：需要解决孪生设备模型和视频图像精准匹配的问题。解决方案：建模场景精度需达到厘米级，找到视频图像与三维虚拟场景的最大相关，以消除图像在空间、相位和分辨率等方向的信息差异，达到融合更真实，信息更准确的目的。

利用变电站现有的多个摄像头同时对包含预定追踪目标或者标准参考目标的区域进行拍摄，分别获得多个摄像头拍摄的多个不同角度视频后执行视频融合以增强显示效果。将场景中的设备作为摄像头的参考目标，通过多个摄像头获得多个角度的视频参考图像，计算多个角度的视频参考图像的帧同步参数，在帧同步参数小于预设阈值的情况下，对摄像头阵列包括的多个光场摄像机执行时间同步，从多个视频图像中获得多个时间同步的关键帧，从多个角度的视频参考图像对摄像头进行校正同步，从而完成对变电站现场的视频融合。视频融合展示如图 5-34 所示。

图 5-34　视频融合展示

（2）视频图像融合后偏差：需要解决视频图像融合后存在视角偏差、模型变形问题。解决方案：一是增加摄像头，提高摄像头覆盖范围；二是设置摄像头看守位，保证摄像头在没有其他任务的情况下，满足视频图像融合的点位需求。

3. 应用效果

通过视频融合技术，对摄像头画面的视频拼接，实现对现场作业情况的实时查看，联动智能识别算法，对人员违章作业自动告警。借助智能安全帽的音视频通话功能，实现管理人员和现场人员直接连线，方便管理人员对现场作业人员的管控。通过智能安全帽的差分定位和实时动态测量（RTK）定位装置，对人员和车辆位置追踪；利用智能识别算法对人员违章行为进行识别并告警，实现实时动态数据与空间位置融合统一的创新应用，做到监控范围内全要素数据 360° 全方位直观有效管理。在三维场景中，可按作业区域分区浏览，实现监控视频、监测信息、报警区域与空间场景时空统一，做到实时动态掌控目标区域及事件状态，提高事件感知、事件处置和综合监管能力。

基于对智能终端的深化应用，建立作业人员的数字孪生体，完成人员数据档案、音视频实时通话管控、作业异常报警提示、作业全程视频记录等功能，实现从作业前人员身体状态评估、作业中监控预警的现场人员实时管控、作业后第一视角视频追溯。

4. 案例评价

通过视频融合技术，实现变电站实景的动态立体展示。将保护室、设备区域等重点区域单一局部分散的视频构建成真实整体的三维动态虚实融合场景，做到实时视频画面和建筑结构、地理环境空间融合统一浏览和动态掌控。解决一线人员频繁手动操作等问题，节省人员成本，减少人工分析过程，所见即所得。

通过人工智能算法，实现现场作业人员、特种作业车辆行为的智能分析预警，助力变电站现场作业安全管理。为变电站作业现场安全管控、作业人员管理、作业过程管理提供有效技术支撑。

》 5.5　数字孪生在配电领域典型应用案例及评价 《

5.5.1　配电领域需求

配电网台区位于电网末端，是配电网的重要组成部分，其负责直接为电力用户供电。配电网台区的运维管理水平不但关系到电力用户的满意度，而且还与电网安全以及供电企业的运营成本密切相关。因此，做好配电网台区的管理工作，保证配电网台区保持良好的状态，既是供电企业的社会责任，也是其降本增效的有效途径。目前，由于配电网台区具有数量众多且分布广泛、感知设备配置不足、基础数据质量较差、各类信息融合不充分等特点，导致其运维管理工作存在以下不足：不能准确掌握配电网台区的状态，运维管理工作带有较强的主观盲目性；不能及时识别配电网台区的各类异常，运维管理工作效率低下且缺乏主动性；不能精准预测配电网台区的发展趋势。

目前，对数字孪生的研究配电设备地域性强，品种类型多，数量规模大，全部布置传感器的方法并不适用，利用数字孪生技术，针对集群设备建立数字孪生体，并同时配置针对关键设备的状态监测系统，形成虚实迭代保证孪生体数据的客观性。在完整设备数字模型基础上，经由同类型、同地区、同场景下个体设备数字孪生模型之间的横向比较，根据已建立的关键设备状态评估和故障预警方法，对成片区电网设备的运行状态、潜在故障和应对措施作出判断，实现设备诊断决策从个体化到集群化的演变。

5.5.2　典型应用案例 1：数字孪生配电网应用平台

1. 案例背景

配电网台区的配电变压器、配电线路、分布式光伏等物理设备构成了数字孪生架构中的物理层；采集装置、传输网络以及数据中台的数据集成层，分别负责配电网台区数据的采集、传输以及存储，构成了数字孪生架构中的数据层；数据中台的分析服务层中封装了一系列计算分析模型，构成了数字孪生架构中的模型层；面向不同功能开发的微应用群构成了数字孪生架构中的功能层；电网 GIS、台区拓扑图以及相关信息系统用户面构成了数字孪生架构中的展现层。

通过实践验证，基于配电网台区数字孪生技术应用，从配电网台区状态评价、停电范围研判、可开放容量分析、过负荷风险预判等方面，对配电网台区数字孪生技术的实现与应用场景进行分析，为利用数字孪生技术提升配电网台区的运维管理工作水平提供思路，取得良好效果。

2. 技术路线

数字孪生是支撑智慧配电网实现"智慧化"的新技术手段之一。结合大数据、云计算、物联网、移动应用、区块链等新型技术，以物联网底层采集为基础，子站、主站配电网自动化系统为导向，结合三维可视化技术，将台区、开关站、配电房等配电网场景植入数字孪生虚拟环境中，以底层三维渲染＋部件级建模的方式构建孪生场景，以数字化、数据化、智能化、网格化的数据互通和交互的方式建成的数字孪生体，为配电网抢修、配电网巡视、配电网检修等业务场景高效生产提供实用化工具。配电网数字孪生技术架构如图 5-35 所示。

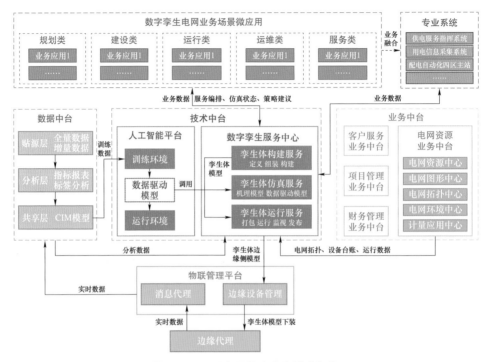

图 5-35　配电网数字孪生技术架构

3. 案例实施效果

通过建立配电网数字孪生应用，在"数字化运维、智能化作业、可视化管控和大数据决策"上持续发力，最终形成一个高效集约的城市主网检修管理体系。

（1）无人智能巡检（虚拟巡检）。根据周期性巡检、特殊巡检、专项巡检的巡视、检测要求，利用"机器人+高清视频"实现自动导航、远程遥控功能，结合人工智能、图像识别，实现异常、缺陷、隐患的自动识别和记录，通过三维虚拟场景远程浏览设备环境和设备状态，提升巡检效率，实现少人巡检。虚拟巡检如图 5-36 所示。

（2）设备状态感知及主辅设备联动。通过三维可视化实现主辅设备、监测装置的虚拟建模，结合传感器实时监测数据，实时展示主辅设备的运行状态，对异常、缺陷、隐患等信息进行高亮提醒。在发生预警、异常、故障、火灾、暴雨等情况时，自动关联启用机器人、视频监控、灯光、环境监控、消防等设备设施，立体呈现现场的运行情况和环境数据，实现主辅设备智能联动、协同控制，为设备异常判别和指挥决策提供信息支撑。

图 5-36　虚拟巡检

（3）运维检修作业智能管控。针对运维检修人员 App，应用 GPS、现场视频监控等，结合三维可视化和人工智能技术，实现作业人员入场检测、电子围栏布设、作业范围划分、区域检测、作业监控、违规告警，实现运维检修人员、设备间隔、作业范围的人人互联、人物互联，避免运维检修人员误入带电间隔或失去工作现场监护，确保运维检修人员人身安全，通过运维检修人员 App 对作业流程进行固化和关键节点进行把控，确保作业质量。运维检修作业智能管控如图 3-37 所示。

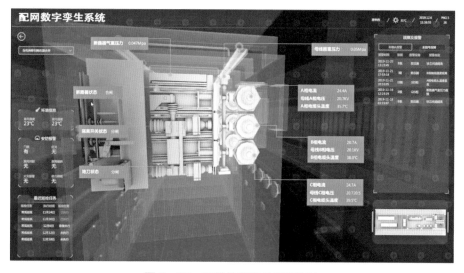

图 5-37　运维检修作业智能管控

（4）故障研判。故障发生后，系统自动调取故障设备相关的状态监测、隐患缺陷、分布式故障测距、设备运行履历等设备静态和动态运行信息，通过大数据、人工智能算法给出初步的诊断结果，在三维场景中叠加展示，结合基于 XR 眼镜、移动巡检终端的终端与平台的信息共享、远程专家音视频通信，实现远程专家故障联合研判，有效提升故障研判效率。故障研判如图 5-38 所示。

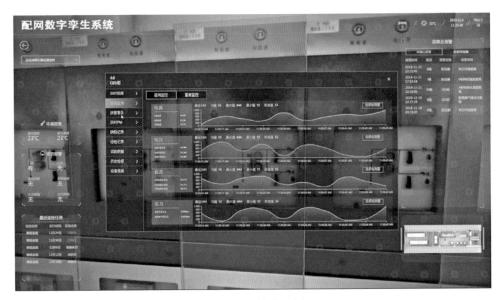

图 5-38　故障研判

4. 案例评价

配电网数字孪生系统，打破了传统体系模式下生产时间和空间的限制，实现了以设备状态自动感知及预测、风险实时预警、智能辅助决策、远程生产指挥、精益过程管控为代表的实时化、跨空间运维检修模式体系，并对现场设备运行状态进行多角度、多维度的分析，优化巡检策略、故障缺陷分析，全面推动生产管理模式方式由"事后应对"向"事前防范"转变，"分散现场管控"向"集约远程指挥"转变，"传统人工生产"向"数据智能驱动"转变，显著提升了管理效率。

（1）设备信息数字化。利用机器人自主运行的特点，强化现场数据的智能采集、实时传输和自动分析，实现人机信息自动交互、设备状态实时掌握、状态异常提前预警、研判评估、辅助诊断等，全面提升设备状态管控力；强化在线监测技术应用水平，拓展在线监测范围，提升在线监测的可靠性、稳定性和实用性；全面实现对设备运行状态的实时感知、监视预警。

（2）状态感知实时化。以智能巡检机器人为基础，深化巡检工作各类信息互联互通及大数据深度应用，推进巡检资源优化配置和运维检修工作方式创新发展，实现生产指挥及决策的高度智能化和集约化，形成信息精准、指挥有力、快速高效的运维检修管理体系，实现巡检工作过程中的远程监测管控、信息收集、综合研判、指挥调度、应急指挥和远程会商等。

（3）诊断评估智能化。立足于实际应用，从质量、安全、效率、经济性等方面构造效益评价指标，针对不同环境特点，构建机器人和人工巡检相结合的立体化巡检模式体系；基于机器人获取的高度一致性检测数据，从时间趋势上对设备故障进行预判，实现故障的提前预警和主动运维。

（4）设备巡视高效化。以设备状态自动采集、实时诊断、可视化和远程监护为基础，将运维现场动态实时置前，推进巡检业务监控管理与巡检现场作业同步，提高巡检作业效率和质量，辅助运维策略制定和计划执行跟踪，显著提升设备状态管控能力和巡检管理穿透力。

5.5.3　典型应用案例 2：重庆数字孪生配电网三维可视化应用平台

1. 案例背景

重庆某公司根据"数据 + 平台 + 应用"的模式，以数字孪生为理念，三维可视化为特色，以物联网、企业中台、大数据、人工智能、数字孪生等新型数字化技术为基础，进行数字孪生配电网应用平台建设。面向生产作业人员、集控站监控人员、各级管理人员等不同角色，实现对配电网场景的主辅设备、人机协同作业、主辅告警等各业务系统进行全联接，实现数据全融合、状态全可视、业务全监控、事件全追踪，使配电管理更高效、人机交互更友好，运营成本更低、持续卓越运营。

2. 技术路线

数字孪生是支撑智慧配电网实现"智慧化"的新技术手段之一。孪生技术的可视化、全景化、智能化有助于提升智慧配电网感知/测控能力，增强其智能互动及物联水平，助力实现状态全面感知、作业机器替代、信息互联共享、人机友好交互，推进在线智能巡视效果最大化，推动设备智能升级和运维模式优化。数字孪生系统采用三层架构，分为感知层、网络层、应用层。

（1）感知层：通过智能巡检设备配合分布式环境检测设备，完成对所有现场设备运行及环境状态的采集。

（2）网络层：主要作用是完成对来自现场检测设备状态参数及工作参数的网络传输，将相关数据传输至上层信息管理层；或者是将来自上层信息管理层的远程控制指令传输至各现场控制设备或者控制节点。

（3）应用层：对感知层上传的数据进行数据分析、存储和展示（图形化显示）。对数据信息的存储、查询，以及根据数据信息做出超限报警、远程控制指令的下达，完成对设备的运行状态和工作参数的实时监测和远程控制。同时，在应用层实现平台数据与其他电力系统的数据交互。配电网数字孪生系统架构如图 5-39 所示。

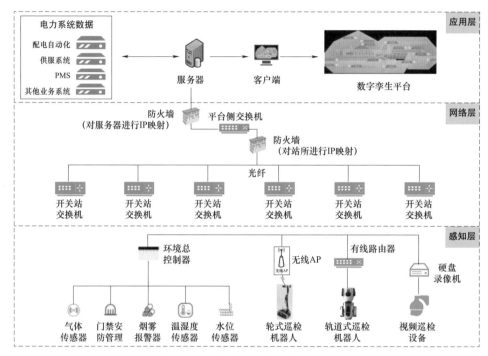

图 5-39　配电网数字孪生系统架构

3. 应用效果

通过对电力设备发生历史故障或缺陷的数据进行时序分析，能够清晰地展示出设备在不同时间发生的故障或缺陷的变化情况。结合历史气象和环境数据，建立设备运行环境模型，分析影响设备健康运行的关键因素，帮助设备维护人员科学制订检修计划，将设备检修模式由被动转变为主动。挖掘各型设备全生命周期或周期片段运行数据、缺陷数据以及温度、湿度、负荷、不良工况等影响因素，分析在不同运行环境参数下各型设备及其相关部件性能出现劣化拐点的运行年限，从而掌握不同运行年限时各型设备高发的缺陷类型，为各型设备建立"健康档案"，从而为设备选型、设备日常运维检修、老旧设备大修技术改造、备品备件储备等生产业务提供数据支撑。

（1）全景监控。利用倾斜摄影、点云扫描等方法，通过 3D max 建模方式，提交给平台，平台通过模型规范化与轻量化，使用三维引擎实时渲染构建一个与智慧配电网站点外观一致、坐标一致、属性一致的数字孪生配电网场景，打造智慧配电网的全景监控中心。

1）场景真实渲染：基于 GIS 地图建立的变电站的空间坐标系，实现站内全要素真实渲染。全景监控如图 5 - 40 所示。

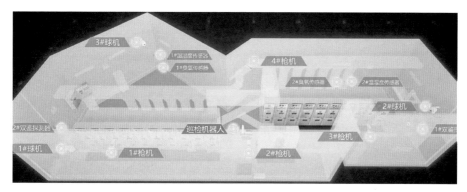

图 5 - 40　全景监控

2）数据融合接入：平台通过 Kafka 流和业务接口混合的方式，按照不同业务的需求进行企业中台数据接入，满足业务查询、视频展示和部分辅控设备可控的需要。

3）告警展示：在数字孪生配电网站点中的告警设备通过告警图标悬浮提示方式，实现告警状态真实可视。以醒目标识效果定位告警设备具体位置，提供动态直观的告警提醒。运行告警如图 5 - 41 所示。

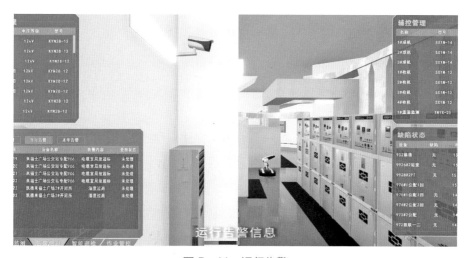

图 5 - 41　运行告警

4）"虚实"结合展示：利用融合数据和三维场景的融合，实现物理世界和虚拟世界的设备和数据融合。整合全站宏观、微观数据报表统一展示。"虚实"结合展示如图 5-42 所示。

图 5-42　"虚实"结合展示

5）指哪看哪：通过系统内置的模式切换，监控人员无需了解站内摄像头布局信息，无需通过视频监控系统复杂检索，通过数字孪生技术，监控人员只需用鼠标点击所要查看的设备位置即可轻松打开当前设备位置的实时视频画面。

6）针对球型、云台摄像机，系统还支持画面操控，实现手动画面追踪功能。

7）视频融合：利用站端获取的多路视频监控信号，将多个视频监控设备采集的站内监控画面内容进行拼接，把拼接后形成的站点三维实景图像信息附着在场景三维模型之上，使模型和视频场景精准吻合，达到在数字孪生三维场景中查看变电站真实场景的效果。视频融合如图 5-43 所示。

图 5-43　视频融合

8）统计分析：通过对所有"设备、告警、作业、运行"数据进行整合，形成孪生驾驶舱，对配电网运行状态与负荷状态进行展示，对管辖范围内面积和用户数量进行统计展示，对配电网所有开关站、配电房、配电台区、配电线路数量与状态进行统计展示，对配电网预警状态、运维状态、供电状态进行值数统计，以及状态展示，对配电网当日、月度、年度负荷曲线进行值数统计，并以直方图形式展示，对配电网综合指标、故障率指标及运维指标进行数值计，并以饼状图形式展示。

（2）设备管理。在三维场景中整合各类设备模型，从"设备告警、设备全生命周期、设备状态评价、设备台账、设备运行数据"等方面实现设备管理全过程在线可视。

（3）智能巡视。通过数字孪生集成展示机器人实时动态、巡检画面、红外图像，以及摄像头巡视画面和巡检报告窗口。对微电网站点进行远程巡检管理，巡视员不需要去现场，通过孪生场景就可以查看站内机器人实时动态，选中机器人可查看实时巡检画面与红外监测图像，还可以查看所有的摄像头监视画面，以及智能巡检生成的巡检报告。数字孪生结合巡检信息的展示方式，让运维检修人员更直观、清晰地获悉机器人动态、巡检情况以及巡检报告调阅，更便于对设备远程巡检验证。机器人巡视如图 5-44 所示。

图 5-44　机器人巡视

（4）动环监测。通过数字孪生应用整合"动环监测"全景信息，显示当前站点内温度、湿度、臭氧、SF_6 等动态环境数据，通过图形化方式展示动环数据，在窗口点击动环项，三维场景联动跳转至对应监测设备，当某一项动环数据超标时，对应监测设备和动环数据呈现红色显示。该功能板块主要功能是对各项动环信息进行统计展示，并结合三维孪生动环设备模型的展示方式，让运维检修人员更直观、清晰地获悉各站点动环信息情况。动环监测如图 5－45 所示。

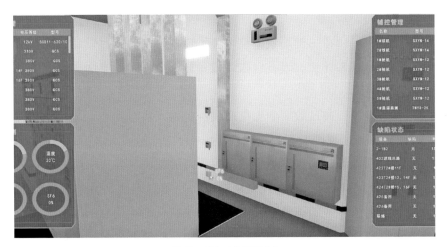

图 5－45　动环监测

（5）告警管理。通过数字孪生应用整合全台区设备异常告警信息，通过三维场景联动定位至对应告警设备，同时显示告警详情窗口。对各项告警信息进行统计展示，并结合三维孪生动环设备模型的展示方式，让运维检修人员更直观、清晰地获悉各站点告警信息情况。告警管理如图 5－46 所示。

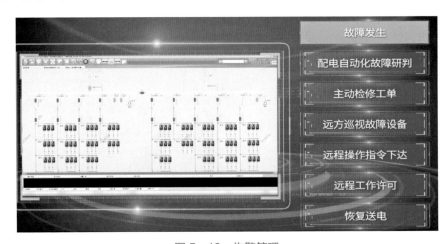

图 5－46　告警管理

（6）工单管理。在"工单管理"界面显示当前站点内所有工单项，通过小窗口列表方式展示工单项数据，在窗口可查看当日、本月、本年的工单项，可远程对工单项进行签发与许可，以及查看工单进度情况。该功能板块主要功能是对各项工单信息进行统计展示以及进度查看，让运维检修人员更直观、清晰地获悉各站点工单信息情况。集成数字化业务流程，实现运维检修业务在数字孪生系统的流转。工单管理如图5－47所示。

图5－47　工单管理

（7）作业管控。站点现场人员的安全管控是确保智慧变电站本质安全的重要环节。数字孪生技术充分挖掘场景镜像与人机双向交互的两大特性，在助力设备管控的同时着力开展基于精确空间位置信息的现场作业管控。

1）智能单兵装备：数字孪生技术通过对接智能单兵装备（如智能安全帽），实现指挥人员与现场操作人员无障碍沟通，在孪生系统可利用单兵装备附带的视频、语音互联实现指挥人员操作下达、操作全过程观察、操作人员反馈沟通等。智能单兵装备如图5－48所示。

2）视频接力追踪：数字孪生技术通过视频融合技术，实现对现场人员/器械的身份绑定和实时定位，引导现场视频监控开展位置追踪、视野跟随。

3）身份识别：利用视频识别技术，对站内人员进行身份识别、人员与工单票关联识别，对未录入系统的外访人员进行身份告警，并抓拍留档。

4）区域管控：针对站内的作业区域，可结合现场实际围栏手动设置或撤销虚拟工作围栏，对于作业人员跨越围栏超出作业区域范围，系统进行视频联动告警。区域管控如图5－49所示。

图 5-48　智能单兵装备

图 5-49　区域管控

5）行为分析：利用识别算法结合现场视频设备进行识别分析，在数字孪生变电站中提供安全帽、吸烟、未穿工作服、人脸识别、跨越围栏等作业风险相关的识别分析与告警提示，保障现场作业人员的安全。

（8）远程勘测。利用数字孪生配电网精确的空间位置信息可对现场各种空间操作进行计算评估，实现远程对站点场景的任意距离测量、人员安全距离测量。在数字孪生空间中可利用场景测量工具，实现任意位置长度、角度、面积的测量。通过场景中植入的作业人员模型，实现人员在作业区域时对带电体间距的自动测量。

（9）智能预测。根据历史用电信息、光伏发电量预测信息、储能系统信息、用户行为分析、地区经济发展规划进行数据聚合与预处理形成多能互补优化算法模型；根据各系统负荷季节特征、工作日/非工作日、节假日、年负荷、季度负荷、月负荷、日负荷、逐时负荷预测负荷周期，建立算法模型；台区电动汽车充电桩作为用电负载，可通过有效的分时充电管理起到发电和用电优化配比的调节作用。

4. 案例评价

随着配电网用电需求连年攀升，用电场景从过去单一供电模式向多元化服务模式转变，分布式电源、智慧充电桩等场景对配电网业务数字化转型提出更高的要求。配电网作为服务客户的"最后 1km"，通过数字化、网络化、智能化构建"配电网全景智能巡检（虚拟巡检）系统"，实现配电网"设备状态、运行环境、作业风险、用户用电"的全感知，解决配电网的"停电在哪里、负荷在哪里、风险在哪里"等问题，提升精细化管理服务水平。通过构建配电网设备数字孪生模型，实现配电设备运行全景可视、设备全状态感知、故障自动诊断预测、线损精益管理以及新能源消纳智能决策。

（1）台区状态评价。配电网台区数字孪生具有精准反映配电网台区的拓扑关系、设备参数、运营指标及配电网台区下各电力用户信息的特点，因此，可以便捷准确地获取各类档案信息及运营指标，以实现对配电网台区状态的快速准确评价，提升配电网台区的运维工作效率。借助数字孪生技术，可实时反映运行状态，即时反映配电网台区下各线路的电流、各节点的电压信息，以及各电力用户的用电负荷、停电等信息。可准确研判出故障范围及故障地点，进而可有效提升抢修工作效率、缩短停电时间，避免用户投诉。

（2）可开放容量分析。基于配电网台区数字孪生的精准反应能力，根据接入点的具体位置以及配电网台区的拓扑关系，推算出配电变压器到接入点的电能传输途径，再根据配电网变压器的容量、负载情况以及电能传输路径上每条供电线路的允许载流量和负载情况，计算出接入点的可开放容量。

（3）线损精益管理。配电网台区数字孪生技术可精准反映电网台区的设备参数和用户信息，实现对配电网台区线损的分段计算。配电网台区线损实现分段计算后，细化了线损管理的颗粒度，可快速定位线损异常区域，进而将大幅提升配电网台区的线损定位水平。

（4）数字孪生与新能源消纳。数字孪生技术可助力新能源与负荷的柔性调节，促进新能源消纳利用。数字孪生配电网分布式能源"风、光、储"中，通过储能或其他节余能源起到调节作用，帮助平衡能源，动态优化。基于超短期负荷预测和多能互补优化算法模型的仿真评估，开展最大需量（峰值负荷）影响因素预测分析,可以提供合理的分布式能源设施规格、数量规划建议,以提高能源站运行经济性。同时根据基于精准负荷预测的 AI 算法,对各能源子系统进行深度节能优化的策略,进行实际能源侧和需求侧配合的场景模拟。根据整个台区规划方案和实时数据采集建立的仿真模型,进行复杂和不确定场景的沙盘推演,得出最优配比策略作为能源最优经济性运行的决策依据,大幅提升新能源消纳水平。

5.6　数字孪生在用电领域典型应用案例及评价

5.6.1　用电领域需求

电网用户端主要有工矿企业、建筑楼宇、基础设施三大块。电网用户侧数字孪生是数字化和信息化时代应运而生的产物,将逐渐被广泛应用于电网用户侧楼宇、体育场馆、科研设施、机场、交通、医院、电力和石化行业等诸多领域的高/低压变配电系统中。随着云计算、大数据、物联网和 5G 等高新技术在用户侧的应用,增加了电网用户端的管理规模和复杂度。同时电网各业务部门、管理系统之间形成“部门墙、工具墙”导致日常管理和应急指挥流程复杂,增加了用户侧的管理协调成本;用户侧涉及设备众多,设备运行状态和性能难监测,地下隐蔽工程缺少有效展示手段;电力营销系统、用电信息采集系统、营销基础数据平台等电力内部数据与气象、政策等外部数据缺乏协同共享机制,与业务融合不足,缺乏跨系统联动分析;负荷管理及能效管理手段亟须改变,同时联动发电、输电、变电、配电领域数字孪生应用成果,使得电力生产业务实现完整闭环。

5.6.2　典型应用案例 1:负荷聚类智慧互动数字孪生平台

1. 案例背景

目前,用电领域供需紧张已成为新常态。2021 年我国多地区供电能力已达极限,许多地区出现限电现象,2022 年电力电量平衡更加困难。重庆地区特高压入渝后,重庆外部电源占比将达到 50%,交直流混联系统可能引发的电网运行稳定问题愈加突出。另外,现有负荷调节手段有限,电网在负荷侧感知、调节手段有限,可调负荷资源不足。英国大停电等事件证明新型电力系统建设必须配置规模化调节能力,负荷侧资源调节是目前最为低碳、低成本而又高效的方法。现有负荷调节手段及规模见表 5-1。

表 5–1　　　　　　　　　　　　现有负荷调节手段及规模

序号	机制	技术支撑手段	调节对象
1	有序用电	用电信息采集系统	用户
2	需求响应	省级智慧能源服务平台	用户
3	拉闸限电	调度自动化系统	变电站开关
4	三道防线	安控装置＋母线联切装置	变电站开关
5		低频低压减载装置	变电站开关

　　多源供电服务是城市生产生活的重要基础设施，也是构建智慧城市的关键环节之一。结合数字孪生技术打造电力资源合理规划的供能系统，促使能源合理分配，减少资源浪费，构建高度协同的综合能源数字孪生系统是面向智慧城市能源发展的一种典型实践。

　　搭建负荷聚类智慧互动平台，研究负荷调节政策和市场配套机制，充分挖掘可调负荷资源，完善在应对突发故障、供应缺口、促进清洁能源消纳等方面的调节手段，守好电网安全生命线以及民生用电底线。

　　2. 技术路线

　　通过搭建平台、聚类、资源"三层"调节架构以及毫秒级、秒级、分钟级、日级"四类"负荷资源池，采用精准控制和柔性调节"两种"手段逐步替代原有限电拉路和自动切大开关模式。通过挖掘资源点、理顺聚类线、打造平台面，建立全方位负荷聚类智慧互动平台体系。负荷聚类智慧互动平台体系架构如图 5–50 所示，秒级—调度主站系统技术架构如图 5–51 所示。

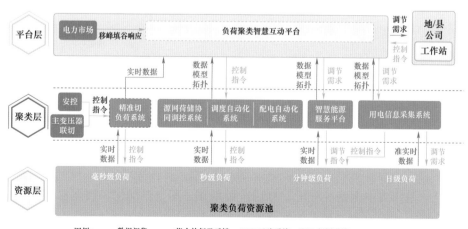

图 5–50　负荷聚类智慧互动平台体系架构

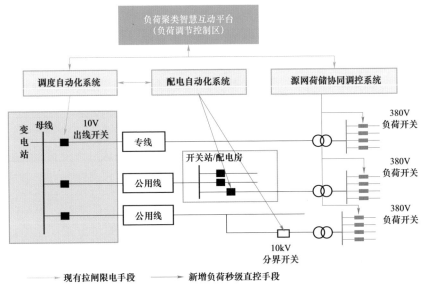

图 5-51　秒级—调度主站系统技术架构

改变变电站专线拉闸限电的传统手段，通过配电自动化系统和源网荷储协同调控系统延伸至配电网侧和负荷侧内部，在保障民生用电和企业基本用电需求的前提下，通过省地县负荷批量控制功能，提升电网应急情况下负荷直控能力。

3. 应用成效

基于毫秒级、秒级、分钟级、日级资源采集控制能力，充分利用营销、配网和调度数据贯通成果，综合负荷预测、检修计划等应用数据，实现以下八大类应用功能。平台层功能图如图 5-52 所示。

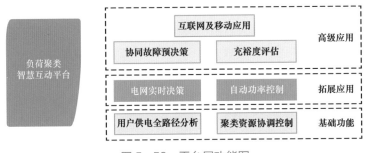

图 5-52　平台层功能图

（1）用户供电全路径分析。打通营销用采、配电自动化、调度自动化系统模型数据，实现以用户为单位的"站线变户"全供电路径自动生成，为重要用户用电保障、电网运行方式安排、负荷调节策略制定等提供支撑。用户供电全路径分析流程如图 5-53 所示。

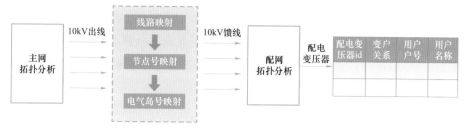

图 5-53　用户供电全路径分析流程

（2）聚类负荷资源协同互动。根据电网需求，负荷聚类智慧互动平台自动或手动批量向各类负荷资源池下达控制指令，实现用户负荷的批量调节，保障大电网安全。聚类负荷资源协同互动架构如图 5-54 所示。

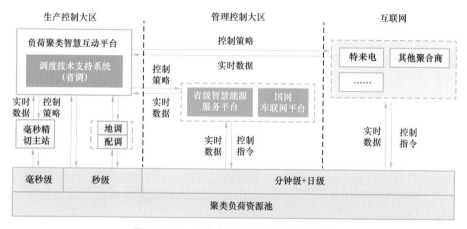

图 5-54　聚类负荷资源协同互动架构

（3）电网实时决策。针对电网故障后可能出现的联络线过负荷和系统备用不足问题，考虑联络线偏差、备用容量、网络约束、机组可调出力和地区可切负荷等约束条件，并结合各地区的负荷水平进行负荷控制容量的分配，得到地区负荷最优调整策略。电网实时决策逻辑如图 5-55 所示。

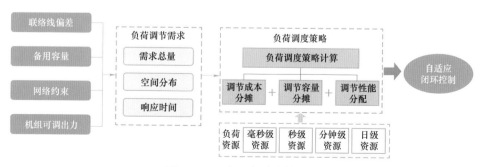

图 5-55　电网实时决策逻辑

（4）自动功率控制（APC）。负荷聚合商对各可调节负荷的实际出力、可调容量、可控信号进行累加、聚合，负荷聚类智慧互动平台将可调负荷等值成虚拟机组，作为 AGC 可调资源，形成 APC 应用。APC 功能逻辑如图 5-56 所示。

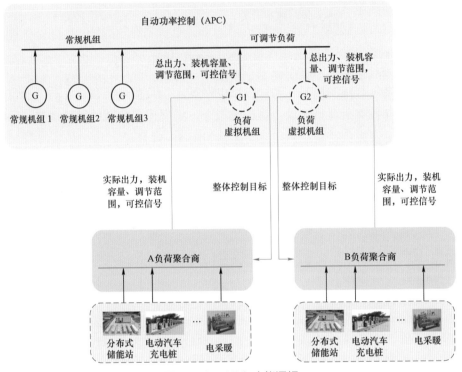

图 5-56　APC 功能逻辑

（5）协同故障预决策。结合负荷预测、新能源预测、发电计划以及外部气象环境等数据，针对特高压直流闭锁、关键设备停运、外部气象灾害等潜在严重故障，滚动评估当前及未来时段的供电充裕度，并结合各类可调资源，给出预防控制策略或预案，辅助调度开展故障预判预控。协同故障预决策功能逻辑如图 5-57 所示。

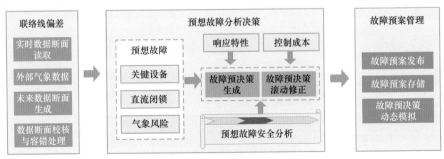

图 5-57　协同故障预决策功能逻辑

（6）充裕度评估。通过拓扑动态识别建立电网运行分区，实现对负荷侧可调节能力的评估，逐级评估分区供电充裕度及全网备用裕度，滚动计算电网实时及未来时段的充裕度，并实现分层分区的可视化展示，对充裕度不足区域及时提供预警。充裕度评估功能逻辑如图 5－58 所示。

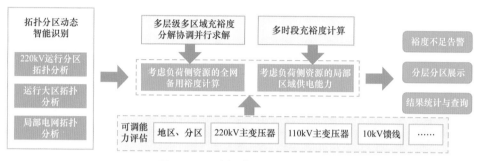

图 5－58　充裕度评估功能逻辑

（7）互联网及移动应用。利用互联网网页和移动应用 App 发布服务实现聚合商注册、申报、出清交互以及负荷资源运行统计信息查询统计等功能。互联网及移动应用示意图如图 5－59 所示。

图 5－59　互联网及移动应用示意图

4. 案例评价

在毫秒级、秒级、分钟级、日级分别构建电网运行模拟模型，测算负荷需求响应前后系统运行状态变化；选取失负荷概率、切负荷成本、安全裕度、清洁能源消纳量、发电侧碳排放量、电网运行成本等指标，构建负荷需求响应的电网运行效益综合评价模型。

测算负荷需求响应前后电网负荷峰谷差、输电－变电－配电容量利用率等指标变化，测算电网设备资产利用效率提升效益；构建电网投资规划模型，测算负荷需求响应对电网安防装置、输电－变电－配电设备、储能装置等电网新建资产的替代作用，评估节省的社会用电成本；根据聚类负荷调节移峰填谷效果，保障社会供电，测算支撑全市生产总值增长的成效。

不足之处：区域聚类负荷池用户台账信息目前依赖基层调度专业人工录入，效率低且更新不及时。建议调度、营销专业进一步加强协同，完善电力客户模型以及交互方式，形成跨专业共享机制。用户侧数据监测手段还亟待提升。建议由营销专业组织对试点用户专题分析，提升数据完整性以及及时性，设备专业持续开展配电终端建设，提高用户侧实时感知以及远方控制能力。

5.6.3　典型应用案例2：虚拟电厂运营管理平台

1. 案例背景

2021 年 3 月 15 日，在中央财经委员会第九次会议上，对碳达峰、碳中和做出进一步部署，提出构建以新能源为主体的新型电力系统。根据碳达峰、碳中和目标，结合我国能源资源禀赋及经济、政策、技术等发展趋势，预计未来我国能源供需格局将发生巨大变化。

国家发展和改革委员会及能源局印发的《"十四五"现代能源体系规划》指出，到 2025 年，我国的非化石能源发电量比重需要达到 39% 左右，并逐步成为一次能源供应主体；在能源消费方面，电能占终端能源消费的比重将显著提升，更多碳排放从交通、建筑、工业等行业转移到电力行业，电力行业将成为我国碳达峰、碳中和目标实现的关键所在。

以风电、光伏为代表的新能源装机规模的持续增长，其能源的波动性、间歇性以及随机性也带来一系列的电力系统稳定问题，虚拟电厂可将不同空间的储能、微电网和分布式电源等柔性可控资源聚合并实现自主协调优化控制，在促进可再生能源消纳，优化资源配置结构以及提高能源综合利用效率方面具有独特的优势。

虚拟电厂是一种智能电网技术，通过分布式电力管理系统参与电网的运行和调度，主要由发电系统、储能设备、通信系统三部分构成。简单来说，虚拟电厂并不是真实存在的电厂，而是聚合优化"源网荷"清洁低碳发展的新一代智能控制技术和互动商业模式。这种技术模式无需对电网进行改造，就能充分利用分布式资源，实现电源侧的多能互补和负荷侧的灵活互动，给电网提供电能和辅助服务。

2. 技术路线

虚拟电厂运行会不断产生能源和交易数据，人工智能和大数据技术能够帮助虚拟电厂存储和处理海量的电力数据，分析、预测电力负荷和可调控的负荷，高效完成响应分配。在电力实时性的特殊要求下，每一个分布式能源（光伏发电、储能、微电网等）如果经由中心枢纽计算完成后再通过 5G/光纤等进行调控，时延问题将极大降低了虚拟电厂的执行能力，同时也将影响参与市场的经济收益。因此，在虚拟电厂业务中，形成云端大脑和边缘计算联动至关重要。

通过构建"云边端"三级架构协同的物联调控平台，并形成高效迅速地边缘计算机制，可以实现云边端资源在分布式网络环境下的动态协同与高效利用。"云"层，构建多种设备标准化电气模型，对内部边缘盒子上传数据提供数据清洗、监控、处理服务，同时基于自定义优化模型的对象、目标函数及其约束参数，对多设备运行场景进行集中优化；"边"层，自适应接入设备模型，适配多种智能感知终端通信方式及数据格式，进行数据初步清洗，执行云端下达调控计划指令，结合设备实时状态进行优化控制；"端"层，感知上传终端设备数据，并执行边缘设备的调控指令。虚拟电厂技术架构如图 5-60 所示。

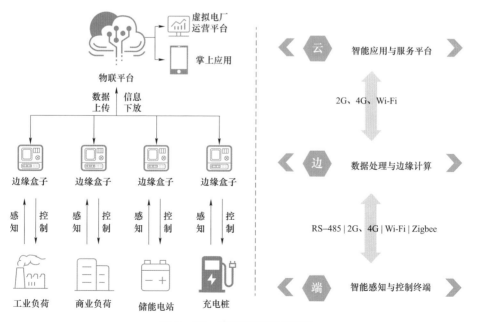

图 5-60　虚拟电厂技术架构

3. 应用效果

国内已开展多个虚拟电厂建设案例：国网冀北电力有限公司的电力物联网虚拟电厂示范工程投入运行，这是国内首个虚拟电厂项目。该示范工程一期实时接入与控制蓄热式电采暖、可调节工商业、智能楼宇、智能家居、储能、电动汽车充电站、分布式光伏等 11 类 19 家泛在可调资源，容量约 16 万 kW，涵盖张家口、秦皇岛等三个地市。根据国网冀北电力有限公司公开的数据，2020年夏季 600 万 kW 的空调负荷当中，10%空调负荷通过虚拟电厂进行实时响应，相当于少建一座 60 万 kW 的传统电厂；"煤改电"最大负荷将达 200 万 kW，蓄热式电采暖负荷通过虚拟电厂进行实时响应，预计可增发清洁能源 7.2 亿 kWh，减排 63.65 万吨 CO_2。

上海黄浦区虚拟电厂：2021 年 5 月 5～6 日，国家电网有限公司在上海开展了国内首次基于虚拟电厂技术的电力需求响应行动，仅仅 1h 的测试，就能产生 15 万 kWh 的电量。

深圳虚拟电厂：2021 年 11 月，由南方电网深圳供电局有限公司、南方电网科学研究院有限责任公司联合研发，国内首个网地一体虚拟电厂运营管理平台（以下简称"虚拟电厂平台"）在深圳试运行，如图 5-61 所示。南方电网深圳供电局有限公司通过该平台向 10 余家用户发起电网调峰需求，深圳能源售电有限公司代理的深圳市地铁集团有限公司站点、深圳市水务（集团）有限公司笔架山水厂参与响应。随后，深圳市地铁集团有限公司、深圳市水务（集团）有限公司在保证正常安全生产的前提下，按照计划精准调节用电负荷共计 3000kW，相当于 2000 户家庭的空调用电。深圳虚拟电厂如图 5-62 所示。

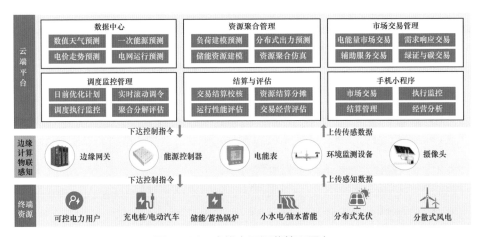

图 5-61　虚拟电厂运营管理平台

图 5-62　深圳虚拟电厂

虚拟电厂运营管理平台面向虚拟电厂的市场化运营环境，融合云边端物联通信与边缘计算技术、人工智能预测分析技术、交易辅助决策算法、虚拟电厂资源聚合建模与聚合调度优化等技术，从而实现虚拟电厂的可观、可测、可报、可调。平台高级功能应用包括但不限于数据中心、资源聚合管理、市场交易管理、调度监控管理、结算与评估以及手机小程序等方面。

（1）数据中心。数据中心通过爬虫或人工运维的方法，抓取外部天气信息、经济运行信息、能源价格信息等平台所需的基础数据，经由内部大数据识别与人工智能算法开展数据预测，涵盖数值天气预测、一次能源预测、电价走势预测以及电网运行预测等功能，为平台业务功能提供数据支撑。

（2）资源聚合管理。为不同类型的虚拟电厂提供统一的设备标准模型，对发电单元、储能系统、可控负荷的调控特征及负荷特性进行标准化建模，实现标准模型参数的动态维护，制定资源泛在接入的技术标准，并以此为数据基础，开展模型运行数据预测。资源聚合管理包括负荷建模预测、分布式出力预测、储能资源建模以及资源聚合仿真等功能。

（3）市场交易管理。以大数据分析技术为基础，以虚拟电厂市场化运营为核心，覆盖电能量市场交易、需求响应交易、辅助服务交易以及绿证与碳交易等业务领域，为虚拟电厂运营中心提供一站式解决方案。

（4）调度监控管理。赋能有网络连接能力的用电设备及传感器、边缘网关、第三方系统快速、安全接入虚拟电厂运营管控平台，实现各类设备及系统通过"云边端"三级的数据同步通信、数据清洗处理、数据归类存放等功能。并以此为基础，开展日前优化计划，实时滚动调度命令，调度执行监控以及聚合分解评估等服务。

（5）结算与评估。提供虚拟电厂运营平台参与市场化交易的成交结果数据管理，从交易运营机构获取出清结果的数据，提供虚拟电厂运营管理平台的交易结算校核，资源结算分摊，运行性能评估以及交易经营评估等数据管理分析功能。

（6）手机小程序。通过移动应用，用户能随时随地对虚拟电厂运营情况进行综合查询，包括市场交易、执行监控、结算管理以及经营分析等各方面的内容，进一步提高运营管理效率。

4. 案例评价

虚拟电厂技术可实现全面做好清洁能源引导和并网服务，提高清洁能源接入比例，实现风、光、水、核等清洁能源全额消纳。建设更具"柔性"、更开放、以数字电网作为承载的新型电力系统示范区，服务碳达峰、碳中和战略目标早日实现。

构建新型电力系统，基于数据的分析技术，提高新能源电站的"可观、可测、可控"水平，解决新型电力系统中的电力和电量平衡问题，提高电网对新能源的消纳能力；与基于物理模型的电力系统安全防护体系结合，提高控制保护对低惯量系统的适应性，解决新型电力系统中大量电力电子设备带来的安全稳定控制隐患。

推动实现以新能源为主体的能源"大三角"，助力构建清洁低碳、安全高效的能源体系，推动城市绿色低碳高质量发展，提供安全稳定、价格实惠的绿色电力，早日实现"双碳"目标。

通过构建新型电力系统，进一步保障电力系统安全稳定运行和电力的稳定供应，确保电力供需平衡，特别是在诸如地震、恶劣天气、突发事件等极端条件下确保系统安全稳定运行，确保信息数据安全，确保诸如避免人身触电伤亡事故等系统外部安全，确保系统内部安全等。

第 **6** 章

电力行业数字孪生技术的展望

数字孪生技术是通过在虚拟空间实现对物理对象的模拟、感知、诊断、预测和优化，使数字模型具有了对物理实体的定义能力、展示能力、交互能力、服务能力和伴随物理实体进化能力。从青铜时代开始借助"模型"制造青铜器开始的思想起源，到 2003 年关于数字孪生设想的首次出现，再到 2010 年被正式定义，数字孪生已经随着"大数据、云计算、物联网、移动互联网、智慧城市"等新一代信息技术的发展逐步应用于各行各业之中。目前，我国已经明确要在"十四五"期间优化调整产业结构和能源结构，控制煤炭消费，构建新型电力系统。而数字孪生技术作为一种新型的信息集成和控制技术，近年来随着电力行业不断的引入，逐步形成了日益广泛的数字孪生应用场景，在健全电网感知能力、增强能源控制能力、提升电力供给效率和效益、推进行业技术发展等方面不断发挥作用。

人类自诞生后生物学意义上的进化逐步停滞，转头开始了全新的通过科技推进的演化进程。技术的发展一步步由低级运动到高级运动，由钟表、热机和电机等早期物理运动研究，经过 19 世纪的炸药、化纤等中期化学运动研究，逐步发展到 20 世纪末期的生物技术和信息技术研究。人类对物理世界的解析也沿着程序化由易到难的道路推进，从逻辑思维机械化到非逻辑思维（直觉、悟性）逻辑化，并有望通过当前数字孪生这一集成技术的研究浪潮，一步步寻本溯源，将电力系统的发展带入"元宇宙时代"。将数字孪生技术与电力行业深度融合，能够有力推动电力行业数字化转型的进程，推进电力行业数字化技术转型，助力国家发展"碳达峰，碳中和"的总体目标。科技演化如图 6-1 所示。

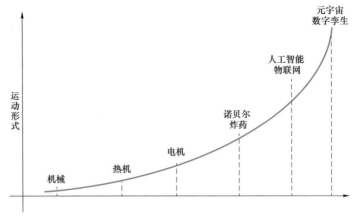

图 6-1　科技演化

本书通过分析电力行业数字孪生涉及相关技术发展现状及目标体系规划的未来展望，结合对数字孪生体系构架与典型物联网技术、建模与仿真技术、物理模型、数据全生命周期、自学习泛化、云边端交互及网络信息安全七大关键技术路线间的关联与差异分析研究，从而引出了数字孪生在电力行业调度、发电、输电、变电、配电及用电等相关领域关键应用及创新。在调度领域，需将现有成熟调度技术继承及发展，并与新型电力系统深度结合；在发电领域，需统一发电设备及不同燃料关键特征与分布式能源数字孪生建模，并建立与输变电数字孪生数据联动机制；在输电领域，需建立基于数字孪生的输电设备健康状况评估、输电设备故障诊断及环境致灾预测模型；在变电领域，需构建变电设备个性化模型，形成数据驱动与物理模型融合的评估机制及基于数字孪生的变电设备全寿命周期演进机制，并建立变电设备状态参数的可视化呈现技术；在配电领域，需建立基于数字孪生的配电业务知识库及配电设备群演变规律及分析模型，形成高性能的配电系统边缘计算能力；在用电领域，需建立基于数字孪生用电行为分析、新型电力系统有序用电、储能系统对用电影响与电力需求侧响应及虚拟电厂模型。

▶ 6.1　电力行业数字孪生技术应用的三重挑战 ◀

数字孪生（digital twins）技术以数字化的方式建立物理实体的多维、多时空尺度、多学科、多物理量的动态虚拟模型，实现物理实体在真实环境中的属性、行为、规则的仿真和刻画，可有效服务于电力系统全寿命周期的仿真、监测、优化和验证，极大程度替代人工、减少干预，保障电网、设备、人员的本质安全。目前，我国数字孪生技术还处于初期的探索阶段，纵观电力系统的发展历程以及数字孪生技术的研究进展，数字孪生技术在电力系统中的应用研究仍存在以下三重挑战：

6.1.1 科学理解和价值感知的挑战

目前，电力行业数字孪生技术仍在快速发展和变革，但行业和社会对电力行业数字孪生缺乏客观、理性的认识，仍需多角度积极探索其潜在应用价值。依赖单一的技术观点有形成片面理解的风险。例如，过分关注电力设备建模及其设备组件可视化技术，而忽视了通过数字孪生技术提供的同等甚至更重要的仿真外推和虚实交互能力，可能会导致技术发展不平衡，进而影响电力行业数据孪生的落地应用效果。

电力行业数字化技术的发展不仅取决于技术供应，更取决于业务需求。在推进电力行业数字孪生建设的过程中，部分研究过于注重通过高精度建模技术对电力系统、设备细节实现精细再现，而缺乏对业务需求和业务目标的深入解析。这可能导致电力行业数字孪生项目规划、建设、服务的脱节，导致数字孪生技术被简化为华而不实的装饰品。从短期来看，电力系统、设备的真实呈现与可视化展示具有一定的现实意义；但从中长期来看，随着技术的演进和投资的不断增加，模拟仿真优化、平台国产化的发展将更加有利于挖掘我国电力行业数字孪生技术的核心价值，推动点多面广、设备庞杂的电力系统与元宇宙相互融合。数字孪生技术作为工业元宇宙的必要跳板，为用户在元宇宙中提供专属自己的数字资产；用户则可以共享、租赁、出售自己的算力资源与数字资产。复杂系统与海量信息有望在其中碎片化，以分布式的形态进行计算分析，在 5G 乃至更加优秀的通信技术的支持下，最终在用户侧重组分析结果，为电力系统、设备提供时空控制和更为精细化的管理手段。

此外，结合现阶段智能电网的建设背景，电力行业数字孪生的科学理解和价值感知还可体现在其相关标准化工作方面。为了推动电力行业数字孪生技术快速发展，标准体系可考虑其基础标准、平台标准、技术标准、安全标准、测评标准及电力行业数字孪生应用标准。

6.1.2 数据治理和隐私问题的挑战

电力物联网传感数据采集能力有限导致其应用深度不足。电力物联网传感主要面临数据采集能力参差不齐、底层关键数据无法有效感知、多维/多尺度数据采集不一致、物联网感知设施建设不均衡等问题。上述问题诚然可能引发专家学者采用电力行业数字孪生实现仿真演示和虚拟仿真。然而，实时动态传感和数字孪生技术的结合深度不足，最终仍将制约该电力行业数字孪生技术应用潜力的充分发挥。

在数据治理方面，各类电力行业多源数据同样缺乏标准化管理。正如前文中提到的，电力行业数字孪生还处于发展阶段，缺乏统一的标准体系。在实践中，数字孪生的发展依赖于不同开发者的解决方案且系统互操作性较差。由于缺乏统一的技术架构或数据接入标准，使得对各类数据的集成、融合和统一处理十分困难，从而导致数据质量低、治理有效性不足等问题。

在数据隐私方面，对海量数据进行集中处理，会增加数据安全失效和隐私泄露的风险。电力行业数据来源广泛，数据存储和处理高度集中在部分研究机构、调度等单位，在面临网络攻击时可能导致电力系统瘫痪。此外，电力设备数据、用电数据等涉及企业、用户等的隐私，如果不能有效地对这些数据进行匿名化处理或由特定部门进行严格控制，很容易导致隐私泄露，亟待结合联邦学习、分布式计算以及区块链技术，实现数据资产可用不可见、智能应用可控可计量。

6.1.3　资源和业务可持续性的挑战

为了准确、全面了解电力行业数字孪生技术，挖掘其实践路径和发展潜力，整合我国电力系统中设备运维检修、电网调度、算法建模等专业团队，协同联合、自主研发势在必行。专家学者需要针对科学和理论问题，共同探索电力行业数字孪生的运营模式。目前，电力行业数字孪生城市主要以 IT 企业、设备厂商等单位为主；在算法建模和业务分析方面对跨学科人才的需求很大。

电力行业数字孪生涉及多维、多时空尺度、多学科、多物理量数据信息，迫切需要数据、模型、交互等方面的专业知识库和系统/设备模型。以电力设备为例，需要考虑尺寸、材质、输入、输出、损耗等要素，模型构建难度较大，需要设备厂家、设计院等多方单位参与，并将经验数据进行固化，这使得建模分析过程极为困难。用户在元宇宙中可以拥有自己的虚拟身份和数字资产，设备厂家、设计院等多方单位在元宇宙中可以在共享物模型的同时，考虑采用联邦学习、区块链等技术手段保护自己的数据资产。

目前，数字孪生商业模式过于依赖电力能源企业。数字孪生技术高昂的研究成本难以转化为实际应用效益，因此电力能源企业已成为开发数字孪生技术的主要资金来源。电力系统、设备结构复杂，其数字孪生模型需在具有兼容性、开放的平台上布置，然而国内设备仿真计算平台、数据分析平台、数字孪生平台均未成熟，限制了数字孪生技术的发展与应用；传感装置是实现电力设备全生命周期感知的核心，当前的设备感知终端不足以支持电力领域数字孪生的构建，对于设备内部的感知装置研究不成熟，运行参量的选择存在困难，限制了数字孪生技术在电力行业中的应用与发展。除上述研究重点之外，数字孪生的实现还需要平台、接口、芯片等多学科的共同支持。而开放共享是促进电力行业数字孪生成熟的重要手段，在等待电力行业数字孪生技术体系成熟的同时，迫切需要吸引更广泛地组织、机构等市场主体参与，以业务为导向创新电力行业数字孪生商业模式，形成风险共担、利益共享的发展格局。

▶ 6.2　广视角下的电力行业数字孪生技术 ◀

6.2.1　电力行业数字孪生的短期发展目标

目前，电力系统构成网络多、特性差异大，其规划、运行和控制面临大量难题：一是设备种类众多、设备数量巨大、信息数据庞杂，对设备运行、维护和状态评估带来更大挑战。二是可再生能源发电具有随机性、间歇性、波动性强的特征，叠加考虑实时电价、运行模式变化、用户侧响应、负载变化等因素，网络整体将呈现复杂的随机特性，控制、优化和调度将面临更大挑战。数字孪生融合物联网、先进通信、大数据分析、高性能计算、仿真分析等核心技术，有望在短期内解决电力系统所面临的部分问题。通过对现实电力系统进行虚拟重建，构架与现实一致的分析运行规则，实时收集环境、运行等一切与精神无关的行为信息，分析计算得到高度模拟仿真的效果。数字孪生技术通过数据挖掘提供高维、量化、多层次的管理视角，提供实时、精准的运营调控决策，有效辅助开展能源互联网建设和管理。

在此基础上，数字孪生技术能在电力系统的各个环节发挥功效。在发电侧利用数字孪生技术，结合常规火电灵活性改造、水电（包括抽水蓄能）、风力发电、光伏发电、地热能发电、核电等业务融合，实现机组运行优化调度、设备状态检修、新能源发电并网优化等功能。在电网侧利用数字孪生技术在输电、变电、配电、用电、调度等专业领域，实现电网运行控制、设备状态评价、输电通道风险评估等功能。在配电网侧利用数字孪生技术，在完整设备数字模型基础上，经由同类型、同地区、同场景下个体设备数字孪生模型之间的横向比较，根据已建立的关键设备状态评估和故障预警方法，对成片区电网设备的运行状态、潜在故障和应对措施做出判断，实现设备诊断决策从个体化到集群化的演变。单一专业的应用无法充分发挥数字孪生技术的优势，应用知识图谱、多源数据融合分析等功能，数字孪生系统的高效优势在能源综合体系当中能更好发挥。

6.2.2　电力行业数字孪生的长期发展趋势

更进一步，在数字孪生系统的基础上加入个人主观行为信息，深度耦合物质、能量、信息与人员行为，多域、多层次关联耦合物理空间、能量空间、信息空间、社会空间，将构成一个包含连续动态行为、离散动态行为、混沌意识行为，呈现复杂的、不同尺度动态特性的复杂系统。2021 年诞生了此类系统的典型概念——"元宇宙"。元宇宙是利用科技手段进行链接与创造的，与现实世界映射与交互的虚拟世界，具备新型社会体系的数字生活空间。元宇宙本质上是对现实世界的虚拟化、数字化，对内容生产、经济系统、用户体验以及实体世界内容等进行改造，在共享的基础设施、标准及协议的支撑下，由众多工具、平台不断融合、进化而最终成形。它基于扩展现实技术提供沉浸式体验，基于数字孪生技术生成现实世界的镜像，基于区块链技术搭建经济体系，将虚拟世界与现实世界在经济系统、社交系统、身份系统上密切融合，并且允许每个用户进行内容生产和世界编辑。

元宇宙可以分成三个孪生、原生和共生三个阶段。孪生阶段：即数字孪生全面应用的阶段，实现现实世界的虚拟重建，包括环境、运行和与精神无关的行为信息，以及部分一致的规则沿用，达到高度模拟仿真的效果；原生阶段：在数字孪生的基础上创建一些虚拟世界的新规则，加上沿用的现实世界一部分不变的规则，沉浸融入与精神世界关联度不高的人的行为感知的信息，衍生一些新的生态，帮助丰富现实世界；共生阶段：在原生基础上，融入精神感知信息和行为，即人类受刚性规则约束的行为和受精神世界柔性影响的情感行为，真正达到现实世界、虚拟世界和精神世界的三元融合，相互倚重，彼此共生。在强调数字孪生物理真实性的基础上，元宇宙直接面向人，强调视觉沉浸性、展示丰富的想象力和沉浸感。利用元宇宙的交互技术，有效完善沉浸式的数据感知手段，更系统地引入人的概念，增强人对数字孪生体的感知控制能力，最终在真实物理空间和虚拟数字空间搭建"信息–物理–人"交互的系统。

电力元宇宙利用量子计算机强大的计算功能、神经网络强大的学习功能、脑机接口强大的感知交互功能，构建以人为中心高度智能的电力生态世界，实现电力系统状态感知、电能供给智能平衡、客户服务全新体验、电力技术自主创新的全价值链协同模式，不断优化提升电力系统配置。在设备设施运维方面，电力系统能自行分析实时状态、自动生成处置决策、自主完成处置工作，实现设备自维护及缺陷"自愈"。在电力供应方面，电力系统能智能分析预测电力负荷，自动投切发电和储能设备，及时调整电网运行方式，实现电能供需实时动态平衡。在客户服务方面，电力系统能提供沉浸式的用户体验并智能满足用户的个性化需求，依托区块链技术实现多元化数字支付。在技术创新方面，电力系统通过全效仿真、规则演化、智能推演以及强大的云边计算功能，依据需求建立个性化的研究场景，任意人员的任意想法均可进行模拟研究，降低研究成本提升研究效率，将加速推进高功率发电技术、远距离无线输电技术、高效率电能驱动技术的发展，不断提升电力系统能效。

参 考 文 献

[1] 楼贤嗣，马光，郭创新，等. 电网运行全过程风险协调控制体系与架构设计 [J]. 电力系统自动化，2020，44（05）：161–170.

[2] 王彦沣，熊志杰，邓志森，等. 人工智能时代智慧电网调度的实现研究 [J]. 信息与电脑（理论版），2021，33（02）：168–170.

[3] 姜辰，章杰伦，陈忆瑜. 电网调度自动化系统发展趋势展望 [J]. 电力设备管理，2020（10）：27–28＋40.

[4] 彭自友，钟苏帆，潘大恩，等. 地区智能电网调度控制系统研究 [J]. 电气开关，2021，59（06）：25–29＋34.

[5] 马悦皎. 电网调度的智能化监控分析 [J]. 新型工业化，2021，11（08）：95–96. DOI：10. 19335/j. cnki. 2095–6649. 2021. 8. 044.

[6] 蔺山高，涂超，马之力. 基于云计算的智能电网调度系统安全架构设计 [J]. 网络空间安全，2018，9（02）：85–89.

[7] 王锦桥，施金晓. 智能电网调度自动化关键技术分析 [J]. 电力设备管理，2021（04）：24–25＋50.

[8] 叶镕志，杜发忠. 智能电网调度自动化关键技术分析 [J]. 电子技术与软件工程，2021（18）：120–121.

[9] 王兴志，翟海保，严亚勤，等. 基于数字孪生和深度学习的新一代调控系统预调度方法 [J]. 上海交通大学学报，2021，55（S2）：37–41. DOI：10.16183/j.cnki.jsjtu.2021.S2.006.

[10] 相晨萌，曾四鸣，闫鹏，等. 数字孪生技术在电网运行中的典型应用与展望 [J]. 高电压技术，2021，47（05）：1564–1575. DOI：10.13336/j.1003–6520.hve.20201838.

[11] 严兴煜，高赐威，陈涛，等. 数字孪生虚拟电厂系统框架设计及其实践展望 [J/OL]. 中国电机工程学报：1–17 [2022–07–30]. DOI：10.13334/j.0258–8013.pcsee.212378.

[12] 罗曦，黄磊，金颖，等. 可再生能源接入下源网荷储策略与模型研究 [J]. 能源与节能，2022（05）：15–18. DOI：10.16643/j.cnki.14–1360/td.2022.05.002.

[13] 许鹏，何霖. 新型电力系统下 5G＋云边端协同的源网荷储架构及关键技术初探 [J]. 四川电力技术，2021，44（06）：67–73. DOI：10.16527/j.issn.1003–6954.20210614.

［14］ 何晓龙，高海翔，赵越．数字化时代背景下支撑电力现货市场运营的电网调度运行业务［J］．电气时代，2022（02）：89－92．

［15］ 郭琦，卢远宏．新型电力系统的建模仿真关键技术及展望［J］．电力系统自动化，2022，46（10）：18－32．

［16］ 彭自友，钟苏帆，潘大恩，等．地区智能电网调度控制系统研究［J］．电气开关，2021，59（06）：25－29＋34．

［17］ 曹正斐，张忠辉，董治成，等．基于区块链的多互联微电网分布式协调优化调度［J/OL］．电力系统及其自动化学报：1－10［2022－07－30］．DOI：10.19635/j.cnki.csu-epsa.000931．

［18］ 赵鹏，蒲天骄，王新迎，等．面向能源互联网数字孪生的电力物联网关键技术及展望［J］．中国电机工程学报，2022，42（02）：447－458．DOI：10.13334/j.0258－8013.pcsee.211977．

［19］ 李志金．智慧电厂数字孪生体系架构研究及应用［J］．电力大数据，2022，25（01）：35－42．

［20］ 程浙武，童水光，童哲铭，等．工业锅炉数字化设计与数字孪生综述［J］．浙江大学学报，2021，55（08）：1518－1528．

［21］ 谢永，刘天源，张荻．慧新能源形势下的"智慧汽轮机"及其研究进展［J］．中国电机工程学报，2021，41（02）：394－409．

［22］ 刘江．燃煤机组虚实交互系统设计及应用［J］．信息技术，2021，（09）：132－136＋143．

［23］ 房方，张效宁，梁栋炀，等．面向智能发电的数字孪生技术及其应用模式［J］．发电技术，2020，41（05）：462－470．

［24］ 仇乐乐，陈魏，王简婷，等．水泥余热发电智能化发展展望［J］．水泥工程，2018（01）：59－60．

［25］ 刘俊峰，陈坤，刘超，等．垃圾焚烧发电厂汽轮机特点及热力系统优化［J］．热力透平，2014，43（02）：111－113．

［26］ 胡梦岩，孔繁丽，余大利，等．数字孪生在先进核能领域中的关键技术与应用前瞻［J］．电网技术，2021，45（07）：2514－2522．

［27］ 潘保林，邹金强，毛志新，等．数字孪生技术在核电站的应用分析［J］．中国核电，2020，13（05）：587－591．

［28］ 李洪林，黄宇，王东风．面向综合能源系统的数字孪生技术及应用［C］．21全国仿真技术学术会议论文集．贵州：计算机仿真杂志社，2021：148－154．

［29］ 王成山，董博，于浩，等．智慧城市综合能源系统数字孪生技术及应用［J］．中国电机工程学报，2021，41（05）：1597－1608．

[30] 金飞，叶晓冬，马斐，等. 海上风电工程全生命周期数字孪生解决方案 [J]. 水利规划与设计，2021，（10）：135-139.

[31] 房方，姚贵山，胡阳，等. 风力发电机组数字孪生系统 [J/OL]. 中国科学：技术科学：1-19 [2021-10-11]. https://kns.cnki.net/kcms/detail/11.5844.TH.20211011.1101.002.html.

[32] 孙荣富，王隆扬，王玉林，等. 基于数字孪生的光伏发电功率超短期预测 [J]. 电网技术，2021，45（04）：1258-1264.

[33] 陈志鼎，梅李萍. 基于数字孪生技术的水轮机虚实交互系统设计 [J]. 水电能源科学，2020，38（09）：167-170.

[34] 王金生，王春明，张永，等. 氢能发电及其应用前景 [J]. 解放军理工大学学报，2002，2（06）：50-56.

[35] 姚若军，高啸天. 氢能产业链及氢能发电利用技术现状及展望 [J]. 南方能源建设，2021，8（04）：9-15.

[36] 王皓，张舒淳，李维展，等. 储能参与电力系统应用研究综述 [J]. 电工技术，2020，（03）：21-24.

[37] 牛阳，张峰，张辉，等. 提升火电机组 AGC 性能的混合储能优化控制与容量规划 [J]. 电力系统自动化，2016，40（10）：38-45.

[38] 梁曦东，周远翔，曾嵘，等. 高电压工程 [M]. 2 版. 北京：清华大学出版社，2015.

[39] 周远翔，陈健宁，张灵，等. "双碳"与"新基建"背景下特高压输电技术的发展机遇 [J]. 高电压技术，2021，47（07）：2396-2408.

[40] 叶国庆，等. 高压输电线路在线监测智能化研究 [J]. 微型电脑应用，2020，36（12）：97-99.

[41] 刘冲，马晓昆，郑宇，等. 基于 5G 技术的无人机在输电线路巡检的应用 [J]. 电力信息与通信技术，2021，19（4）：44-49.

[42] 熊佳佳. 基于巡检机器人的电网覆冰输电线路状态智能监测技术 [J]. 制造业自动化，2021，43（4）：153-156.

[43] 姜兴强，陆肖霞，郭瑶琴，等. 基于可视化分析技术的 220kV 输变电工程选线方案可行性研究 [J]. 农村电气化，2021（5）：12-16.

[44] 何冰，谢天祥. 数字孪生技术在输电线路中的应用研究 [J]. 电力信息与通信技术，2021，19（07）：83-89.

[45] 许洪强. 调控云架构及应用展望 [J]. 电网技术，2017，41（10）：3104-3111.

[46] 国家电网公司. 智慧输电线路建设方案 [R]. 北京：国家电网公司，2019.

［47］ 国家电网公司. 架空输电线路状态监测装置通用技术规范［S］. 北京：国家电网公司，2015.

［48］ GOPAKUMAR P, MALLIKAJUNA B, REDDY M J B, et al. Remote monitoring system for real time detection and classification of transmission line faults in a power grid using PMU measurements［J］. Protection and Control of Modern Power Systems, 2018, 3 (2): 159 – 168. DOI：10.1186/s41601 – 018 – 0089 – x.

［49］ 李明明，王建，熊小伏，等. 高温天气下架空线路运行温度与弧垂越限预警方法［J］. 电力系统保护与控制，2020，48（2）：25 – 33.

［50］ 辛建波，杨程祥，舒展，等. 基于静态安全域的交直流混联大电网关键线路辨识［J］. 电力系统保护与控制，2020，48（6）：165 – 172.

［51］ 李静，罗雅迪，郭健，等. 调控云环境下在线计算软件服务研究与应用分析［J］. 电力系统保护与控制，2019，47（8）：159 – 164.

［52］ 常乃超，张智刚，卢强，等. 智能电网控制系统新型应用架构设计［J］. 电力系统自动化，2015，39（1）：53 – 59.

［53］ MA Feng, LUO Xiaochuan, LITVIONV E. Cloud computation for power system simulations at ISO new England-experiences and challenges［J］. IEEE Transactions on Smart Grid，2016，7（6）：2596 – 2603.

［54］ 张洪国，等. 数字孪生白皮书［R］. 北京：中国电子信息产业发展研究院，2019.

［55］ 齐波，张鹏，张书琦，等. 数字孪生技术在输变电设备状态评估中的应用现状与发展展望［J］. 高电压技术，2021，47（05）：1524 – 1534.

［56］ 苑清，齐波，张书琦，等. 换流变压器绝缘缺陷三比值诊断方法编码优化［J］. 电网技术，2018，42（11）：3645 – 3651.

［57］ KIM S W, et al. New methods of DGA diagnosis using IEC TC 10 and related databases part 1: application of gas-ratio combinations［J］. IEEE Transactions on Dielectrics and Electrical Insulation, 2013, 20, (2): 685 – 690.

［58］ LEE S J, et al. New methods of DGA diagnosis using IEC TC 10 and related databases part 2: application of relative content of fault gases［J］. IEEE Transactions on Dielectrics and Electrical Insulation, 2013, 20 (2): 691 – 696.

［59］ 刘航，王有元，陈伟根，等. 基于无监督概念漂移识别和动态图嵌入的变压器故障检测方法［J］. 中国电机工程学报，2020，40（13）：4358 – 4370.

［60］ 朱宁，吴司颖，曾福平，等. 基于 SF_6 分解特性的局部放电故障程度评估［J］. 中国电机工程学报，2019，39（3）：933 – 942.

[61] 李猛, 等. 基于数字孪生的柔性直流电网纵联保护原理[J]. 中国电机工程学报, 2022, 42（05）: 1773 - 1783.

[62] RODKUMNERD P, HONGESOMBUT K. The evaluation of distribution transformer in PEa using CBRM [C]. 2019 IEEE PES GTD Grand International Conference and Exposition Asia (GTD Asia). Bangkok, Thailand: IEEE, 2019: 18 - 22.

[63] 廖瑞金, 等. 变压器油纸绝缘老化动力学模型及寿命预测 [J]. 高电压技术, 2011, 37（7）: 1576 - 1583.

[64] Zhou B T, Wang Z Y, Shi Y, et al. Historical and future changes of snowfall events in China under a warming background [J]. Journal of Climate, 2018, 31 (15): 5873 - 5889.

[65] 李磊, 陈柏纬, 杨琳, 等. 复杂地形与建筑物共存情况下的风场模拟研究 [J]. 热带气象学报, 2013, 29（2）: 315 - 320.

[66] 程雪玲, 胡非, 曾庆存. 复杂地形风场的精细数值模拟 [J]. 气候与环境研究, 2015, 20（1）: 1 - 10.

[67] 张嘉荣, 程雪玲. 基于 CFD 降尺度的复杂地形风场数值模拟研究[J] 高原气象, 2020, 39（01）: 172 - 184.

[68] Makkonen L. Modeling of ice accretion on wires [J]. Journal of Applied Meteorology, 1984, 23 (6): 929 - 939.

[69] Makkonen L. Modeling power line icing in freezing precipitation [J]. Atmospheric research, 1998, 46 (1 - 2): 131 - 142.

[70] 肖怀硕, 等. 灰色理论 - 变分模态分解和 NSGA - Ⅱ优化的支持向量机在变压器油中气体预测中的应用 [J]. 中国电机工程学报, 2017, 37（12）: 3643 - 3653.

[71] 刘云鹏, 等. 基于经验模态分解和长短期记忆神经网络的变压器油中溶解气体浓度预测方法 [J]. 中国电机工程学报, 2019, 39（13）: 3998 - 4007.

[72] 代杰杰, 等. 采用 LSTM 网络的电力变压器运行状态预测方法研究 [J]. 高电压技术, 2018, 44（4）: 1099 - 1106.

[73] 张施令, 等. 基于 WNN-GNN-SVM 组合算法的变压器油色谱时间序列预测模型 [J]. 电力自动化设备, 2018, 38（9）: 155 - 161.

[74] 杨其利, 等. 注意力卷积长短时记忆网络的弱小目标轨迹检测 [J]. 光学精密工程, 2020, 28（11）: 2535 - 2548.

[75] 能源电力说. 南方电网: 数字孪生电网落地案例 [EB/OL]. https: //power. in-en. com/html/power - 2403131. shtml, 2022 - 02 - 17.

[76] 李凤龙, 等. 基于特高压直流输电工程数字孪生应用探索 [J]. 电气时代, 2021（06）: 24 - 25 + 28.

[77] 杨可军，张可，黄文礼，等. 基于数字孪生的变电设备运维系统及其构建［J］. 计算机与现代化，2022，（02）：58－64.

[78] 刘雨凝，王迎丽，徐明文，等. 基于数字孪生混合储能的风电功率波动平抑策略［J］. 电网技术，2021，45（07）：2503－2514.

[79] 马刚. 输变电设备在线状态分析与智能诊断系统的探究［D］. 华北电力大学，2013.

[80] 周浩，茅晓鹏，贾晶. 基于多源数据融合处理的输变电设备状态动态评估模型［J］. 电力大数据，2021，24（12）：9－18.

[81] 项茂阳. 输变电设备故障诊断系统研究及应用［D］. 山东大学，2021.

[82] 潘琪杰. 电力设备全寿命周期管理的研究［D］. 华北电力大学，2010.

[83] 张黎明. 基于全生命周期成本管理的变电设备维修决策研究［D］浙江工业大学，2009.

[84] 符华，陈茳. 基于数字孪生技术在电力设备的应用［J］. 电子技术与软件工程，2021，（20）：229－231.

[85] 刘大同，郭凯，王本宽，等. 数字孪生技术综述与展望［J］. 仪器仪表学报，2018，39（11）：1－10.

[86] 廖瑞金，王友元，刘航，等. 输变电设备状态评估方法的研究现状［J］. 高电压技术，2018，44（11）：3454－3464.

[87] 刘君武，陈岳飞，陈川. 数字孪生技术在智慧能源行业的应用［J］. 中国检验检测，2022，30（02）：27－31.

[88] 王雷. 基于 IEC 61850 标准的开闭所监控终端 DTU 模型研究［D］. 北京：华北电力大学，2012.

[89] ZHOU Mike, YAN Jianfeng, FENG Donghao. Digital twin framework and its application to power grid online analysis [J]. CSEE Journal of Power and Energy Systems (JPES), 2019, 5 (3): 391－398.

[90] WRIGHT L, DAVIDSON S. How to tell the difference between a model and a digital twin [J]. Advanced Modeling and Simulation in Engineering Sciences, 2020, 7 (1): 13.

[91] 秦博雅，刘东. 电网信息物理系统分析与控制的研究进展与展望［J］. 中国电机工程学报，2020，40（18）：5816－5826.

[92] 王成山，董博，于浩，等. 智慧城市综合能源系统数字孪生技术及应用［J］. 中国电机工程学报，2021，41（5）：1597－1608.

[93] 汤清权，陈冰，邓文扬，等. 数字孪生技术在交直流配电网的应用研究［J］. 广东电力，2020，33（12）：118－124.

[94] 宫月，张鹏，龚钢军. 等保 2.0 下数字孪生配电网安全研究［C］//2020 中国网络安全等级保护和关键信息基础设施保护大会论文集，2020：183－187＋261.

[95] 杜晓东，王立斌，赵建利，等. 配电网台区数字孪生技术的实现与应用研究 [J]. 河北电力技术，2021，40（03）：19-23+40.

[96] 朱彦名，徐潇源，严正，等. 面向电力物联网的含可再生能源配电网运行展望 [J]. 电力系统保护与控制，2022，50（02）：176-187.

[97] 孙鹏飞，贺春光，邵华，等. 直流配电网研究现状与发展 [J]. 电力自动化设备，2016，36（06）：64-73.

[98] 潘春鹏. 交直流微网数字孪生及其应用研究 [D]. 贵州大学，2021.

[99] 朱彦名，徐潇源，严正，等. 面向电力物联网的含可再生能源配电网运行展望 [J]. 电力系统保护与控制，2022，50（02）：176-187.

[100] 央广网. 2030 年中国电动汽车保有量或超 1 亿辆 [EB/OL].（2019-01-14）. https://baijiahao. baidu. com/s？id=1622612998275335571&wfr=spider&for=pc.

[101] 蒲天骄，陈盛，赵琦，等. 能源互联网数字孪生系统框架设计及应用展望 [J]. 中国电机工程学报，2021，41（6）：2012-2028.

[102] 国家电网有限公司. 面向能源互联网的配电网二次系统研究框架，2020.

[103] 陈晓杰，徐丙垠，陈羽，等. 配电网分布式控制实时数据快速传输技术 [J]. 电力系统保护与控制，2016，44（17）：151-158.

[104] 唐爱红，程时杰. 配电网自动化通信系统的分析与研究 [J]. 高电压技术，2005，31（5）：73-75，86.

[105] 张振丽. 数字孪生技术在数字电网中的应用研究 [J]. 科技创新与应用，2022，12（08）：155-157. DOI：10.19981/j.CN23-1581/G3.2022.08.052.

[106] 林峰，肖立华，商浩亮，等. "双碳"背景下能源互联网数字孪生系统的设计及应用 [J]. 电力科学与技术学报，2022，37（01）：29-34.

[107] 袁家海，李玥瑶. 大工业用户侧电池储能系统的经济性 [J]. 华北电力大学学报（社会科学版），2021（03）：39-49.

[108] 王志鹏，兰峰，赵勇，等. 数字孪生技术在坚强智能电网中的应用探讨 [J]. 电气应用，2021，40（06）：111-115.

[109] 程轫俐，祝宇翔，史军，等. 分布式电池无序充电建模分析[J]. 电工技术，2019（20）：162-163.

[110] 陈茳，符华. 数字孪生在电力系统中的应用 [J]. 电子技术与软件工程，2020（21）：235-236.

[111] 庞宇，黄文焘，吴骏，等. 数字孪生技术在船舶综合电力系统中的应用前景与关键技术 [J]. 电网技术，2022，46（07）：2456-2471.

[112] 胡恒. 差分隐私保护下的用户用电数据聚类算法研究 [D]. 华北电力大学，2018.

[113] 杨宏，邓晨成，邹芹，等. 居民用电行为分析及潜力研究 [J]. 电力大数据，2020，23（12）：80－88.

[114] 刘芳. 基于居民用电特性分析预测的需求响应动态定价研究 [D]. 北京交通大学，2021.

[115] 吉斌，孙绘，昌力，等. 黏性电力用户参与需求侧响应的行为决策建模与分析 [J]. 综合智慧能源，2022，44（02）：80－88.

[116] 郝飞，刘迎宇，孟志权，等. 钢铁企业电力需量决策分析系统设计与开发 [J]. 冶金自动化，2020，44（05）：8－14.

[117] 莫莉，王剑雄，黄清兰，等. 有序用电精细化管理及实施措施探讨 [J]. 能源与环保，2018，40（04）：205－207＋214.

[118] 莫莉，王剑雄，黄清兰，等. 参与有序用电用户计算筛选模型建立及应用 [J]. 自动化技术与应用，2019，38（01）：127－129.

[119] 施映琛. 考虑电动汽车的用户侧智能用电优化策略研究 [D]. 天津大学，2018.

[120] 徐佳夫，王旭红，李浩，等. 无序充电模式下电动汽车对住宅区配电网谐波影响研究 [J]. 电力科学与技术学报，2019，34（02）：61－67.

[121] 谢远德，邓沙丽. 基于用户满意度的电动汽车无序充电影响研究 [J]. 萍乡学院学报，2021，38（06）：18－23.

[122] 刘勇，李全优，戴朝华. 电动汽车充电负荷时空分布建模研究综述 [J/OL]. 电测与仪表：1－11 [2022－07－29].

[123] 蒋浩. 电动汽车负荷概率建模及有序充电策略研究 [D]. 华南理工大学，2020.

[124] 王子奇，侯思祖，郭威. 考虑库存电池的光储换电站优化充电策略 [J/OL]. 电力自动化设备：1－11 [2022－07－29].

[125] 袁文伟. 储能在有序用电管理中的调峰作用探析 [J]. 通信电源技术，2020，37（10）：79－82.

[126] 郭斌，邢洁，姚飞，等. 基于双层规划模型的用户侧混合储能优化配置 [J]. 储能科学与技术，2022，11（02）：615－622.

[127] 朱凯，陈健，吕桃林，等. 空间电源数字孪生系统 [J]. 上海航天（中英文），2021，38（03）：197－206.

[128] 白雪岩，樊艳芳，王天生，等. 计及可再生能源可靠性的虚拟电厂动态聚合方法 [J]. 电力自动化设备，2022，42（07）：102－110.

[129] 城市数字孪生标准化白皮书（全国信标委智慧城市标准工作组），2022.

[130] 中国数字孪生城市研究报告. 亿欧智库, 2021.

[131] 河北数字孪生电网前瞻研究. 2020.

[132] Fei Tao, Meng Zhang, A. Y. C. Digital Twin Driven Smart Manufacturing（Academic Press, 2019）.

[133] 沈沉, 曹仟妮, 贾孟硕, 等. 电力系统数字孪生的概念、特点及应用展望 [J]. 中国电机工程学报, 2022, 42（02）: 487 - 499. DOI: 10.13334/j.0258 - 8013.pcsee.211594.

[134] 王林, 李云伟, 任重, 等. 基于数字孪生技术的电力设备不间断巡视系统设计 [J]. 机械制造与自动化, 2022, 51（03）: 220 - 224. DOI: 10.19344/j.cnki.issn1671 - 5276.2022. 03.053.

[135] 尚可, 张宇琳, 张飞舟. 基于数字孪生技术的智慧停车场总体架构研究 [J/OL]. 北京航空航天大学学报: 1 - 11 [2023 - 06 - 01]. DOI: 10. 13700/j.bh.1001 - 5965.2021. 0624.

[136] 赵鹏, 蒲天骄, 王新迎, 等. 面向能源互联网数字孪生的电力物联网关键技术及展望 [J]. 中国电机工程学报, 2022, 42（02）: 447 - 458. DOI: 10.13334/j.0258 - 8013.pcsee. 211977.

[137] 庞宇, 黄文焘, 吴骏, 等. 数字孪生技术在船舶综合电力系统中的应用前景与关键技术 [J]. 电网技术, 2022, 46（07）: 2456 - 2471. DOI: 10.13335/j.1000 - 3673.pst.2021. 2424.

[138] 白鹤举. 数字孪生技术在电力系统应用分析 [J]. 数字通信世界, 2022（01）: 114 - 116.

[139] 陈占才, 卢中华, 朱孟东. 数字孪生技术在连云港市"清水进城"中的应用 [J]. 江苏水利, 2022（06）: 69 - 72. DOI: 10.16310/j.cnki.jssl.2022.06.003.

[140] 齐波, 张鹏, 张书琦, 等. 数字孪生技术在输变电设备状态评估中的应用现状与发展展望 [J]. 高电压技术, 2021, 47（05）: 1522 - 1538. DOI: 10. 13336/j. 1003 - 6520. hve. 20210093.

[141] 刘大同, 郭凯, 王本宽, 等. 数字孪生技术综述与展望 [J]. 仪器仪表学报, 2018, 39（11）: 1 - 10. DOI: 10.19650/j.cnki.cjsi.J1804099.

[142] 黄鑫, 汤蕾, 朱涛, 等. 数字孪生在变电设备运行维护中的应用探索 [J]. 电力信息与通信技术, 2021, 19（12）: 102 - 108. DOI: 10.16543/j.2095 - 641x.electric.power.ict. 2021.12.015.

[143] 贺兴, 艾芊, 朱天怡, 等. 数字孪生在电力系统应用中的机遇和挑战 [J]. 电网技术, 2020, 44（06）: 2009 - 2019. DOI: 10.13335/j.1000 - 3673.pst.2019.1983.

［144］ 杨帆，吴涛，廖瑞金，等. 数字孪生在电力装备领域中的应用与实现方法［J］. 高电
压技术，2021，47（05）：1505－1521. DOI：10.13336/j.1003－6520.hve.20210456.

［145］ 张伟. 数字孪生在智能装备制造中的应用研究［J］. 现代信息科技，2019，3（08）：
197－198.

［146］ 周超，唐海华，李琪，等. 水利业务数字孪生建模平台技术与应用［J］. 人民长江，
2022，53（02）：203－208. DOI：10.16232/j.cnki.1001－4179.2022.02.034.

［147］ 黎作鹏，张天驰，张菁. 信息物理融合系统（CPS）研究综述［J］. 计算机科学，2011，
38（09）：25－31.